천문학자와 붓다의 대화

천문학자가 본 우주의 진리, 인간의 진리

體用不二 2

천문학자와 붓다의 대화

-천문학자가 본 우주의 진리, 인간의 진리

지은이 · 이시우
펴낸이 · 김인현
펴낸곳 · 도서출판 종이거울

2003년 9월 10일 1판 1쇄 발행
2004년 3월 20일 1판 2쇄 발행
2011년 9월 10일 1판 3쇄 발행
2018년 3월 30일 1판 4쇄 발행

편집진행 · 이상옥
디자인 · 상그라픽아트_김수정
인쇄 및 제본 · 금강인쇄(주)

등록 · 2002년 9월 23일(제19-61호)
주소 · 경기도 안성시 죽산면 용설리 1178-1
전화 · 031-676-8700

서울사무소
서울시 종로구 삼일대로 30길 21(낙원동 58-1) 종로오피스텔 1015호
전화 · 02-419-8704
팩스 · 02-336-8701
홈페이지 · www.dopiansa.com
E-mail · dopiansa@hanmail.net

ISBN 89-90562-04-X 04440
89-90562-03-1 (세트)

體用不二 2

천문학자와 붓다의 대화

천문학자가 본 우주의 진리, 인간의 진리

이시우 지음

별을 보라

밤하늘에 보이는 아름답고 신비스러워 보이는 수많은 별들, 빤짝이며 빛을 내면서 영원히 우주를 밝힐 것 같은 별들. 그들에게는 인간들처럼 나라는 아상(我相)도 없고, 너와 나를 분별하는 인상(人相)도 없고, 무리를 지어 뽐내려는 중생상(衆生相)도 없고, 오래도록 영원히 살고 싶은 수자상(壽者相)도 없다.[1] 그래서 어떠한 정형화된 틀을 가지는 상(相, 想)에 대한 모든 집념과 집착에서 완전히 벗어났기에 지극히 자유로우며 또한 모두가 평등하다. 그러기에 별의 세계는 온 하늘에 펼쳐진 불법의 세계며 또한 글로 씌어지지 않은 우주 법계인 것이다. 살아 숨쉬며 밤마다 펼쳐 보이는 우주 법계, 이러한 오묘한 조화를 갖추고 있는 법계를 외면한 채 우리는 인생의 무대에서 탐진치(貪瞋痴)[2]로 치장된 연극 속에 폭 빠져 몽환(夢幻)의 세계를 헤매고 있다. 뿐만 아니라 고개만 치켜들고 하늘만 바라보면 읽을 수 있는 찬란한 법계를 외면한 채 우리는 문자에 얽매여 생동감 없는 책 속에서나 또는 사상(四相)의 집착에 빠진 인간들에 의해서만 법의 세계를 찾으려고 노력할 뿐이다.

불교는 "와서 믿어라"가 아니고, "와서 보라"는 것이다. 그렇다면

1 사상(四相): 아상(나에 대한 관념·남을 업신여김), 인상(너와 나의 상대 관념·남을 공경치 않음), 중생상(대중, 사회, 인류 등에 대한 관념·나쁜 일을 남에게 돌림), 수자상(수명, 생명에 대한 관념·어떤 경계에 대하여 취사 분별함)

2 욕심, 성냄, 어리석음.

복잡하게 얽혀 있는 인간의 세계보다 훨씬 단순하고 정직한 별의 세계로 와서 정견(正見)을 세우고 여실지견(如實知見)[3]으로 별들을 바라보라. 그리고 합리성이란 탈을 벗어버리고 자유로운 별의 세계에 있는 실상을 그대로 바라봄으로써 별의 법계가 어떻게 펼쳐지고 있는가를 알아보라.

불법을 찾는 이런 방법은 이미 2,500여 년 전에 붓다가 새벽의 밝은 명성(明星)을 보고 깨친 것에서부터 시작되었다. 그런데도 불구하고 그 이후 하늘의 별의 세계를 여실하게 바라보고 깨침을 얻으려고 노력한 불자가 별로 없었다는 것은 신기할 정도로 놀랍다.

무명(無明)[4]은 지혜가 없음이기도 하지만 지혜가 있어도 자신의 주변을 잘 모르는 것도 무명이다. 끝이 있는 유한한 땅보다 무한한 하늘이 더 넓고, 이러한 하늘이 있기에 우리가 사는 지구라는 땅덩이가 있다는 사실을 안다면 어찌 하늘을 한갓 별로 장식된 천구(天球)로만 생각할 수 있겠는가?

천문학은 하늘의 이치를 다루는 학문이다. 즉 우주 법계[5]를 다루는 학문이다. 때문에 천문학은 불법에 가장 가깝다.

그러면 천문학적 사고란 어떠한 것인가? 특정한 합리성이라는 고정된 틀을 벗어나는 열린 사고를 중시한다. 여기에서는 시간과 공간이 무제한적이며, 미시적 세계에서 거시적 세계를 마음대로 넘나들면서 사고의 순환이 이루어진다. 지상에서 이상적으로 갖추어진 성적인 실험실의 세계가 아니라 수많은 변화가 일어나는 동적인 자연 그 자체가 실험실이므로 정확한 해답보다는 항상 가능한 추론과 유용한 의문의 제시가 더 중요하다. 그리고 정지된 정적 상태가 아니라 생성과 소멸이 일어나는 동적 진화를 중시하며, 또한 다양한 부분적 현상을 전체적으로

3 있는 그대로 실제와 이치에 맞게 보고 아는 것.
4 우리들의 존재 근저에 있는 근본적인 무지(無知).
5 현실 실상의 세계, 또는 만유 제법(諸法)의 본성(本性)이 되는 것.

종합, 분석함으로써 전체의 유기적 진화 양상을 찾고 미래를 예측하는 전일적(全一的) 사고[6]를 중시한다. 불법이 천문학에 가깝다면 불법을 공부하는 사고 방식도 역시 천문학적 사고 방식과 다를 수는 없을 것이다. 즉 열린 마음으로 불법을 보아야 하고 또 부분보다는 유기적인 전체를 중요시하며, 나아가 항상 유전 변천하는 동적 세계를 생각해야 한다는 것이다.

삶은 태어남에서 시작된다.

태어남이 어떠한 범주에 드느냐에 따라서 삶의 진로가 달라진다. 태어남이 지구라는 땅에 국한된다면 하늘을 보지 않고 아래쪽 땅만 내려다보면서 살아갈 수밖에 없다. 여기서는 지상의 동식물과 인간이 이웃일 뿐이다. 그래서 연기의 법계는 인간의 법계를 넘어서지 못한다. 이곳에서는 특별해 보이는 자연의 여러 현상들이나 인간들 사이에서 일어나는 기이한 사건들이 늘 호기심을 불러일으킨다. 때문에 각자는 아주 특별해 보이고 싶은 욕망에 사로잡히기 쉽다. 뿐만 아니라 시간의 영원성을 잊고 언제나 짧은 시간적 변화에 익숙해져 있기 때문에 시간에 쫓기는 긴박한 삶을 살아가야 한다. 그리고 제한된 시공간에서 얻어진 의식세계는 자신을 합리성으로 치장한 닫힌 마음의 소유자로 전락시킨다.

그러나 태어남이 우주적 범주에서 시작한다면 삶은 하늘과 함께 지내게 된다. 여기서는 지상의 만물뿐만 아니라 하늘의 수많은 별들이 함께 지내는 벗이요 이웃이다. 그리고 이곳에서는 우주의 법계가 존재한다. 우주에서는 특별한 것이 존재하지 않는다. 뿐만 아니라 전체 속에 하나요, 하나 속에 전체가 들어 있다는 전일적 사상에 젖게 되며, 짧은 찰나보다 시간의 영원성에 익숙해지면서 찰나 속에 영원이 들어 있고

6 부분적인 것들을 분석하고 종합하여 이들 전체의 유기적이고 체계적인 관계를 조망하고 관조하는 사고. 시스템적 사고라고도 한다.

영원 속에 찰나가 들어 있다는 우주적 역사를 가슴에 품고 살게 된다. 그래서 시공간적으로 제한되지 않는 열린 마음으로 모두가 평등하며 보편적이라는 연기법을 따르게 된다. 우리 각자는 이 둘 중에서 어느 것을 따라 태어나 살아왔으며 또 앞으로 이들 중에서 어느 것을 택해 살아가고 싶은가? 만약 선택이 어려우면 본서가 자신을 뒤돌아보며 성찰해 보는 데 도움이 될 것으로 생각된다.

이 책은 천문학적 세계와 불법의 세계가 어떻게 연관되는지를 살펴보면서 쓴 천문학 교양서다. 특히 인간 중심의 법계를 우주의 법계로 확장하는 것이 아니라 우주의 법계를 인간의 법계와 비교하면서 우주의 여러 현상과 이치를 살펴보았다. 이런 내용은 특히 첫째 단원인 별의 세계에서 주로 다루어진다. 즉 별과 인간이 태어나 살아가는 모습에서 어떤 유사성이 있고 또 어떤 차이가 있는지를 비교하면서 살펴보았다. 나머지 둘째와 셋째 단원에서는 반드시 알아야 할 천문학의 상식적인 사실들을 설명했다. 그리고 지대방을 중간에 삽입하여 이것들을 읽고 한 번쯤 깊이 생각할 시간을 가질 수 있도록 했다.

본서의 원고를 자세히 읽으면서 문장을 다듬고, 특히 절의 제목을 쉽게 풀어 써서 독자들이 본서에 쉽게 다가갈 수 있도록 해준 소설가 이재운 선생께 깊이 감사한다. 그리고 정성스럽게 편집해준 이상옥 씨에게도 감사의 마음을 전하고 싶다.

2003. 4. 3
이시우

차례

5. 하늘의 섭리란 이런 것이다

II. 은하의 세계와 우주

1. 우리 은하계

2. 외부 은하

3. 우주

III. 태양계의 세계

1. 태양

2. 지구형 행성

3. 목성형 행성

6. 큰 위성

* 지대방은 사찰에서 용맹정진하는 선방 수좌들이 차를 마시며 휴식하는 공간을 말한다.

I
별의 세계

1. 별을 보는 마음

1 | 나를 천문학으로 이끈 두 사람

초등학교 5학년, 처음 공부를 시작하는 날이었다. 말쑥한 차림의 선생님이 우리 반의 담임 선생님이 되었다. 여자 선생님이 담임 선생님일 때보다 기분이 훨씬 더 좋았다. 말씀도 잘하고 매우 명랑하셨으며 무엇보다도 잔소리를 하지 않으셨다. 선생님은 자신의 이름이 이낙선(李洛善)이라고 하면서 자신을 소개하셨다.

"나는 올해 대구 사범학교를 졸업하고 처음 너희들을 가르치게 되었다."

우리는 박수를 치며 기뻐했다.

국어시간에 어떤 단어를 제시하면 그것으로 간단한 작문을 하도록 했다. 그래서 우리 반 학생들은 작문에 꽤 익숙해졌다. 그리고 자연시간에 "왜"라는 질문을 하면서 여러 가지 현상의 원인을 살펴보았는데 이때 쌓아온 작문 실력이 무척 유용하게 쓰였다.

어느 날 내가 손을 들어 어떤 문제로 작문을 했는데 선생님께서 "너는 앞으로 크면 별을 보는 천문학 공부를 하면 좋겠다"고 말씀하셨다. 당시 나는 천문학이 어떤 것인지도 몰랐으며 또 하늘과 별에 관한 책을 읽은 적도 없었다. 자꾸만 의문을 갖고 그것을 이해하려고 애쓰는 내 모습을 보고 선생님은 그런 말씀을 하신 것 같다.

용기를 얻은 나는 선생님과 아주 가까이 지냈다. 선생님께 붓글씨를 배워 전람회에 작품을 내기도 했다. 이 선생님은 얼마 지나지 않아 군에 입대함으로써 스승과 제자의 인연은 짧게 끝났지만, 내게 천문학이라는 개념을 처음으로 심어주고 가셨다.

그뒤 천문학이라는 개념을 머릿속에 막연하게 담아두고 있다가 대학에 갔다. 물리학과를 지망한 나는 교양 과목을 수강하면서 우연히 천문기상학과 학생들과 함께 공부했는데, 그제서야 비로소 우리 나라 최초로 서울대학교에 천문기상학과가 생겼다는 것을 알았다. 그러자 그간 잊혀지다시피 했던 이 선생님의 말씀이 머리를 스쳐갔다.

게다가 천문기상학과 학생 중에 내가 잘 아는 친구가 한 명 있었다. 우연히 대학 입학시험 때 바로 옆쪽 뒤에서 같이 시험을 치면서 안면이 생긴 최영호란 친구였는데, 기계체조를 해서 몸이 단단하게 균형 잡혔으며 인상이 매우 깨끗한 친구였다. 아는 사람이 별로 없던 신입생 시절 나는 그와 자주 어울렸다.

어느 날 이 친구가 내게 천문기상학과로 학과를 옮겨 함께 천문학을 공부하자고 권했다. 그때마다 나는 내 미래를 일찍이 예견하셨던 이 선생님을 떠올리며 '이것이 내게 점지된 운명인가?' 라는 생각이 들었다. 고심 끝에 나는 2학년 진학 때 물리학과에서 천문기상학과로 전과하면서 "별 볼일 없는 고행의 길"을 따라 천문학을 공부하기 시작했다.

당시 한국에서는 물리학을 전공한 학자가 대학 강의를 맡았기 때문에 천문학을 기초부터 제대로 배울 수 있는 여건이 되지 못했다. 또 천문학 공부를 위한 기본적인 책이나 잡지도 없었다. 결국 나 스스로 개척해야 하는 천문학 공부가 시작된 것이다.

학교에는 지름 15cm의 굴절 망원경이 있었지만 그나마 부대 관측장비가 없어 기껏해야 맨눈으로 밝은 별을 쳐다보고 달이나 관찰하는 것이 전부였다. 그림 I-1 그래도 재미있었던 것은 망원경으로 학교 뒤쪽의 낙성대 중턱에 있는 여러 집안을 자세히 들여다볼 수 있었다는 것이었다. 특히 여름철에는 절경(?)에 빠지는 적이 많았다.

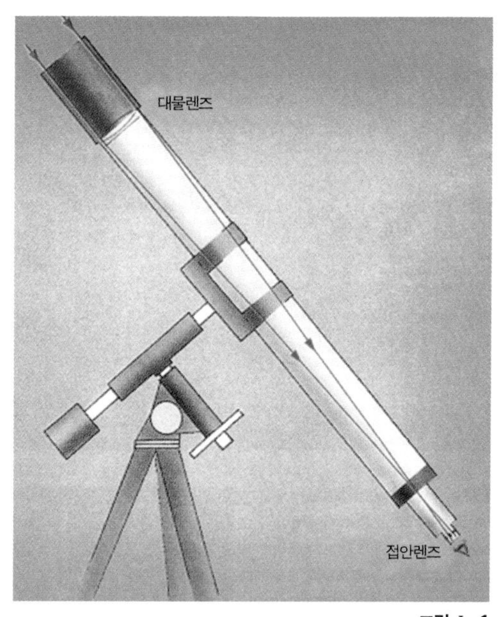

그림 I-1
굴절 망원경의 구조

도심의 밝은 불빛 때문에 육안으로는 직접 별을 보는 일이 드물었지만 책을 통해 별과 대화를 나누기 시작한 것은 대학원 때였다. 석사 논문 주제는 별의 일생에 관한 것이었다. 즉 별이 탄생되어 어떠한 과정으로 진화해 가는가를 살펴보는 것이다. 이것은 마치 내과 의사가 환자의 아픈 증상을 여러 방법으로 알아봄으로써 건강 상태를 짐작하고 또 나이가 들면 어떤 병이 자주 생길 수 있는지를 예측하는 것과 같다. 사실 이 당시만 하더라도 천문학의 이해를 위해서는 복잡한 수학과 물리학 지식이 필요했기 때문에 별 자체를 제대로 이해하기보다는 그냥 수식을 따라가는 수박 겉핥기식의 공부에 매달렸다. 그러면서도 대학을 졸업하는 그 해 첫 학기부터 대학 강단에 서서 후배들을 가르쳐야 했다. 왜냐하면 천문학을 강의하던 교수

두 분이 모두 교환교수로 외국에 나갔기 때문이었다.

2 | 별의 바다에 빠지다

그런 내게 기회가 왔다. 풀브라이트 장학금으로 미국 유학을 가게 된 것이다. 대개 미국 유학을 가게 되면 박사과정으로 가는데 나는 서울대에서 이미 마친 석사과정으로 원서를 냈다. 왜냐하면 그때까지 나는 천문관측을 제대로 해본 적이 없어 시설이 좋은 외국에서 기초부터 관측을 열심히 해보고 싶었기 때문이었다. 내가 유학 간 곳은 별의 거리를 직접 관측으로 결정하는 천문대가 있는 대학이었다. 이런 수준의 천문대는 당시 세계에서 6군데 밖에 없었다.

내가 유학을 간 미국의 동부는 겨울철이 몹시 춥고 눈도 많다. 아주 추울 때는 영하 20도 아래까지 내려간다. 지름 50cm의 길다란 굴절 망원경으로 30분 내지 1시간 동안 계속 별을 조준하면서 사진을 찍는 작업은 여간 힘든 게 아니었다. 겨울에는 전기 옷을 입고 두꺼운 신발을 신어도 몸 전체가 얼어붙었고, 특히 별을 따라가며 조준하는 손은 감각이 없을 정도였다.

흔히 하늘의 별을 바라보면 신비감이 떠오른다. 그림 1-2 인간과 인간 사이의 사랑은 숭고할 것 같아도 이기적인 면이 있는데, 별은 내게 요구하는 것이 전혀 없어서 마냥 즐겁기만 하다. 그러나 정말 별을 보는 마음은 굶주림 속에서 험한 산을 오르면서 싸우는 무명용사의 마음과 다를 바 없다. 싸우러 왔기 때문에 무조건 싸우듯이 별을 보러 왔기에 별을 보는 것이고, 싸우는데 편안하고 불편한 것을 가릴 수 없듯이 별을 보는 마음 또한 비가 오나 눈이 오나 날이 맑으나

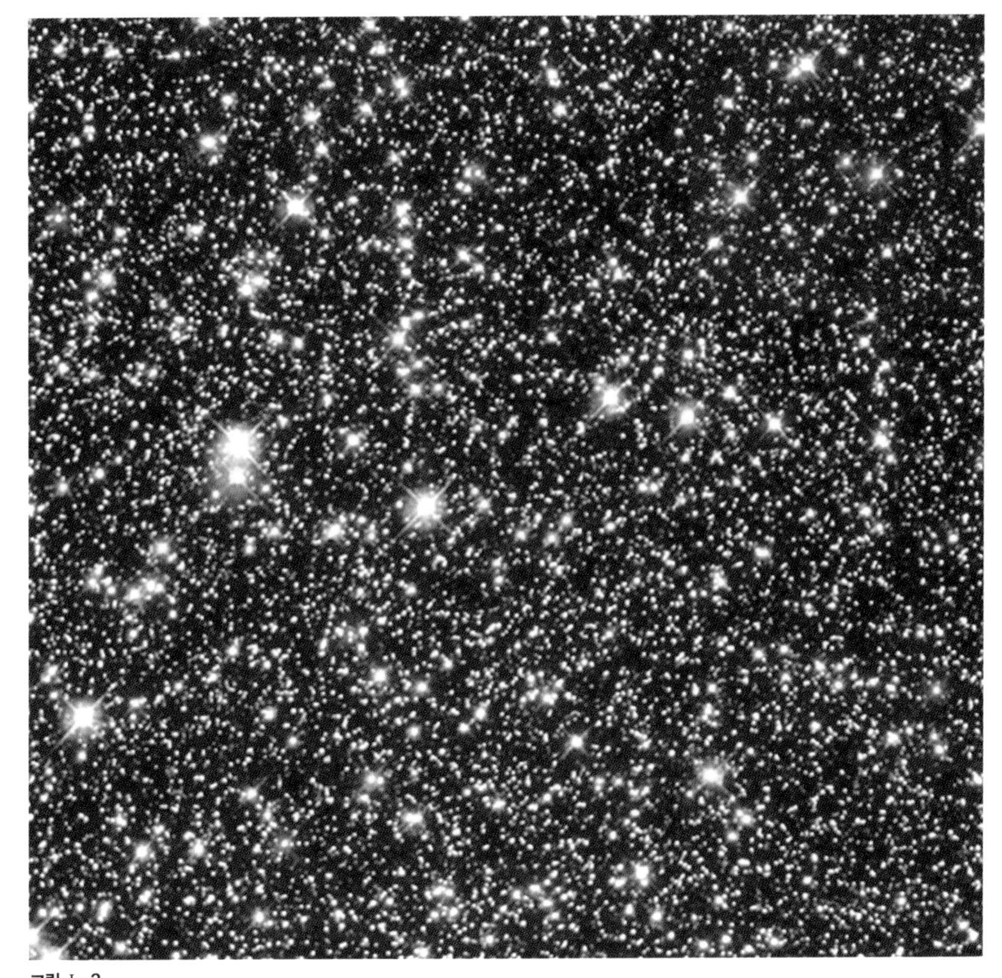

그림 I - 2

허블 우주망원경으로 찍은 궁수자리 별들 가까운 별이나 밝은 별일수록 별의 상이 크고, 또 별의 색깔이 청색에서 적색으로 갈수록 별의 표면 온도는 낮아진다.

흐리나 한결같다. 비나 눈이 오면 구름 때문에 별을 보지 못해 애를 태운다. 흔히 별을 오늘 못 보면 내일 보면 되지 하겠지만 한번 지나간 시간은 다시 되돌아오지 않듯이 오늘밤의 별이 내일 밤의 그 별은 아니다. 그렇다고 날이 맑으면 별을 보는 기쁨은 있지만 그 대신 육신은 몹시 피로해진다.

과거 3,000년 전부터 수많은 사람들이 이처럼 별을 꾸준히 관측해 왔기 때문에 그 기록이 모여 오늘날 우주를 알려주는 인류의 유산이 되었다. 별을 보는 마음에는 돈이 떠나고 명예가 떠나고 권력이 떠난다.

흔히 별을 보는 일은 "별 볼일 없다"고 한다. 그런데 뒤집어 살펴보면 별 보는 일에서는 특별한 것이 없다는 것으로 늘 그렇고 그런 평상적이고 보편적이라는 뜻이다. 인간은 별난 볼일이 많을 때 사고를 내는 경우가 많다. 불법에서 여여(如如)함이란 바로 별난 볼일 없는 마음이고 또 하늘의 별을 보아봤자 별로 신통한 것이 없다는 뜻일 것이다.

그런데 왜 우리는 별을 보고 또 보아야만 하는가?

그 해답은 "별로 신통한 것이 없다는 것"을 확실히 알아내는 것이다. 이것이 아마 불법에서 말하는 깨달음일 것이다.

크기가 20×20cm 되는 큰 유리 건판[1]에 찍은 별 사진을 현상한 뒤에 측정기에 걸어서 별과 별 사이의 거리를 재는 작업은 조용하고 어두운 방에서 이루어진다. 방에는 나와 별들만이 존재한다. 건판 위에 있는 수십 개의 밝은 별을 하나씩 찾아가며 측정할 때는 마치 집집마다 호구조사를 하는 듯이 반갑다. 광활한 우주에서 이 별들과 만나 순수한 마음으로 이야기할 수 있다는 것은 큰 기쁨이 아닐 수 없다.

1 약 2mm두께의 유리판 위에 감광유제를 바른 것.

이런 고된 작업이 끝나면 가까운 별들의 거리가 알려지고, 이 자료는 그 별의 물리적 특성을 규명하는 데 귀중한 자료로 쓰인다.

미국 유학에서 천체 사진을 찍고 분석하면서 관측의 기초를 제대로 익힌 것은 매우 보람된 경험이었다.

이러한 관측 외에 별들의 운동학적 특성도 조사해 보았다.

나이가 100억 년 이상 되는 별이 백만 개 정도 모인 집단을 구상성단이라고 한다. 그림 I-3 이들은 거의 구형의 분포를 이루는데, 우리은하계에서 가장 나이가 많은 제1세대의 별이다. 이들이 구상성단 내에서 어떻게 역학적 안정과 평형을 이루고 있는가를 살펴보는 과제였다.

어떤 사람이 무인도에 홀로 살면서 과일이나 물고기 같은 양식을 충분히 구해 먹고 살 수 있다면 다른 사람과의 인연 때문에 생기는 일은 없을 것이다. 그러나 실제 우리 모두는 여러 사람들이 모여 함께 살아가기 때문에 외딴 섬에서 홀로 사는 것보다 즐거움도 많지만 고통도 많이 따르게 된다.

별들도 마찬가지다. 우주 속에 한 별만 있다면 처음 그 별이 태어날 때 가지는 양식으로 일생을 조용히 살아갈 것이다. 그러나 별이 많이 모인 성단에서는 별들끼리 서로 힘을 미치고 또 성단 주위를 지나는 천체로부터 큰 충격을 받을 수도 있다. 따라서 별들도 인간처럼 살아가는 것이 그렇게 편한 것만은 아니다. 가지 많은 나무 바람 잘 날 없듯이 성단 내의 별들도 복잡하게 살아간다.

만약 어떤 사람을 태어나자마자 외딴 섬에 홀로 살게 하고 먹을 양식만 계속 공급한다고 하자. 그러면 이 사람은 다른 사람들과 접촉이 없기 때문에 순전히 생리적 진화만 이어가게 될 것이다. 이런 경우는

그림 Ⅰ-3
M80(NGC 6093) 28,000광년 떨어진 전갈자리에 있는 구상성단.

고립계다. 그러나 사람들이 많이 모인 집단 내에서 살게 되면 생리적 진화 외에 다른 사람들과 접촉하면서 정신적이든 물질적이든 서로 주고받는 상의적 수수과정을 거치게 된다. 이 과정에서 사람들은 환경에 따라 성품이 달라지게 된다. 이러한 집단적 생활은 열린계로써 복잡한 인연의 끈에 매인 연기관계가 중요하게 된다.

별의 경우도 마찬가지다. 홀로 떨어져 있는 별은 영향을 미치는 이웃 별들이 없기 때문에 거의 화학적 진화만 이루어가지만 별이 많이 모여 있는 성단에서는 앞서 보인 것처럼 별들 사이의 인력관계로 역학적 진화가 더 중요해진다.

별들도 사람처럼 짝을 잘못 만나거나 이웃을 잘못 만나면 제 명을 다 못하고 일찍 죽거나 또는 심한 물질 분출을 일으키며 불안정해진다.

맹자의 어머니는 맹자의 올바른 교육 환경을 마련하기 위해 이사를 세 번씩이나 했다고 한다. 이처럼 인간 사회에서는 어떤 집안에 태어나느냐에 따라 삶의 질이 달라지듯이 별의 세계도 마찬가지다.

예를 들어 수십 개 내지 수천 개의 별들로 이루어진 작은 성단에서 태어난 별들은 살아가는 도중에 외부 천체로부터 큰 충격을 받으면 성단 전체가 파괴되어 별들이 사방으로 흩어지게 된다.

그러나 구상성단처럼 수십만 내지 수백만 개의 별이 모인 큰 성단은 외부 천체의 큰 충격도 충분히 이겨내므로 집단이 깨지지 않고 오래도록 유지된다.

인간 사회에서 조부모와 함께 사는 대가족은 부모와 자식만 사는 핵가족보다 훨씬 더 안정적이다. 13억의 인구를 가진 중국이 5,000만 정도의 인구를 가진 우리 나라보다 훨씬 안정된 집단이라는 것도 같은 이치다.

결국 성단의 역학적 진화는 별들간의 상의적 수수관계 즉 연기관계에 의해 결정된다는 것이다. 붓다는 개인보다는 많은 대중을 상대로 설법했으며, 또 혼자의 수행보다 대중 속에서의 수행을 강조한 이유도 근본은 만유 사이에 일어나는 연기의 중요성 때문이다.

3 | 호주 유학 시기

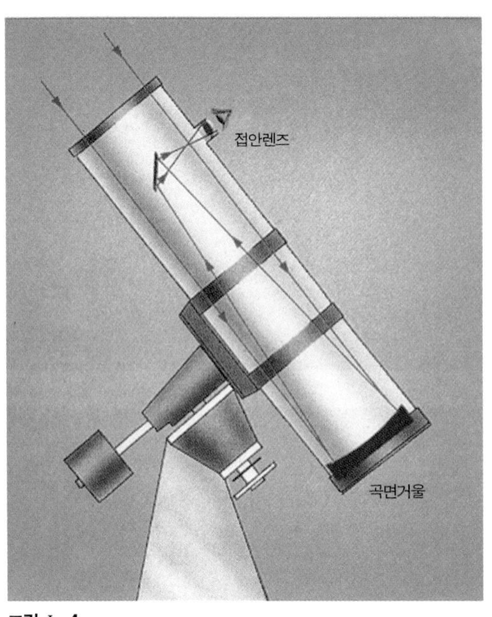

그림 Ⅰ-4
뉴턴식 반사 망원경의 구조

귀국 후 3년이 지난 뒤 나는 다시 콜롬보 계획으로 장학금을 받아 호주 국립대학으로 유학을 떠났다. 나는 외국에 있는 동안 좋은 시설에서 마음껏 별을 보기 위해 이론 천문학 대신 관측 천문학을 택했다. 그래야만 망원경을 통해 광대한 우주와 대화를 나눌 수 있기 때문이었다.

관측은 대학 구내에서 좀 떨어진 산 위에 있는 천문대의 망원경으로 하지만 도시 불빛의 영향을 많이 받는다. 그래서 대체로 매달 한 번씩 경비행기를 타고 2시간 정도 걸리는 호주대학 천문대로 관측을 다녔다. 이 천문대는 호주 국립공원 내에 있기 때문에 도시의 밝은 불빛의 영향이 전연 없으며 또한 겨울에도 눈이 거의 오지 않아 관측하기에는 아주 좋은 장소다.

지름 100cm의 반사 망원경으로 수분 내지 1시간씩 노출하면서 사진도 찍고, 또 별빛의 양을 직접 측정하는 광전측광을 수행했다. 그림 I-4 광전측광의 경우는 10초 내지 60초 동안 노출하면서 계속 관측을 해야 하기 때문에 소변 볼 시간이 없을 정도로 무척 바빴다. 이러한 관측 연구는 주로 성단 내의 별들이 어떻게 일생을 살아가는가를 살펴보는 성단의 진화가 주요 과제였다. 여기서는 별들의 화학적 진화를 다루기 때문에 개개의 별들이 관측되었다.

구상성단을 망원경으로 보면 마치 별밭에 온 것처럼 수많은 별이 눈에 들어온다. 먼저 성단의 사진을 찍어 그 모습을 큰 인화지에 옮긴 후 별 하나씩 일련번호를 매긴다. 그런 다음에 망원경으로 별을 하나씩 찾아가면서 광전측광을 수행한다. 밤새도록 계속되는 이러한 작업은 매우 지루하기도 하지만 한편으로 신나는 일이다. 신비스러운 감정을 불러일으키는 빤짝이는 별빛을 보면서 나는 고국에 두고 온 자식들을 대하듯이 이들과 반가운 인사를 나누며 무언의 대화를 계속했다.

관측은 주로 달빛이 없는 캄캄한 밤에 계속되므로 나 이외는 아무도 없는 고요한 천문대 안에서 차가운 망원경을 벗 삼아 별을 보아야만 한다. 이런 때는 이 우주에 있는 수많은 별들이 살아 움직이면서 내는 잔잔한 숨소리까지 들을 수 있다. 이들은 인간에게 어떠한 두려움도 안겨주지 않고 오직 정화된 깨끗한 빛으로 알 수 없는 먼 과거의 수많은 이야기를 전해 주면서 바람 따라 하늘거릴 뿐이다.

캄캄한 밤중에 길을 가다가 사람을 만나면 더럭 겁부터 난다. 그런데 하늘의 별을 보면 무서움이 없어진다. 옛날 탈레스라는 희랍의 철학자는 별이 좋아 밤에 하늘의 별을 보고 걷다가 도랑에 빠졌다는 일화가 있다. 이처럼 별은 우리에게 고요함, 편안함, 맑음, 기쁨, 신비스런 경외심 등을 심어줌으로써 모든 번뇌를 떠나 열반의 경지에 이르도록 해준다. 별들은 잡다한 생각을 버리고 평온한 마음 챙김(정념; 正念)을 가지는 청정한 상태 즉 사념청정(捨念淸淨)에 들도록 한다.

무한한 우주에서 보면 티끌보다 작은 지구라는 곳에 사는 인간들만이 과연 우주에서 지혜를 가진 유일한 생명체인가? 또한 동물과 식물 이외에 무생물이라고 불리는 돌이나 산, 지구 같은 행성과 별들은 과연 생명을 가지지 않았는가?

지상에서 생명체라고 부르는 것들의 기본 구성 요소는 원자와 분자다. 무생물이라고 부르는 것들의 구성 요소도 원자와 분자다. 단지 그들의 결합으로 생기는 기능이 생물과 다를 뿐이다. 즉 동식물은 스스로 움직이며 성장 발육하고 자기 복제도 할 수 있지만 돌은 그렇지 못하고 같은 장소를 지킨다. 그러나 이 돌도 비바람을 맞거나 따가운 햇빛이 쪼이면 그에 알맞게 반응하여 부서지거나 깨지면서 형체가 변해간다.

우주에서 만유는 외부로부터 어떠한 영향을 받으면 그에 상응하는 반응을 일으킨다. 이러한 작용-반작용이 궁극적으로 생명활동이라면 무생물이라고 부르는 것들도 실은 모두 생명을 지녔다고 볼 수 있다.

별도 인간들처럼 일생을 살아간다. 하루살이가 100년을 사는 인간의 일생을 알 수 없듯이 인간 역시 우리보다 천만 배 내지 수억 배 더 오래 사는 별들의 일생을 과연 얼마나 이해할 수 있을까?

문명의 이기를 누리며 신나게 살아가는 인간들을 외면한 채 불빛 아래 모여 날개짓만 하다가 불과 며칠만에 죽어 가는 하루살이처럼 인간들도 하늘 위의 수많은 별들이 우주의 찬란한 역사를 이야기하고 있는데도 먹고사는 것에만 집착하여 우주를 외면한 채 아주 짧은 일생을 버둥대다가 사라져 간다.

붓다는 『열반경』에서 "일체 중생은 모두 불성을 가졌다"고 했다. 여기서 중생이란 유정(有情)으로 좁은 의미의 생명체를 일컫는다. 그러나 동양의 생명관에 따라 이 세상 모든 것이 생의(生意; 삶의 의지)를 가졌다고 볼 때 만물은 불성을 가졌다고 말할 수 있다. 이 뜻은 이 세상 모든 것이 서로서로 인연을 맺고 주고받으면서 살아간다는 것이며 또한 모두가 차별 없는 동등한 삶의 가치를 지니고 있다는 연기법의 평등성과 보편성을 나타내는 것이다. 삶의 역사를 올바르게 알려면 하루살이보다 긴 일생을 가진 인간의 역사가 더 중요하며, 또 우주 법계를 올바르게 알려면 인간보다 더 긴 일생을 살아가는 별들의 역사가 훨씬 더 중요하다. 그런데도 불구하고 이 우주에서 똑같은 형태로는 단 한번 밖에 태어나지 못하는 우리 자신들이 하늘 위의 찬란한 별들을 외면한 채 좁은 지구라는 땅에만 바짝 붙어 버둥대면서 살아가야만 할까?

겨울철은 밤 시간이 길기 때문에 날씨가 좋은 날은 저녁 5시경에 천문대로 올라가면 아침 7시쯤에 모든 일을 마치고 숙소로 내려온다. 밤새도록 차가운 공기를 마시며 선 채로 일을 하기 때문에 몸은 지치기 마련이다. 관측에 쫓기다 보면 밤참으로 싸서 들고 간 샌드위치와 우유조차 먹지 못하는 날도 많다. 숙소에서 더운물로 샤워를 하고 잠자리에 들면 곧 곤하게 잠에 떨어지지만, 가끔은 자다가 다리에 쥐가 나 다리를 주무르며 한바탕 소동을 벌이기도 한다.

한번은 구름이 너무 짙게 끼어 밤중에 숙소로 내려오는데 큰 벌레가 귀속으로 들어갔다. 이 놈이 몸을 흔들어댈 때는 참을 수 없을 정도로 귀가 아팠다. 전화로 숙직하는 분을 불렀고, 급히 달려온 그는 귀속에 기름을 약간 부어 나방이 밖으로 기어 나오게 했다. 정말 운이 나쁜 날이었다.

별을 보는 관측에서는 일요일도 공휴일도 없다. 구름이 낀 밤에도 언제 다시 구름이 걷힐지 모르기 때문에 자주 밖에 나가 하늘을 훑어보면서 날이 맑기를 기도하는 마음으로 밤을 지새운다. 그래서 조금이라도 구름이 걷히면 곧 관측을 시작한다.

예를 들어 천문대를 운영하는 데 드는 예산이 일 년에 60억 원 든다고 하자. 이 액수를 일 년으로 나누면 매초마다 200원 꼴로 돈이 소비되는 셈이다. 만약 날씨가 좋은데도 관측을 하지 않고 1시간 동안 졸았다고 하자. 그러면 72만원이란 돈이 고스란히 날아가는 셈이다. 이 얼마나 아까운 낭비인가! 돈의 낭비뿐만 아니라 별에서 오는 귀중한 정보를 얻을 수 있는 시간이 지나가 버려 다시는 그 시간이 돌아오지 않는다는 것이 가장 큰 손실이다.

이러한 논리는 우리의 일상 생활에서도 마찬가지로 성립한다. 한 사람이 태어나 여러 가지 교육을 받으며 일생을 살아간다. 여기에는 상당히 많은 돈이 투입된다. 만약 그가 게을리하여 교육을 받는 시간을 많이 낭비했다면 그에 상응하는 돈이 쓸모없이 사라졌을 뿐만 아니라 다시는 돌아오지 않는 인생의 귀중한 시간을 날려버린 것이다.

별을 관측하면서 가장 힘들었던 것은 지름 68cm의 굴절 망원경으로 별 사진을 찍을 때였다. 이 망원경의 경통 길이는 약 10m로 무척 길기 때문에 망원경이 머리 위쪽 부근을 지날 때는 사람이 시멘트 바닥에 드러누워 머리를 들고 별을 보아야만 하는 아주 불편한 자세를 취하게 된다. 물론 나지막한 긴 의자 위에 드러눕기는 하지만 목을 받쳐주는 장치가 없기 때문에 머리는 계속 치켜들고 있어야 한다. 이런 불편한 자세로 30분 이상 노출하면서 별 사진을 찍을 때는 "정말 이짓을 꼭 해야 하나?" 하는 의문이 들면서 부러질 것 같은 목과 허리가 가엾기 그지없다. 특히 추운 겨울철에는 시멘트 바닥에서 관측이 이루어지기 때문에 여간 힘든 게 아니었다.

그러나 내가 찍은 사진으로부터 그 별이 아파하는 병의 증상을 찾아내고, 또 이 별은 지금 어떠한 삶의 과정에 있는가를 알아낼 수 있기 때문에 힘든 관측도 견딜 수 있었다. 암실에 들어가 사진을 현상할 때면 고통은 기쁨과 희열로 바뀐다. 적어도 이런 시간에 이 별과 이야기를 나눌 수 있는 사람은 지구상에서 나뿐일지도 모른다는 자긍심도 따른다. 그러고 보면 인간의 일생에서 고통이라고 부르는 것은 다음 순간에 즐거움과 안정을 안겨주기 때문에 그 고통은 오히려 즐거움의 원인이 되는 셈이다. 그래서 고통이 없으면 즐거움이란 있을 수 없고 또 즐거움이 없으면 고통이 있을 수 없기에 고통과 즐거움은 근본적으로 같은 것이다. 다만 현실로 나타나는 현상과 과정에 차이가 있을 뿐이다. 고통과 즐거움은 모두가 그 실체를 지니지 못하므로 공 (空)[2] 으로서 같다는 것이 불법의 이야기다.

내 인생에서 가장 즐거웠던 시간은 망원경으로 별을 보며 그들과 흥미로운 이야기를 속삭이던 시절이다. 그 별들이 내 이야기를 들었을지는 모르지만 적어도 나는 그 별들로부터 순수한 우주의 신비를 속삭이는 소리를 듣고 있었다. 비록 내가 우매하여 그 뜻을 모두 알아차릴 수는 없었지만 적어도 그 이야기를 들으려고 밤을 지새며 내 눈속으로 별빛을 집어넣었고 또 힘차게 뛰는 그들의 맥박소리를 놓치지 않고 들으려 했다. 그러면서 그들과 나는 끈덕진 인연 줄에 묶여 함께 먼 우주공간을 여행하며 우주의 섭리를 찾아 함께 헤매고 다녔다.

4 | 천문 관측 교육

호주에서 귀국한 후에는 주로 소백산 천문대의 구경 60cm의 반사 망원경을 이용하면서 10년 이상 별과 함께 지냈다. 이때는 관측 연

2 실체가 없고 자성이 없는 것.

지대방 1

별은 어디서나 보이는가

그림 I-R1-1

남십자성 하늘의 남극 부근에서 보이는 3개의 푸른 별과 한 개의 황색별로 이루어진 십자 모양의 별자리. 아래쪽의 가장 푸른 1등성은 아크룩스, 왼쪽의 푸른 1.4등급 별은 미모사며, 위쪽의 황색별은 2등급이다.

북반구에 사는 사람은 북두칠성을 보고 북극성을 찾고 하늘의 북극을 알아낸다. 그러나 남반구에 사는 사람은 북극성을 볼 수 없다. 그렇지만 남반구 사람은 남십자성을 보고 그쪽에 하늘의 남극이 있다는 것을 알게 된다. 그림 I-R1-1 이처럼 하늘의 별들은 지구의 적도를 중심으로 나누어져 보인다. 그렇다고 우리 나라에서 하늘의 적도 아래쪽 별을 전연 볼 수 없다는 것은 아니다. 적도 부근에 있는 남쪽 하늘 별들의 일부는 볼 수 있다.

호주는 남반구에 있는 거대한 대륙이다. 영국인들이 들어와 정착하면서 영국에서는 보이지 않는 남반구 하늘의 천체를 관측하기 위해 일찍부터 천문학에 관심을 가지고 천문대를 건설했다. 그래서 남반구의 하늘을 훑으면서 사진을 찍고, 남반구를 항해하는 사람에게 길잡이가 되는 마젤란 은하를 집중적으로 연구해 오고 있다. 우리 은하계의 중심은 남쪽 하늘에 위치한다. 그래서 남반구로 내려가면 별들이 훨씬 많이 보이고, 또 은하 중심부를 잘 볼 수 있다.

호주의 국기를 보면 남십자성이 그려져 있다. 이것은 호주가 남반구 하늘을 책임지고 연구한다는 것으로 호주의 국가적 학문이 천문학인 셈이다. 그래서 호주는 광학 천문학 분야뿐만 아니라 전파 천문학 분야에도 막대한 예산을 투자하고 있다. 호주에서 가장 큰 망원경은 영국과 합작으로 만든 구경 380cm(150인치)의 반사 망원경이며, 호주 국립대학에 속한 것으로는 구경 230cm의 반사 망원경이 제일 크다. 호주에서 남반구 하늘을 주로 관측해온 나에게는 지금 여기 북반구에서는 볼 수 없는 남쪽 하늘의 옛친구 별들이 그리울 뿐이다.

남반구 하늘의 관측을 위해 미국과 유럽 나라들은 건조하고 기상 조건이 좋은 칠레에 천문대를 세워 각기 운영하고 있으며 그리고 아프리카의 남아공에도 큰 망원경이 있어 남반구 하늘을 관측하고 있다. 그림 I-R1-2 지구 상공을 나는 우주 천문대에서는 남쪽 하늘과 북쪽 하늘의 구별 없이 밤이면 어느 쪽 하늘의 천체나 다 볼 수 있는 장점이 있다.

그림 I-R1-2
칠레에 위치한 유럽 남천문대에 있는 구경 360cm 반사 망원경의 모습.

구보다는 전적으로 대학원 학생들의 관측 실습과 논문 연구를 위한 것이었다. 학생들만 관측을 보내지 않고 내가 따라다녔던 이유는, 첫째 구름이 끼더라도 자지 않고 날씨를 수시로 점검하며 대기하고 있는 버릇을 익혀주려는 것이고, 둘째는 학생들과 함께 소백산 천문대로 오르내리면서 '인생은 힘들게 사는 것'을 가르치려는 것이었다. 특히 무게 20kg의 드라이아이스를 지고 죽령이나 희방사 쪽에서 천문대까지 2시간 가까이 걸어 올라가는 것은 여간 힘든 일이 아니었다. 즉 천문 관측에서는 가만히 앉아 머리만 쓰는 것보다 직접 발로 뛰고 손으로 조작하는 노동이 훨씬 더 중요하며 또한 새로운 발견의 밑거름이 된다는 것을 가르치는 것이었다.

요즘 젊은이들은 힘든 것을 싫어한다. 과거에는 바깥과 똑같은 온도 조건을 갖춘 천문대 안에서 별을 눈으로 직접 보면서 힘들게 관측했다. 그런데 요즘은 전하집적소자(CCD)[3]라는 특수한 측광 장비와 컴퓨터를 쓰기 때문에 별을 직접 보지 않고도 따뜻한 방에서 컴퓨터의 모니터만 보면서 편안히 관측을 수행한다. 그렇다면 별빛을 직접 눈으로 보지 않고 모니터에 나타난 별만을 간접적으로 보고 관측할 경우에 별에 대한 신비감이 과연 얼마나 일어날까?

힘든 육체적 고통이 따르는 노력에서 1%의 영감이 떠오른다는 말이 있다. 여기서 영감이란 특별한 것이 아니라 누적된 노력이 새로운 질로 변화한다는 것을 뜻한다. 즉 씨를 뿌리고 가꾸는 99%의 노력에 의해 1%에 해당하는 새싹이 돋는 것이다.

문명의 이기에 의존하면서 편리한 것을 찾는 오늘날, 과연 사람들은 얼마나 많은 영감을 얻을 수 있을까? 만약 영감을 별로 경험하지 못하는 안이한 삶을 살아간다면 그들의 마음속에서 새싹은 돋아

3 CCD: 수많은 화소(畵素)로 이루어진 반도체 표면에 빛을 쪼이면 광전자가 발생한다. 각 화소에서 발생된 광전자(光電子)의 양과 위치는 내장된 장치에 기록되며 재생시에는 피사체의 그림을 얻는다.

나지 않을 것이다. 마음속에 새싹이 없다는 것은 내 것이 없다는 말이다. 그래서 삶을 살아가면서 남의 글을 읽고 외워서 뱉어내는 일이나 또 남의 말을 듣고 앵무새처럼 그것을 그대로 전달하는 정도가 고작일 것이다.

만약 스님들의 법문이 옛 조사들의 글이나 경전의 내용을 그대로 옮겨놓는 것이라면 여기에는 어떠한 영감의 작업도 존재하지 않을 것이다. 마치 남이 싸놓은 똥을 먹고 다시 뱉어내는 역할만 하는 셈이다. 그런 법문은 오늘을 살아가는 사람들의 가슴에 와 닿지 못할 것이다.

5 | 심안(心眼)으로 별을 보다

일생을 살아가는 과정에서 잠을 자고 깨는 시간과 또 수면시간은 그 사람의 생활 습관을 결정한다. 초등학교 시절, 특히 5, 6학년 때는 5시간 이상을 자본 적이 없다. 이때가 내 일생 중에서 수면시간이 가장 짧았다. 그후 학창 시절의 수면시간은 6시간을 넘지 않았다. 주로 밤늦게까지 앉아 있는 것이 버릇이었다. 그러다가 별을 보기 시작하면서 생활 습관이 바뀌어 밤에는 별을 보고 아침나절에 자는 버릇이 생겼다. 이때는 늘 잠이 모자랐다. 밤에 관측을 끝내고 내려오면 새벽 6시경이고, 낮 12시 전에 일어나 식사를 해야 하며, 5~6시경에 저녁을 일찍 먹고 관측소에 올라가 관측을 준비해야 하기 때문에 여유 시간이 거의 없었다.

대학에서 학생을 가르칠 때는 다시 생활 습관이 바뀌어 새벽 3시경에 자고 아침 늦게 일어나 학교로 가는 습관으로 바뀌었다. 결국 별을 보는 사람의 생활 습관은 대체로 두 가지 방법이 섞이는 것이

국내 천문대와 광학 망원경

그림 I-R2
보현산 천문대에 있는 구경 180cm 반사 망원경의 모습(전영범 박사 제공).

1978년 9월에 소백산 연화봉 부근에 구경 60cm의 반사 망원경이 설치되면서 국내 최초로 천문 관측소가 생겼다. 그후 여러 대학 구내에 비슷한 크기의 망원경들이 도입 설치되어 국내 천문 관측 교육이 제자리를 잡아가기 시작했다. 그러다가 1996년 4월에 경북 영천에 있는 보현산 정상에 구경 180cm의 반사 망원경이 설치되면서 낮은 급의 중형 망원경 시대가 열리기 시작했다.그림 I-R2 이것은 현재 한국천문연구원에 속해 있으며 국내에서는 가장 큰 망원경이다. 이것으로는 18등급까지 어두운 천체를 육안으로 관측할 수 있다. 특수한 측기를 쓰면 이보다 더 어두운 천체도 관측이 가능하다. 보현산 천문대에는 태양 흑점이나 홍염 등을 직접 볼 수 있는 태양 망원경도 설치되어 있다.

최근에는 시나 군에서도 천문대를 갖추고 망원경을 설치하여 일반인들이 와서 직접 천체를 관측하고 또 쉬운 천문학 상식이나 망원경 조작법 등에 관한 설명을 들을 수 있도록 다양한 프로그램을 운영하고 있다. 이런 프로그램은 개인 사설 천문대에서도 운영되고 있다.

하늘의 천체를 관측하는 실습은 어린 나이일수록 좋다. 왜냐하면 마음에 때가 끼게 되면 자연에 대한 신비감이 줄어들기 때문이다. 어린 아이들과 부모가 함께 와서 밤을 새우면서 별을 관측하는 모습은 모두가 티 없는 동심의 세계로 들어간 것과 다를 바 없다. 어떤 경우는 노부모가 죽기 전에 별 한번 제대로 보고 싶다면서 자식과 손자, 손녀들이 함께 와서 밤새도록 별과 행성을 보며 호기심에 가득 찬 이야기를 나누는 정겨운 광경도 있다.

전 세계적으로 천문학이 발달되고 천체를 볼 수 있는 천문대가 많은 나라일수록 정신적으로 안정된 문화가 발달한 나라임을 볼 수 있다. 가장 가까운 예로 일본에서는 몇 집 건너 망원경이 한 대씩 있을 정도로 천체 관측에 열성적이다. 그래서 아마추어 천문가에 의해 혜성이 가장 많이 발견되는 나라 중의 하나가 일본이다. 돈이 많은 나라만이 천체에 관심을 가지는 것은 결코 아니다. 사람이 하늘을 바라본다는 것은 그만큼 삶에 마음의 여유를 갖는다는 것이고, 이것은 다시 삶의 가치를 높여 주게 된다.

동양에서는 자연과 인간이 하나가 되는 천인합일(天人合一) 사상이 매우 중요하다. 이것은 자연 친화적 사상과 범생태적 사상을 내포하는 것으로 서양의 합리주의적 사상과는 근본적으로 다르다. 그런데 동양에서는 일본을 제외하고 하늘과 인간이 하나로 합일된다는 사상이 실질적으로 실천되고 있는 나라는 없는 것 같다.

결국 우리는 천인합일이 아니라 지인합일(地人合一)로써 땅에 붙어사는 이차원적인 평면적 생활만 즐기고 있는 셈이다.

불법은 과연 땅에만 있는 것일까? 오히려 하늘에 비해 땅에는 미혹과 무명의 씨가 더 많다. 왜냐하면 땅에서는 입으로 들어가는 양식을 얻어 배를 불릴 수 있지만 하늘로부터는 마음에 들어가는 정신적 양식을 얻어도 이것으로는 배가 부르지 않기 때문이다. 마음은 차지 않고 배만 부를 때 우리는 무명의 덫에 더 쉽게 빠질 수 있다.

보통이다. 즉 별을 볼 때는 밤을 새우고, 학생을 가르칠 때는 낮에 일해야 하는 규칙적인 것 같으면서 불규칙한 생활이다. 이러한 생활 습관이 몸에 잘 익숙해지지 않는 사람들도 있지만 내 경우는 비교적 잘 적응하였다. 외국에서 별을 보는 천문학자들 중에 홀로 사는 사람이 많은 이유를 독자들은 쉽게 짐작할 수 있을 것이다.

대학 강단을 떠나 자유의 몸이 된 이후로는 어디에 묶여 있는 곳이 없기에 생활 습관을 크게 바꾸었다. 저녁 9시에 자고 새벽 3시에 일어나는 것이다. 실은 이런 습관을 퇴직 몇 년 전부터 조금씩 익혀왔다.

여기에는 특별한 계기가 있었다. 첫째는 불교 경전을 열심히 읽고 절에 다니는 아내 덕분이다. 그동안 교회에 가본 적도 없고 또 절에 들러 절 한번 한 적도 없는 내가, 어느 날 집에 있는 불교 성전을 우연히 발견하고 이것을 잠들기 전에 조금씩 읽으면서 불법에 흥미를 가지기 시작했다. 둘째는 아내가 좋은 스님이 한 분 계시니 한 번 만나 뵙지 않겠느냐고 묻길래 "땡땡이중을 왜 만나?" 하고 별로 관심을 보이지 않았다. 그런데 아내는 나중에 그 스님을 뵙고 내가 땡땡이중이라는 말을 했다고 스님에게 말했다. 스님은 "땡땡이중이라고?" 하면서 웃었다고 했다.

나는 무슨 그런 소리를 다 전했느냐고 아내를 책망하면서 스님께 미안하고 창피스러운 생각이 들어 그 스님을 한 번 뵙기로 했다. 그래서 며칠 후 난생 처음 스님을 직접 만나 뵙고 장시간 많은 이야기를 나누었다. 이것이 인연이 되어 그 스님의 절을 찾게 되고 또 경전도 더 열심히 읽게 되었다.

그전부터 나는 이웃의 사람들이 취착심을 뜻하는 취(取)에 취해 있는 모습을 보면서 "왜 사람들이 저렇게 되었을까?" 하고 늘 화두로 삼아왔는데, 이러한 취가 12연기 중의 하나라는 것도 나중에 경전에서 알게 되었다. 그리고 별들의 세계가 불법과 너무나 깊이 관련되고 있음을 알게 되면서 불법의 세계로 끌려가기 시작했다.

새벽 3시에 일어나 간단히 예불을 올린 후 마음으로 별을 보는 시간을 갖는다. 내 머릿속에는 그동안 수집한 별들에 대한 여러 가지 정보가 들어 있다. 이것들을 끌어내어 서로 비교하면서 자연의 이치를 살펴보고 또 인간 세계가 우주 법계와 어떠한 관계가 있는가를 알아보는 것이다.

중국의 남회근(南懷瑾) 국사는 퇴직 후 잘 살아가는 방법은 종교나 또는 철학에 몰입하는 것이라고 했다. 어쩌면 '마음으로 별 보기'에는 철학이나 자연신(自然神)[4]이 관장하는 종교가 들어 있는지도 모른다. 그러나 나는 철학이나 종교보다는 그냥 별이 좋아 별을 마음속에 간직한 채 그들과 놀이를 하고 있는 정도다. 이러한 행위를 나는 마음으로 별 보기라고 한다.

늘 빛을 빤짝이는 별은 몸이 청정하며(身念), 즐겁거나 괴로움이 없고(受念), 언제나 한결같은 마음을 가지며(心念), 자성이 없는 무아(法念)를 지닌다. 이러한 사념처(四念處)뿐만 아니라 별들은 인간이 아직 모르는 심오한 우주 경전을 품고 있다. 이들은 우리들에게 새벽 공기처럼 맑고 순화된 정신세계를 펼쳐 보인다. 이것은 맑은 마음을 가지지 않으면 들여다볼 수 없는 인간 이전의 원초적 세계다.

인간 사회에서는 복잡한 인간 관계로 진리인 것 같으면서 진리가

4 자연에는 만물이 태어나서 살다가 죽어 없어지는 것을 조정하는 섭리가 있으며 이것을 주재(主宰)하는 신.

아닌 것이 많고, 참된 것 같으면서 참되지 않은 것이 많으므로 집착과 대립이 생긴다. 그러나 별의 세계에서는 오직 우주 법계의 진리만이 존재하므로 여기서는 대립이 없고 분쟁이 없으며 특별한 것이 없기에 집착이 없다. 뿐만 아니라 하늘의 모든 실상이 법이므로 있는 그대로 바라보는 여실지견(如實知見)[5]은 바로 열반[6]의 세계로 우리를 인도한다.

그런데 집착에 젖은 사람에게는 이러한 여실지견이 달라질 수도 있다. 『금강경』에 이런 구절이 있다.

"····그런데 참으로 수보리여, 여래가 철저히 깨달았고 설하고 깊이 사유한 법에는 진실도 없고 거짓도 없다.····"[7]

별의 세계는 산냐[8]를 초월하므로 진실이니 거짓이니 하는 것이 있을 수 없다. 단지 보는 사람의 생각에 따라 진실일 수도 있고 거짓일 수도 있을 뿐이다. 그러나 인식 주체가 산냐를 넘어서면 별의 세계는 그냥 유전 변천하는 흐름의 세계일 뿐이다. 육조 혜능은 "····사상(四相)이 있으면 중생이요 사상이 없으면 곧 부처이니라"[9]고 했다. 그러므로 사상인 산냐가 없는 별들은 모두 별부처인 셈이므로 그저 여여하게 별을 대하는 마음만 있으면 불법 앞에 설 수 있는 것이다.

5 있는 그대로 실제와 이치에 맞게 보고 아는 것.
6 모든 번뇌를 끊어 미혹함이 소멸된 상태. 깨달음의 경지.
7 『금강경 역해』(산스끄리뜨 원문 번역): 각묵 스님, 불광출판부, 2001, 255쪽(이상적멸분).
8 산냐(saṃjña): 정형화된 상(相, 想)으로서 대상을 받아들여 개념작용을 일으키고 이름을 붙이는 작용. 즉 개념화, 이념화, 이상화, 관념화 등에 관련된 것이다. 예를 들면 아상, 인상, 중생상, 수자상 등등이다.
9 『금강경 오가해』: 무비 역해, 불광출판부, 1993, 136쪽.

2. 별은 어떻게 태어날까

1 | 중력의 수축과 붕괴

여름철 도심의 불빛을 떠나 공기 맑은 산사에 머물며 하늘을 쳐다보면 파란 빛이 약간 도는 하늘을 가로질러 가는 우유 빛깔 같은 길다란 띠를 볼 수 있다. 희랍 신화에서는 제우스의 아내인 헬라 여신의 젖가슴에서 젖이 흘러나와 만들어졌다는 것으로 은하수라고 부른다. 여기에는 수많은 별들이 모여서 빛을 내기 때문에 뿌옇게 우유 빛처럼 밝게 보이는 것이다. 망원경으로 이 지역의 수많은 별들을 보면 야릇한 신비감을 느끼게 된다. 특히 칠월 칠석 날에는 견우와 직녀가 강을 건너와 서로 만난다는 장소도 이곳 은하수다. 그림 I-5

은하수의 가운데 부분을 잘 보면 주위보다 어두운 검은 지역들이 나타나는데 여기에는 별들이 죽으면서 흩뿌린 물질이 많이 모여 있는 곳이며, 이런 물질을 성간 물질이라고 부른다. 이 물질은 약 73%의 가장 가벼운 수소, 약 25%의 두 번째로 가벼운 헬륨, 약 2%의 중원소[1]의 성분으로 이루어졌다. 중원소의 성분은 주로 산소, 탄소, 질소로 이루어졌다. 그리고 성간 물질의 약 90%는 가스 성분이

1 헬륨보다 무거운 원소들 전체를 통털어 중원소(重元素)라 한다.

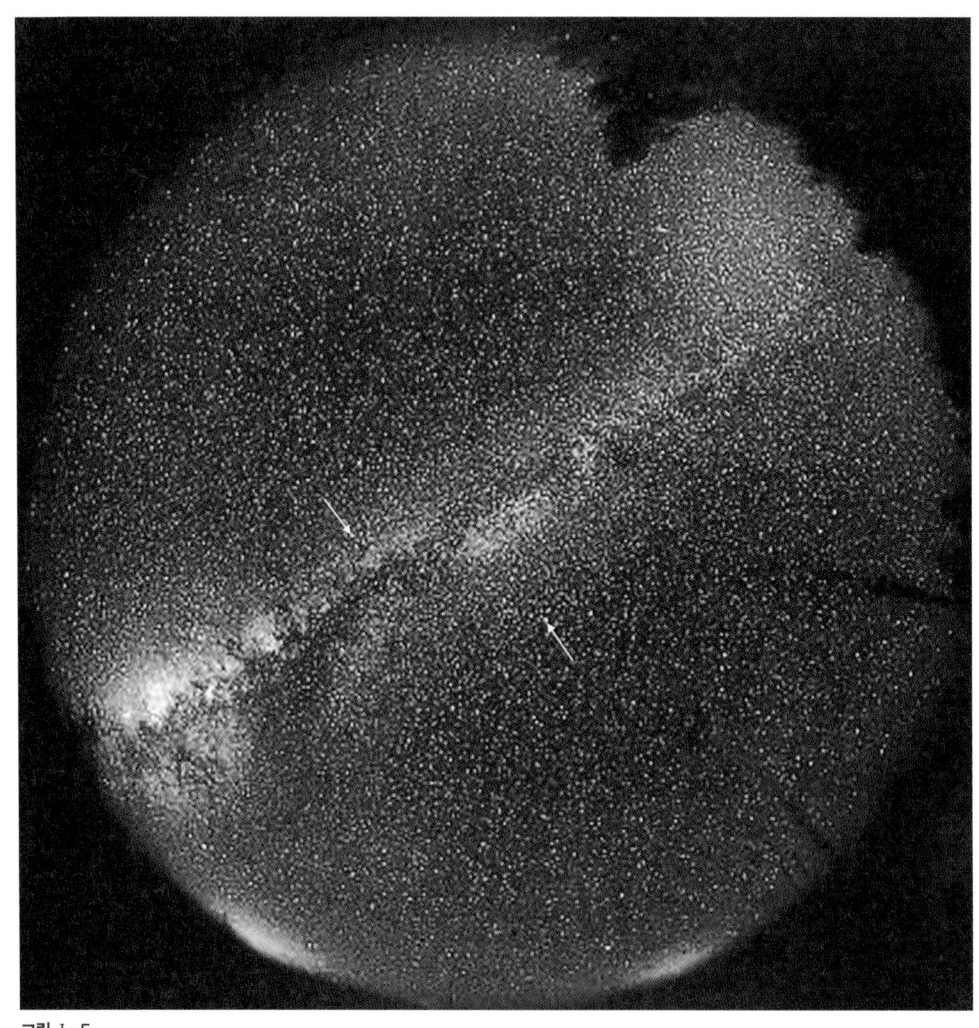

그림 Ⅰ-5

전천 사진과 은하수 화살표는 견우성(위쪽)과 직녀성(아래쪽)을 표시하고, 밝은 은하수 가운데 어두운 부분은 성간 물질이 짙게 모인 곳이다.

고 나머지 10% 정도는 티끌로 이루어졌다.[2]

별도 생명이 있다면 '별은 어떻게 태어나는가?' 하는 의문이 생길 것이다. 이것은 사람이 어떻게 태어나는가라는 질문과 같은 것이다.

사람의 경우 정자와 난자가 서로 만나 아기의 씨앗이 생기면 이것은 따뜻하고 어두운 안정된 자궁 속에서 모체로부터 영양을 공급받아 성장하면서 사람의 모습을 갖추어 간다. 10달쯤 지나면 어두운 세상을 뒤로 하고 밝은 고통의 인간 세계로 울며 나온다.

별의 경우는 어떠한가?

앞선 세대의 큰 별들이 죽으면서 방출한 잔해가 돌아다니다가 서로 모여 성간 물질을 이루고, 이것이 밀집한 것을 암흑성운이라고 한다. 그림 I-6 이것이 다음 세대의 별들이 탄생하는 자궁이다.

이 성운은 온도가 영하 250도 정도로 매우 차가우며 모체의 자궁 속과 달리 사방이 확 트인 열악한 조건을 가진 열린계이다. 인간의 탄생은 한 조상으로부터 계속 이어지는 인연을 가지지만 별의 탄생은 여러 다른 조상별들의 잔해인 성운에서 일어나므로 인간처럼 고정된 인연이 없다.

마치 대기 중에서 티끌이 씨앗이 되어 물방울이 생기듯이 성운 속의 티끌이 씨앗이 되어 주위의 물질(가스 입자와 티끌)을 흡착하면서 성운 중심부로 물질이 모여들기 시작한다.

그러면 성운 물질이 어떠한 방식으로 모여드는지 살펴보자.

첫째 성운 내의 물질은 만유인력[3]에 의해 서로 끌어당기면서 천천히 수축한다. 이때 물질은 성운 중심부 쪽으로 모여들면서 중심부의 밀도를 증가시킨다. 둘째 많은 성운 물질이 중심부로 모이게

2 성간 물질에서 많은 유기화합물(니트릴, 아세틸렌 유도체, 알데히드, 알코올, 에테르, 케톤, 아미드 등등)이 발견되고 있다. 이중에는 생명 합성에 중요한 여러 종류의 아미노산도 있다.

3 두 물체 사이의 거리제곱에 반비례하고, 두 물체의 질량의 곱에 비례하는 인력을 뉴턴의 만유인력이라고 한다.

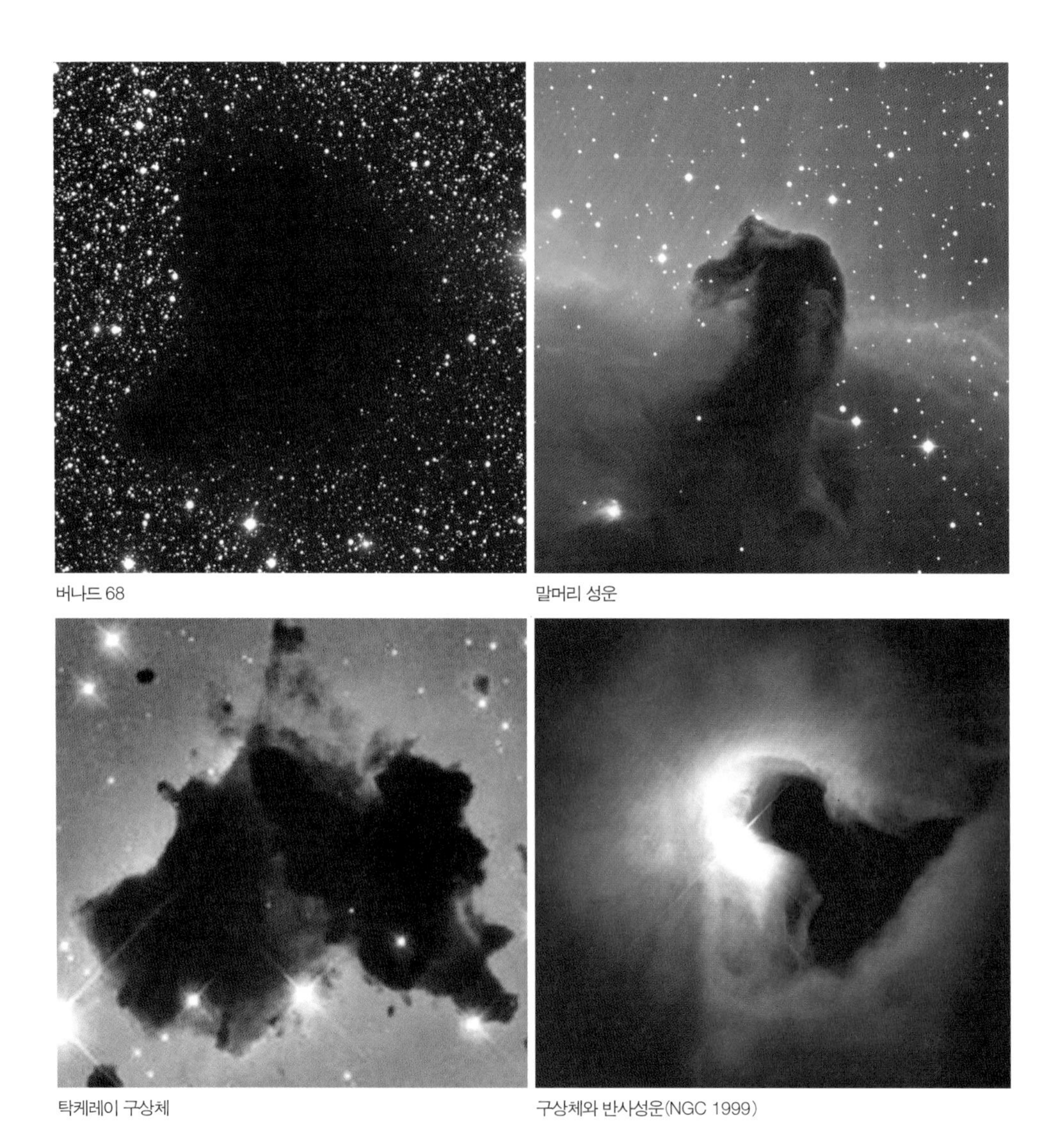

버나드 68

말머리 성운

탁케레이 구상체

구상체와 반사성운(NGC 1999)

그림 I - 6

암흑성운 검은 부분은 특히 티끌이 밀집한 영역으로 뒤쪽의 빛을 차단하여 어둡게 보인다. 이런 영역에서 별들이 탄생한다. 버나드 68은 500광년 떨어진 땅꾼자리에 있다. 말머리 성운(버나드 33)과 반사 성운(NGC 1999)의 앞쪽에 있는 어두운 구상체는 1,600광년 떨어진 오리온 성운 내에 있다. 탁케레이 구상체는 5,900광년 떨어진 센타우루스자리에 있는 산개 성단 IC 2944 내에 있다.

되면 중심부 물질의 양이 증가하므로 중심부 바깥쪽 물질을 안쪽으로 끌어들이는 힘이 매우 커진다. 그 결과 성운 전체는 마치 나무에서 사과가 떨어지듯이 매우 빠른 속도로 수축된다. 이러한 빠른 중력 수축을 중력 붕괴라 한다.

공기를 압축하면 열이 발생하면서 안쪽의 온도가 올라간다. 마찬가지로 성운이 수축하면 열이 발생한다. 수축이 느린 경우는 발생된 열이 성운 밖으로 쉽게 빠져나가므로 성운 내부의 온도를 크게 높이지는 못한다. 그러나 빠른 중력 수축 즉 중력 붕괴가 일어날 때는 매우 빠른 속도로 열이 발생하므로 이 열이 밖으로 쉽게 빠져나가지 못해 중심부 온도가 천만 도 가까이 급증한다. 이러한 높은 온도에서는 4개의 수소원자가 결합하여 한 개의 헬륨원자로 융합되는 수소핵 융합반응이 일어난다. 그런데 한 개의 헬륨원자의 질량은 수소원자 4개의 합 질량보다 오히려 0.7% 정도 더 적다. 이를 질량 결손이라고 하는데, 아인슈타인의 상대성 이론에 따르면 이것은 빛과 같은 에너지[4]로 바뀐다. 결국 수소핵 융합반응이 시작되면서 성운으로부터 빛이 나오고 별의 탄생이 알려진다.

그림 I-7에서 보인 것처럼 갓 태어난 별을 원시별이라고 한다. 처음 자궁에서 나온 아기처럼 별의 형태가 갖추어지지 못한 채 주위에 많은 물질이 남아 원반 형태를 이루고 있다. 별의 강한 빛으로 이들 물질이 밖으로 흩어지면 비로소 안쪽에서 깨끗한 별의 모습이 보이게 된다.

설정(雪庭) 스님의 화두에 "부모가 낳기 전 어떠한 것이 내 본래 면목〔眞面目〕인가?"라는 것이 있다. 별에게 이 화두를 묻는다면 이렇게 대답할 것이다.

4 핵에너지: 핵융합 반응에서 생기는 에너지를 핵에너지라 한다.

"인연 줄 없는 성간 물질이 내 진면목입니다. 나의 옛 조상들이 죽으면서 흩뿌린 물질 속에 조상들의 삶의 과정이 담긴 진면목이 들어 있으며 이것에 따라 나의 모든 운명이 결정되므로 나는 오직 이 진면목의 섭리를 따를 뿐입니다."

별은 주로 집단으로 태어나 성단을 이룬다. 이런 지역은 그림 I-8과 같이 밝고 아름답게 보이며, 이를 발광성운이라고 한다. 탄생한 별들에서 나온 강한 빛이 주위의 가스를 데우면 여기서 다시 빛이 나와서 주위를 밝게 빛나게 한다. 탄생한 별이 제대로 모습을 갖춘 것을 주계열성 또는 왜성이라고 부른다. 이 별들은 주계열 단계에서 일생의 대부분을 안정된 상태로 보낸다. 이 기간은 별의 일생의 대부분을 차지하며, 인간의 청년기나 장년기에 해당한다.

별은 태어나면 누가 키워주는가?

인간의 경우는 부모가 아기를 키우지만, 별은 태어날 때 가지고 나온 양식을 스스로 요리해 먹으며 살아간다. 양식이란 별의 몸속에 들어 있는 물질이다. 그러기에 별은 열악한 조건에서 태어나지만 일생을 양식 걱정 없이 편안하게 살아간다. 그러나 인간의 경우는 모체의 자궁이란 편안하고 안정된 조건에서 태어나지만 살아가는 과정은 양식을 찾아 헤매는 고통의 연속이다. 즉 별은 태어나는 과정은 힘들지만 살아가는 과정이 편안한데 비해 인간은 반대로 태어나는 과정은 편안한데 살아가는 과정이 힘든다.

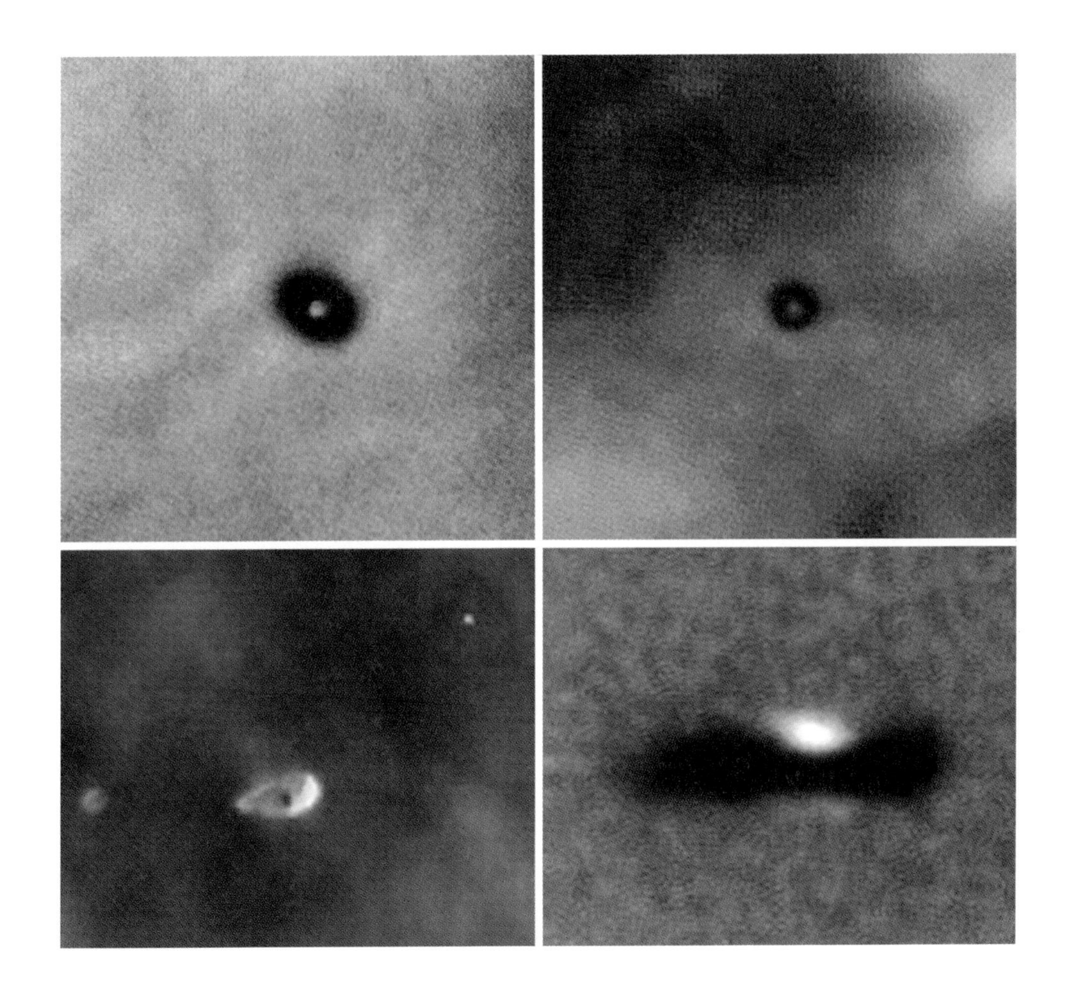

그림 Ⅰ-7

원시별 오리온자리에서 1,500광년 떨어진 갓 태어난 밝은 원시별에서 주위의 검은 원반 형태의 영역은 가스와 티끌이 밀집한 지역으로 이것의 크기는 태양계의 수 배 정도다.(허블 우주망원경(HST)으로 촬영)

그림 Ⅰ-8

발광성운(a-1) 독수리 성운 M16(NGC 6611)은 약 6,500광년 떨어진 뱀자리에 있는 독수리 모양을 한 독수리 성운이다.

그림 Ⅰ-8

발광성운(a-2)_독수리 성운 내 가스기둥(HST) 허블 우주망원경으로 찍은 위의 그림에서 성운의 중심부에는 세 개의 코끼리 코라 불리는 차가운 암흑물질의 영역이 보인다. 왼쪽의 가장 큰 검은 기둥은 길이가 약 1광년이나 된다.

그림 Ⅰ-8

발광성운(b-1) 원추 성운(AAT) 외뿔소자리에 있는 원추 모양을 한 원추 성운은 말머리 성운과 같은 암흑성운이며, 이 위에 밝은 별들로 이루어진 산개 성단이 있어 주위가 밝게 빛난다

그림 Ⅰ-8

발광성운(b-2) 원추 성운의 중심부(HST) 위의 그림은 원추 위쪽의 끝부분을 허블 우주망원경으로 찍은 모습이다

그림 Ⅰ-8

발광성운(c) 오리온 대성운(M42, NGC 1976)은 1,500광년 떨어진 오리온자리에 있으며, 이것은 가운데 있는 젊은 사다리 성단의 밝은 별들이 내는 빛에 의해 밝게 빛나는 것이다. 대성운의 위쪽에서 푸르게 보이는 것은 NGC 1973-75-77이라 불리는 반사 성운이다.

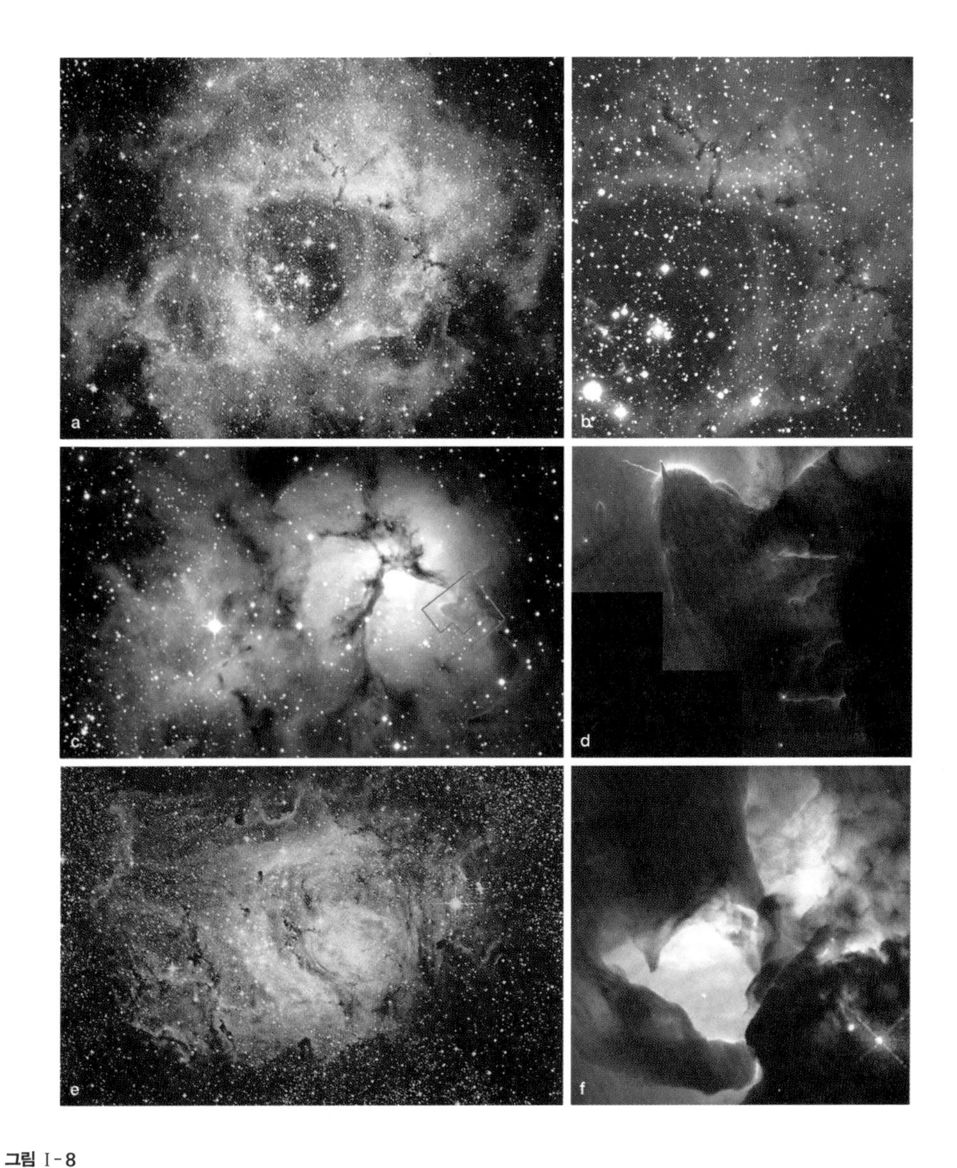

그림 Ⅰ-8

발광성운(d) 장미성운(NGC 2237)은 3,200광년 이상 떨어진 외뿔소자리에 있으며(a), 이 속에는 고온의 젊은 O형 별을 6개 정도 가진 산개성단(NGC 2244)이 있다(b). 삼렬성운(M20, NGC 6514)은 약 3,200광년 떨어진 궁수자리에 있다. 이 성운 왼쪽에서 푸르게 보이는 부분은 짙은 먼지가 빛을 반사시켜 만든 반사 성운이다(c). 오른쪽 그림은 왼쪽 그림에서 실선 친 부분을 허블 우주망원경으로 찍은 자세한 모습이다.(d) 석호 성운(M8, NGC 6523)은 약 3,500광년 떨어진 궁수자리에 있으며 이 속에는 젊은 성단이 있다.(e) 허블 우주망원경으로 찍은 성단 중심부에서 짙은 성간 물질의 모습이 보인다.(f)

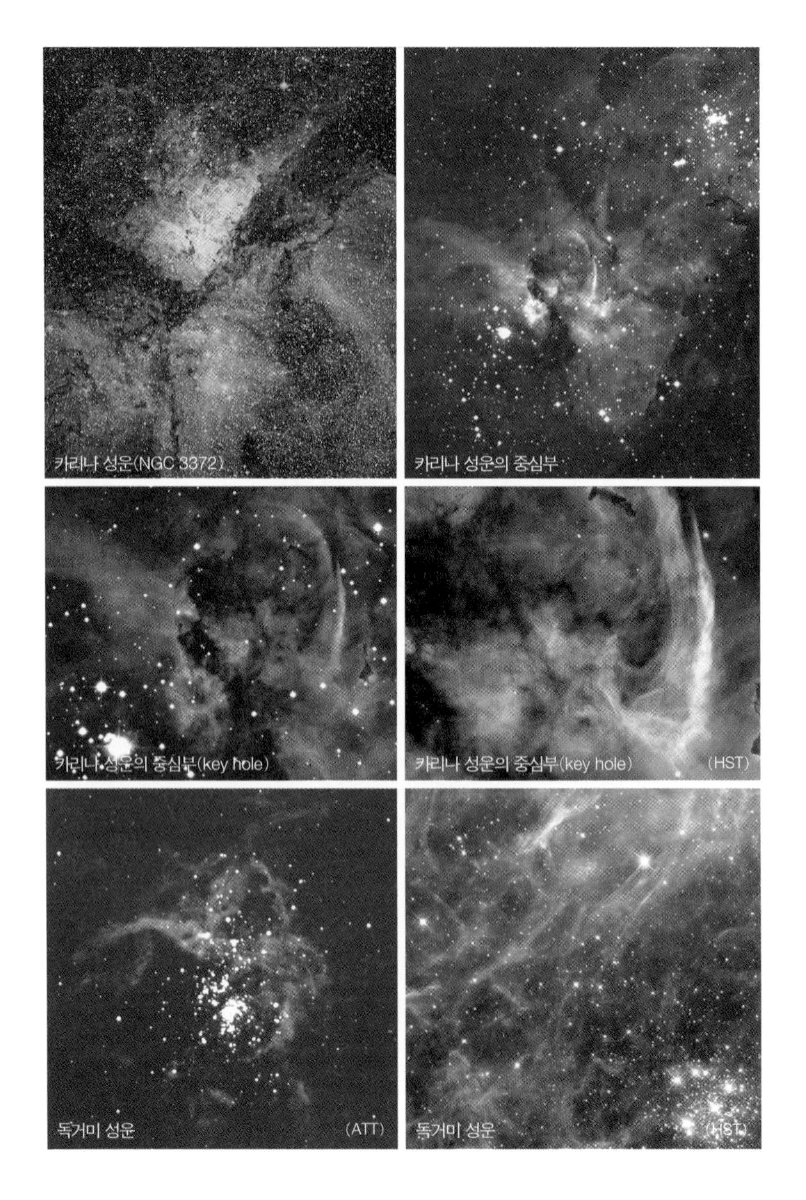

그림 Ⅰ-8

발광성운(e) 약 8,500광년 떨어진 용골자리에 있는 카리나 성운(NGC 3372)은 남반구 하늘에서 가장 큰 발광 성운이다. 이 성운 중심부에는 열쇠구멍이라 불리는 지역이 있다. 황새치자리에 있는 독거미 성운은 16만 광년 떨어진 대마젤란 은하 내에 있는 발광 성운이며, 오른쪽 사진은 이 성운의 일부분을 허블 우주망원경으로 찍은 것으로 아래 오른쪽에는 호지(Hodge) 301이라 불리는 성단이 있다.

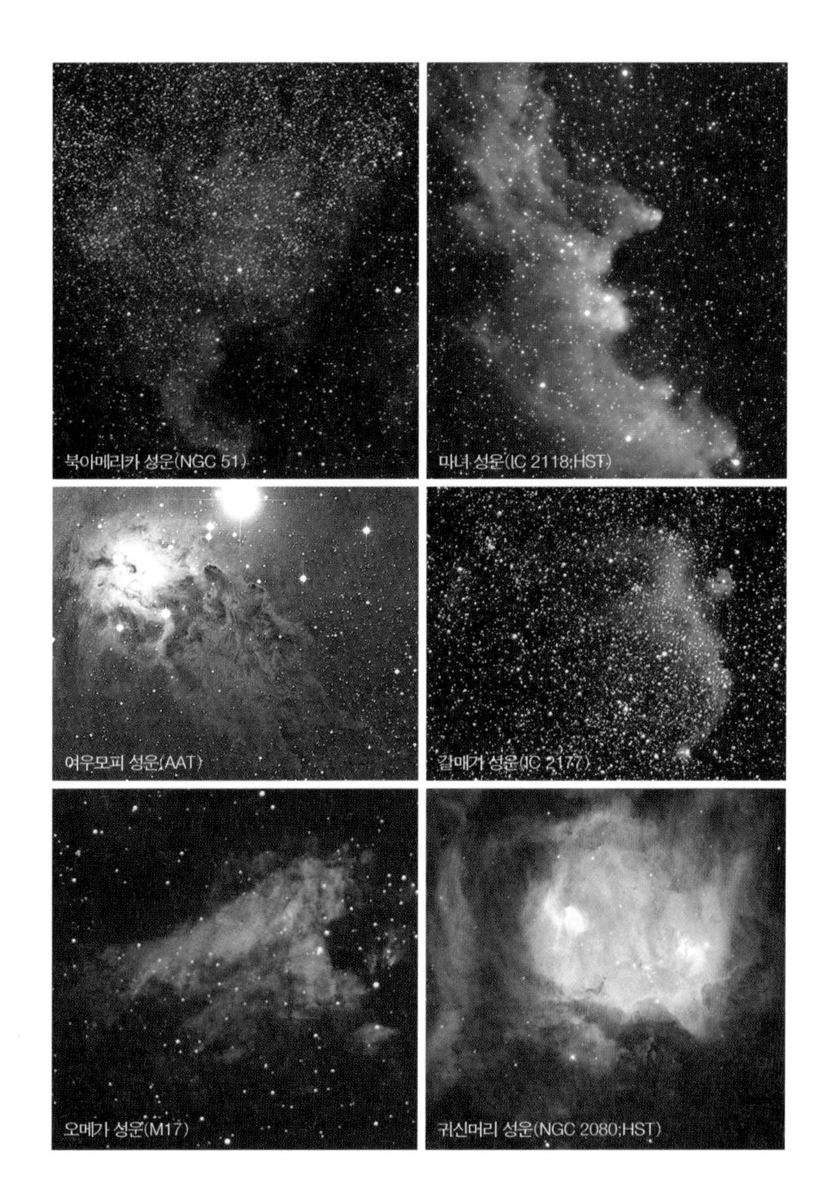

그림 I-8

발광성운(f) 다양한 모습을 보이는 발광 성운들로 형태에 따라 여러 이름이 붙여졌다.

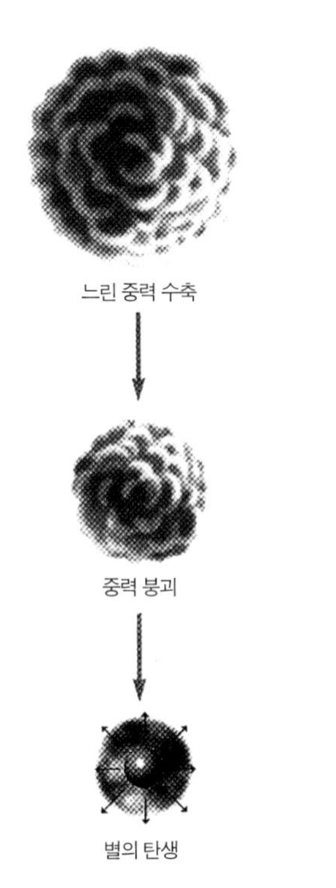

그림 I-9
중력 수축과 중력 붕괴 느린 중력 수축에서 빠른 중력 수축(중력 붕괴)으로 이어지면서 별이 탄생된다.

2 | 붕괴, 그리고 인간의 붕괴

여기서 붕괴라는 뜻을 좀더 자세히 살펴보자.

만약 성운이 천천히 수축한다면, 비록 천체가 만들어져도 빛을 내지 못하는 암체(暗體)가 된다. 지구와 같은 천체가 바로 이런 경우다. 그러나 성운의 질량이 태양의 0.08배 이상이 되면 자체의 큰 중력 때문에 중력 붕괴를 일으키면서 빛을 내는 별로 탄생될 수 있다.그림 I-9 결국 중력 붕괴가 없으면 별의 탄생이 불가능함을 알 수 있다.

일반적으로 붕괴는 어떤 효과가 계속 누적되다가 어느 단계에 이르면 그 전과 전연 다른 상태의 질로 변화시키는 작용을 뜻한다. 즉 붕괴는 양에 의한 질의 변화를 유발한다. 별의 경우는 빛을 내지 못하던 성운이 붕괴되면서 빛을 내는 별이라는 새로운 질로 바뀌는 것이다.

인간의 경우는 어떠한가?

땅을 많이 가진 사람이 지목이 개발지역으로 바뀌면서 벼락부자가 되었다고 하자. 그러면 땅을 가지고 있을 때의 그 사람과 땅을 판 후의 그 사람은 질이 다른 상태에 놓이게 된다. 즉 벼락부자의 상태는 바로 붕괴상태로서, 그 사람의 정신상태를 그 전과 전혀 다른 상태로 바꿔 놓게 된다. 때로는 이러한 붕괴를 통해 사람이 극심한 혼란상태에 빠지면서 불행이 초래되거나 또는 수명이 단축되는 경우가 발생하는 경우도 있다.

일반적으로 사람은 살아가는 과정에서 몇 번의 붕괴과정을 맞이한다. 그러나 자신은 이런 상태를 잘 모르고 지나치는 경우가 많다. 어려운 생활로 힘들게 살다가 갑자기 부자로 바뀌거나, 또는 잘 살던 부자가 갑자기 망해 거지신세가 되는 경우는 일종의 붕괴상태를 맞아 생활의 질이 바뀐 상태다.

한편 공부에 열중하며 노력하다 보면 풀리지 않던 문제가 어느 날 갑자기 쉽게 풀리면서 멀미가 터지는 경우도 붕괴를 거치는 단계다.

만약 누가 뼈를 깎는 노력을 해야 한다면, 이것은 꾸준한 노력으로 붕괴과정을 거쳐야만 새로운 사람으로 태어날 수 있다는 뜻이다. 수년 동안 벽을 쳐다보고 앉아 참선을 해서 깨침에 이르거나 또는 논밭에서 일을 하며 깨침에 이르거나 이들 모두는 일종의 정신적인 붕괴과정을 거친 것이다.

이러한 붕괴과정을 돈오(頓悟) 과정이라고 볼 수도 있다. 그러나 갑자기 깨치는 돈오는 그 이전 오랜 시간에 걸쳐 꾸준히 수행해온 것이 점차 누적되어 오다가 어느 순간에 일어나는 현상이지, 마냥 헛소리만 하고 거들먹거리다가 어느 날 돈오라는 새로운 질로 바뀌는 것은 결코 아니다.

그러면 한 번 깨침의 돈오 상태는 죽을 때가지 계속되는 것인가?

우주에서는 어느 것도 변하지 않는 것이 없다. 이것은 만유 사이에 일어나는 서로 주고받는 연기관계 때문이다. 오늘 만나는 사람과 내일 만나는 사람이 다르고, 오늘 바라보는 산천초목이 내일 바라보는 산천초목과 같지 않고, 오늘의 내 몸과 마음이 내일이면 달라진다. 그런데 어찌 단 한번의 깨침이 변치 않고 영속할 수 있겠는가! 오늘의 깨침이 내일의 깨침을 만들고 또 내일의 깨침은 다음 날의 깨침으로 이어가는 것이 연기의 바다에서 살아가는 우리네 인생살이다. 흐르는 물에서는 경계를 알 수 없듯이 꾸준히 이어지는 깨침의 과정에서는 "깨쳤다"는 오도송이 무슨 의미가 있을까? 깨쳐도 깨침을 모르는 것이 올바른 깨침이라면, 깨침을 의식한 순간 그는 무명의 덫에 걸리게 될 것이다.

나 역시 별처럼 붕괴를 겪은 적이 있다.

고등학교 2학년 첫학기 때, 독감에 걸려 고생하는 바람에 학교를 계속 다니지 못하고 검정고시 준비를 하게 되었다. 혼자 공부한다는 것이 여간 힘들지 않았다. 그중에서도 특히 수학이 문제였다. 학원에도 다녀보았지만 만족스럽지 못했다. 그래서 궁리 끝에 중학교 수학부터 다시 공부하기로 다짐하고 1학년에서 3학년까지의 수학 내용과 연습문제들을 차근히 풀면서 정리해 갔다.

나는 나 자신이 대견했던 적이 두 번 있다. 첫째는 전기 사정이 매우 나빴던 초등학교 5, 6학년 때의 일이다. 집에서 내가 장작을 패곤 했는데 소나무 장작에 관솔이 박혀 있으면 이것을 잘게 쪼개어 모았다가 밤에 전기가 나가면 관솔로 불을 밝혀 공부를 하곤 했다. 무엇이 그렇게 재미가 있어서 밤을 새며 공부를 했는지는 모르지만 아침에 일어나 보면 콧구멍이 까맣게 되어 있었다. 아마도 이때가 내 일생에서 가장 순수한 마음으로 흥미롭게 공부했던 시기로 생각된다.

둘째는 혼자서 다시 중학교 수학 공부를 할 때였다. 이때처럼 수학이 그렇게 쉽고 재미있었던 적은 없었다.

이러한 경험 때문에 나는 누구에게나 이렇게 말한다.

"만약 잘 모르면 낮은 단계부터 다시 시작하라."

기초도 모르면서 학원이나 가정교사에게 배워 보았자 절대로 실력이 늘지 않는다. 불법에 "나를 낮추라"는 말이 있다. 이것은 우선 자신을 스스로 진찰하여 잘 알라는 뜻이고, 그러면 주위 사람들의 마음이 편해진다는 것이다. 자신의 주제도 모른 채 떠벌리고 다니는 바람에 주위 사람들이 괴로워할 수 있다. 아래로 한 단계 내려간다는 것은 결국 자신의 문제를 스스로 해결함으로써 '발전적인 붕괴'의 계기를 만들어 새로운 사람으로 다시 태어날 수 있도록 한다는 것이다. 만약 정치가들이 뼈를 깎는 노력을 해야겠다고 한다면, 그는 자기 자리를 버리고 평범한 시민으로 물러나는 것이 상책인데, 적어도 집착심이 강한 한국의 정치가들은 대체로 말로만 뼈를 깎고 실제로는 이를 갈고 있다는 표현이 맞을 것이다.

3 | 별은 무엇을 먹고 살아갈까 - 양식과 메뉴

별은 태어나면서 자신의 몸속에 일생 동안 살아가며 소비해야 할 양식을 지니고 있다.

태양을 예로 들어보자.

태양 크기의 약 1/4 되는 중심부의 온도는 약 1,500만 도다. 여기서 수소핵 융합반응이 일어나는데 이때 방출되는 핵에너지의 규모는 수소폭탄[5] 100억 개가 매초마다 폭발할 때 나오는 에너지의 양에 해당한다. 그림 I-10

5 1952년에 미국이 최초로 실험한 약 10메가톤(천만 톤의 TNT에 해당) 규모의 위력이다.

만물은 왜 어둠 속에서 탄생할까
– 밝음과 어둠

우리는 태양이나 광명, 찬란한 아침 같은 밝은 것을 희망의 상징처럼 좋아한다. 그리고 어둠은 지옥, 지하의 세계, 악마의 소굴, 귀신들이 나오는 곳 등으로 무서운 공포와 절망의 상징으로 표현하며 싫어한다. 밝음은 어둠이 있기에 밝음이라고 하고, 어둠은 밝음이 있기에 어둠이라고 한다. 따라서 밝음과 어둠은 실은 같은 것이다. 그런데 우리는 이들을 심하게 분별한다.

이 우주에서 탄생하는 곳은 밝은 곳일까? 아니면 어두운 곳일까?

난자는 어두운 자궁 속에서 정자를 만나 결합한 뒤에 아기를 만들어 10개월이 지나면 밝은 자궁 밖으로 아기를 밀어 내보낸다. 거북이는 모래를 파고 그 속에 알을 낳은 후 다시 모래를 덮어 어둡게 해두면 나중에 알에서 부화된 새끼들이 모래를 헤치고 밝은 밖으로 나온다. 어두운 흙속에 심어둔 씨앗에서 새싹이 돋으면 흙을 뚫고 밝은 밖으로 나온다. 별들도 어두운 암흑성운 속에서 탄생되어 빛을 밖으로 뿜어내면서 탄생을 알린다.

그렇다면 왜 만물은 어두운 곳에서 태어나는가?

생명의 탄생은 우선 안정된 조건을 만족해야 성장 발육할 수 있다. 어두운 곳은 밝은 곳보다 에너지가 적어 온도가 낮고 안정하다. 반대로 밝은 곳은 에너지가 많아 온도가 높고 불안정하다.

노자(老子)는 밝고 높은 산봉우리보다 어둡고 낮은 골짜기를 더 좋아했다. 그 이유는 골짜기는 위에 있는 물체가 떨어지면 반드시 내려오는 안정된 마지막 장소며, 또 물과 습기를 간직하여 생명을 창조할 수 있는 곳이기 때문이다. 어둠은 만물을 고요히 잠재우며, 안정된 상태에서 생명을 창조하고 번식시킨다. 밝음은 강한 빛으로 만물의 기운을 상기시켜 들뜨게 함으로써 불안정을 조장한다. 어둠이 정적이고 안정이면, 밝음은 동적이고 불안정이다. 그래서 어둠은 만물을 조용히 잠재우는 반면에 밝음은 만물을 깨워 움직이게 한다. 만물의 생성과 소멸에 따른 성주괴공[1] 은 바로 이러한 어둠과 밝음이 교차하면서 이어가는 것이므로 우리는 어둠과 밝음의 어느 한쪽에 특별히 집착할 필요는 없다. 어둠 속에서 태어나는 인간이 어둠을 싫어한다면, 그는 자신의 탄생 자체를 싫어하는 것과 같은 이치다. 우리는 어둠에서 태어났기에 어두운 밤을 무서워하지 않고 편안하게 잘 수 있는 것이다. 그런데도 밝은 광명의 세계만을 염원할 것인가?

누가 물었다.

"무명(無明)[2] 이란 밝음입니까, 어둠입니까?"

황벽단제 선사는 "밝음도 아니고 그렇다고 어둠도 아니다. 밝음과 어둠이란 서로 바뀌어서 갈아드는 법이니라. 그렇다고 무명은 밝지도 어둡지도 않은 것이다. 밝지 않음이 곧 본래의 밝음이어서, 밝지도 않고 어둡지도 않느니라"[3] 라고 답했다.

이에 따르면 밝음만 좋아하는 사람은 무명을 벗어나지 못한 사람인 셈이다. 그래서 밝음과 어둠의 양쪽을 버리고 이들을 융합하는 쌍차쌍조(雙遮雙照)[4] 의 중도사상 (中道思想)[5] 을 모르고 있는 것이다.

중도의 원리는 육조 혜능의 법문에서 뚜렷이 나타난다.

"가령 어떤 사람이 묻되 '어떤 것을 어둠이라 합니까' 하면 '밝음은 인(因)이 되고 어둠은 연(緣)이 되어 밝음이 없어지면 곧 어둠이라' 라고 대답하며 밝음으로써 어둠을 나타내고 어둠으로써 밝음을 나타내어 오고 감이 서로 원인이 되게 하여 중도의 진리를 이루게 해야 한다."[6]

1 물질세계에서 형체가 없는 것으로부터 형체가 있는 것으로 만들어지는 것을 성(成), 이런 형체의 물체가 유지되는 상태가 주(住), 시간이 지나면서 형체가 사라져 가는 상태를 괴(壞), 완전히 형체가 사라지고 없어진 것을 공(空)이라고 한다.

2 우리들의 존재 근저에 있는 근본적인 무지(無知).

3 『고경(古鏡)』: 조계선종 소의어록집, 퇴옹성철 편역, 불기 2538년, 장경각, 531쪽.

4 양쪽의 상대 모순을 버리고 양쪽을 원융하는 것으로 중도사상을 나타낸다. 즉 원교(圓敎)의 중도설에 따르면 쌍차면은 공(空)이라고 하고, 쌍조면은 혜(慧)라 하며, 쌍차쌍조는 중(中)이라고 한다.

5 두 개의 대립되는 것[예를 들면 있음(有)과 없음(無), 고통과 쾌락, 단(斷)과 상(常) 등]을 떠나 어느 하나에 치우치지 않는 것을 중도라 하고, 이것을 바탕으로 하는 사상을 중도사상이라고 한다.

6 『백일법문 下』: 퇴옹성철, 장경각, 불기 2537, 194쪽.

그림 I-10
태양의 내부 핵융합 반응이 일어나는 중심부 핵과 핵에너지를 전달하는 복사층과 대류층이 있으며, 대류층 위쪽의 광구로부터는 빛이 직접 밖으로 방출된다.

우리는 간단히 태양은 수소라는 음식을 약 1,500만 도에서 요리해 먹고 있다고 말한다. 모든 별은 처음 태어나면 수소라는 음식을 만들어 먹으면서 헬륨이라는 찌꺼기를 남긴다. 중심부의 수소가 모두 헬륨으로 바뀌면 약 2억 도의 온도에서 헬륨을 태워 먹고 살아간다. 헬륨에서 탄소라는 찌꺼기가 나오며, 이 찌꺼기는 약 8억 도에서 태울 수 있다. 그리고 탄소가 타면 산소라는 찌꺼기가 남는다. 이와 같은 방식으로 음식 메뉴가 이어지다가 마지막에 아주 무거운 철의 원소가 찌꺼기로 남으면 핵융합 반응은 모두 끝나면서 별의 일생은 종말을 맞이하게 된다. 왜냐하면 철의 핵을 이루는 입자(양성자와 중성자)들이 워낙 단단히 결합해 있어서 이 핵을 깨트려서 더 무거운 핵으로 융합시킬 수 없기 때문이다.

그런데 위와 같은 다양한 음식을 다 만들어 먹으려면 별이 태어날 때의 초기 질량이 적어도 태양의 20배 이상으로 매우 커야 한다.

그렇지 않으면 음식을 요리할 때 필요한 매우 높은 온도(수십 억 도)를 올릴 수 없기 때문이다. 태양에는 두 가지 메뉴밖에 없다. 즉 현재 수소라는 음식을 요리해 먹고 있지만 앞으로 50억 년 후쯤 되면 수소가 다 타고 남은 찌꺼기 헬륨을 요리해 먹고 살다가 일생을 마치게 될 것이다.

별은 태어날 때의 질량이 크면 클수록 먹을 수 있는 양식의 양이 많아진다. 그런데 양식의 양이 많든 적든 태어날 때 양식을 가지고 나오기 때문에 별은 일생을 살아가는 동안 소유에 대한 집착심이 없다. 그러기에 별은 남과 다투지 않고 자연의 이치에 따라 무심, 무념[6]으로 일생을 깨끗하게 살아갈 수 있게 된다. 무심, 무념이란 단순히 마음이 없고 생각이 없는 것이 아니라 자연의 이치에 알맞게 적응하며 무위적으로 살아간다는 뜻이다. 그래서 양식을 많이 가진 별이나 적게 가진 별이나 모두가 차별 없이 동등한 삶의 가치를 지니면서 가장 평범하게 살아가는 것이 별의 세계다.

결국 『금강경』에서 "여래는 설하기를 일체법은 자아가 없고 일체법에는 중생이 없고 영혼이 없고 개아(個我)[7]가 없다고 한 것이다"[8]라는 말처럼 별에는 아상, 인상, 중생상, 수자상이라는 사상[9]이 없기에 별의 세계에서는 별 자체가 일체법에 해당한다.

빈손으로 태어난 인간은 어떠한가?

갓난아기가 쥐는 손의 힘은 매우 강하다. 자라면서 이 손으로 바깥의 양식을 끌어 모으며 또 가능한 한 자기 것으로 많이 만들려고 한다. 그래서 인간의 끝없는 이러한 취착심을 규제하기 위해 복잡한 법질서라는 사회적 제도가 만들어지게 된다. 그러나 별의 세계에서는 이런 요란한 법이나 규제가 필요없다. 그리고 별에는 무명의 씨가 되는 사상(四相)이 일체 없다. 그러니 법이 없이 사는 방법을 배

6 무심은 집착이 없는 마음이고, 무념은 집착하는 생각이 없는 마음이다. 심(心)이 마음의 근본〔體〕이라면, 염(念)은 마음의 작용〔用〕에 해당한다. 특히 무념은 양변이 떨어진 진여의 염으로 쌍차쌍조한 중도정각(中道正覺)이다. 육조 혜능은 "모든 경계에서 물들지 않음을 무념이라고 이름하느니라" 했다.

7 사상(四相) 중의 인상(人相)에 해당함.

8 『금강경 역해』(산스끄리뜨 원문 번역): 각묵 스님, 불광출판사, 2001, 325쪽.

9 아상(나에 대한 관념. 남을 업신여김), 인상(너와 나의 상대 관념. 남을 공경치 않음), 중생상(대중, 사회, 인류 등에 대한 관념. 나쁜 일을 남에게 돌림), 수자상(수명, 생명에 대한 관념. 어떤 경계에 대해 취사 분별함).

우려면 머리를 들어 하늘 위에 있는 별들의 세계를 쳐다보고 그들이 살아가는 이야기를 자세히 들어 보라. 그리고 그들의 평상심(平常心)[10] 이 무엇인지도 물어보라.

오신(悟新) 스님은 은사 황용보각(黃龍寶覺) 선사에게 "오신은 이제 활도 부러지고 화살도 다했습니다. 원컨대 화상께서는 자비를 베푸시어 안락처를 가르쳐 주십시오"라고 물었다.

보각 선사는 "먼지 하나가 하늘을 덮고 티끌 하나가 땅을 덮는다. 안락처는 상좌의 그 허다한 골동 살림살이를 가장 꺼리는 것이니 당장 무량겁래[11] 의 온갖 마음을 녹여 없애버려라. 그러면 가히 안락처를 얻을 것이다"라고 답했다.[12]

만약 별이 이 화두를 들었다면 어떻게 대답했을까?

아마 별은 오신 스님께 이렇게 말했을 것이다.

"마음과 법을 모두 여의고 몸뚱이밖에 없는 저의 살림살이를 보십시오."

4 | 별은 몇 살이나 살 수 있을까

지상에 있는 생물의 경우 수명은 키나 몸무게에 별로 상관없다. 그러나 별의 경우는 그렇지 않다. 별의 초기 질량이 클수록 양식이 많아진다. 그런데 질량이 클수록 별의 몸이 커지며, 이 큰 몸이 중심부 쪽으로 수축되지 않고 일정한 크기를 유지하려면 안쪽에서 바깥으로 밀어내는 압력이 매우 커야 한다. 압력을 높이려면 중심부에서 많은 양의 에너지가 밖으로 방출되어야 한다. 즉 중심부에서 많은 수소를 태워 핵에너지를 많이 만들어내야 한다. 결국 질량이 큰 별일수록 수소의 소모율이 커진다. 결과적으로 보면 질량이 큰 별일수

10 마조도일 스님은 "평상심이 도이다"라고 하면서, 평상심이란 조작이 없고 취하고 버림이 없고 범부와 성인이 없고 단멸과 상주(常住)가 없는 마음이라 했다. 여기서 평상심은 어떤 한쪽에 치우치지 않고 서로 대립되는 양변을 여읜 중도의 마음을 뜻하며 결코 단순한 평소의 마음이 아니다.
11 먼 예부터 내려온.
12 『선관책진(禪關策進)』: 운서주굉 지음·광덕 역주, 불광출판부, 171쪽.

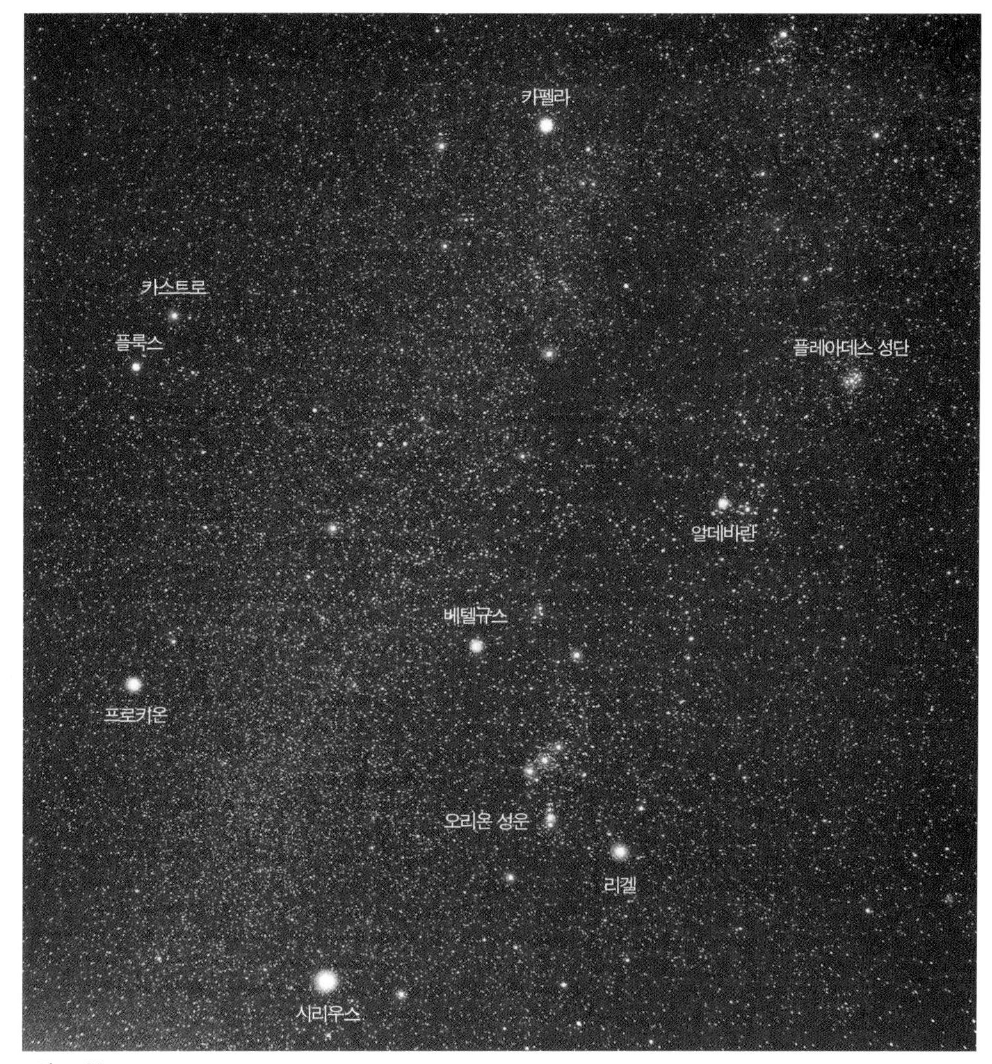

그림 Ⅰ-11

겨울철의 별자리 오리온자리-베텔규스, 리겔, 오리온 성운; 큰개자리-시리우스; 작은개자리-프로키온; 쌍둥이자리-카스트로, 폴룩스; 마차부자리-카펠라; 황소자리-알데바란, 플레아데스 성단.

록 일생을 살아갈 양식은 많지만 양식의 소모율이 매우 빠르기 때문에 별의 수명은 오히려 질량이 클수록 줄어든다.

별의 일생을 진화론에 따라 살펴보면 태양질량의 100배인 아주 무거운 별의 수명은 약 3백만 년, 태양질량의 10배인 별의 수명은 약 2천만 년, 태양의 경우는 약 100억 년, 태양질량의 0.1배인 아주 작은 별의 수명은 약 1조년이다.

밤하늘에서 맨눈으로 보이는 대부분의 밝은 별들은 질량이 태양질량과 비슷하거나 더 크다. 따라서 이들의 일생은 대체로 태양보다 짧다는 것을 알 수 있다.

북두칠성의 국자를 따라 올라가면 2등급의 북극성이 보인다. 이것은 하늘의 북극을 가리키는 별로서 질량은 태양의 약 8배지만 수명은 약 3천만 년 정도로 태양보다 매우 짧다. 여름철에 잘 보이는 1등급의 견우성과 직녀성의 질량은 태양의 약 3배로 수명은 약 3억 년이고, 겨울철에 큰개자리에서 1등급으로 아주 밝게 보이는 시리우스의 질량은 태양의 약 2.5배로 수명은 약 5억 년이다. 그림 I-11 따라서 태양의 나이가 46억 년임을 고려할 때 위에서 언급된 별들은 모두 태양보다 훨씬 뒤에 태어났음을 알 수 있다.[13]

13 우리 은하계에서 태양은 제4세대 별이며, 북극성, 견우성, 직녀성, 시리우스 등은 제5세대 별로서 태양보다 아래 세대의 별들이다.

3. 별도 진화한다

1 | 스펙트럼과 색(色)

『반야심경』에 보면 "색즉시공 공즉시색(色卽是空 空卽是色)"[1] 에서 색이란 말이 나온다.

색은 5온(색수상행식)[2] 의 하나며 또 6경(색성향미촉법)[3] 에서도 색이 나온다. 산스끄리뜨어로 색은 rūpa로 '형태가 있는 것' 이라는 뜻이다. 이러한 원어를 한역으로 색이라고 옮긴 것은 자연과학적 입장에서 보면 매우 적절한 표현이다. 이 뜻을 알아보기 위해 먼저 스펙트럼에 대해 알아보자.

예를 들어 초등학교에서 6학년 학생들의 키를 재어 60~69cm는 12명, 70~79cm 20명, 80~89cm는 43명,…. 이런 식으로 키에 따른 학생 수의 분포를 만들면 이것이 곧 키의 스펙트럼이다. 또 같은 방법으로 학생의 몸무게에 따른 학생 수의 분포를 만들면 몸무게의 스펙트럼이 된다. 이처럼 스펙트럼은 어떠한 물리량에 대한 분포 계열을 나타낸다.

1 물체〔색〕는 즉 그 본질적인 실체가 없기에 공이나, 그 공은 즉 그 물체〔색〕의 존재를 나타낸다. 따라서 색은 곧 공이고, 공은 곧 색이다.

2 색(色; 물체), 수(受; 느낌), 상(想; 표상), 행(行; 의지, 결행), 식(識; 의식). 즉 색은 몸이고 나머지 수상행식은 외부 대상에 대한 인식에 관련된 정신작용을 뜻한다. 예를 들어 꽃을 바라볼 때 나와 꽃은 색이고, 꽃의 향기를 맡고 색깔을 보는 것은 수, 이 꽃은 장미꽃이라고 분별하는 것은 상, 예쁜 꽃을 꺾고 싶은 것은 행, 이 꽃을 봄으로써 옛날 어릴 때 생각이 나는 것은 식이다.

3 색, 성, 향, 미, 촉, 법. 즉 외부 대상(색)에 대해 귀로 소리를 듣고(성), 코로 냄새를 맡고(향), 혀로 맛을 보고(미), 손으로 만져보면서(촉) 전체에 대한 구성의 이치(법)를 알아본다.

그림 I-12
햇빛의 스펙트럼 프리즘을 통과한 빛은 파장에 따라 분산된다.

태양에서 나오는 빛이나 전구에서 나오는 빛을 프리즘으로 분산시키면 마치 무지개 빛처럼 빛의 파장이 가장 긴 적색에서부터 파장이 가장 짧은 보라색에 이르기까지 여러 종류의 빛이 나온다. 빛을 파장에 따라 나열한 것을 빛의 스펙트럼이라고 한다.그림 I-12 우리 눈에는 보이지 않지만 실제는 적색보다 더 긴 장파장의 빛도 있고 또 보라색보다 더 짧은 단파장의 빛도 있다.

그러면 빛의 색이란 무엇인가?

그림 I-13은 별빛의 파장에 따른 세기 분포를 나타낸 것이다. 빛의 세기를 측정할 때 측정기 앞에 적색 필터를 끼우면 적색 빛만 필터를 통과하므로 적색 빛의 양을 측정할 수 있다. 같은 방법으로 황색 필터를 쓰면 황색 빛의 양을 측정하고, 청색 필터를 쓰면 청색 빛의 양을 측정한다.

그림 I-13의 (a)에서 측정한 3가지 빛 중에서 가장 강한 것은 황색 빛임을 알 수 있다. 실제로 태양에서는 황색 빛이 가장 강하게 나온다. 겨울철 오리온자리에 있는 리겔그림 I-11이라는 별빛의 스펙트럼을 조사해 보면 그림(b)와 같이 청색이 황색이나 적색보다 더 강하게 나오기 때문에 이 별은 청색으로 보인다. 오리온자리의 베텔규

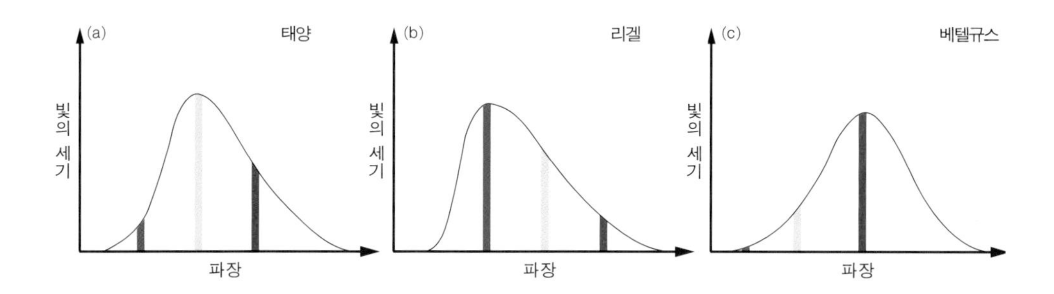

그림 I-13
빛의 파장에 따른 세기 분포
청색, 황색, 적색의 기둥은 각각 청색 필터, 황색 필터, 적색 필터를 통해 들어 온 빛의 세기를 나타낸다.

스와 오른쪽 위에 있는 황소자리에서 가장 밝은 알데바란 그림 I-11 이라는 별의 빛을 조사해 보면 그림(c)처럼 적색 빛이 가장 강하게 나오기 때문에 이 별은 적색으로 보인다. 이처럼 광원의 색은 그 광원에서 나오는 빛을 몇 가지 파장에 따라 세기를 서로 비교해 봄으로써 결정할 수 있다.

한편 우리가 눈으로 인식할 수 있는 모든 물체는 색을 가지고 있다. 예를 들어 푸른 옷이라고 할 때는 그 옷이 빛을 받아서 다른 색깔의 빛은 모두 흡수하고 푸른색의 빛만 반사하므로 그 빛이 우리 눈에 들어와서 푸른색으로 인식된다. 푸른색의 옷을 입고 캄캄한 방에 들어가면 그 옷의 색깔을 전혀 모른다. 그 이유는 어둠 속에서는 반사시켜줄 빛이 없기 때문이다. 결국 우리가 눈으로 직접 인식하는 모든 물체는 그 물체의 특성에 따라 일정한 파장의 빛을 반사함으로써 고유한 색깔을 지니게 된다. 그리고 무지개와 같은 현상은 공기 중에 많은 물방울이 햇빛을 파장에 따라 분산시킨 결과다. 따라서 일반적으로 색은 인식하는 유형의 물체나 현상을 나타낸다고 볼 수 있다.

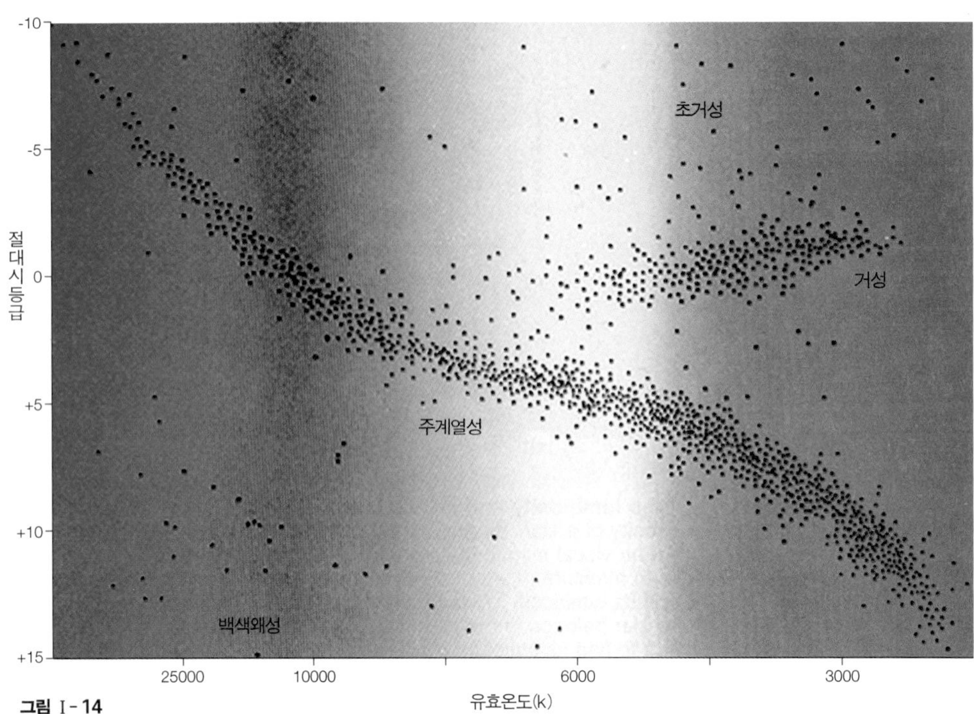

그림 I-14

국부항성의 색-등급도 태양 주위에 있는 낱별들은 색-등급도 상에서 무질서하게 분포하지 않고 일정한 영역들에 모여 있으며 대부분은 주계열 상에 모여 있다. 주계열의 오른쪽에는 거성과 초거성이, 주계열의 왼쪽 아래에는 일생을 거의 마쳐가는 백색왜성이 존재한다.

2 | 색-등급도

별의 광전측광에서는 앞에서 보인 것처럼 여러 종류의 필터를 써서 별빛의 세기를 측정한다. 특히 적색 필터와 청색 필터를 써서 적색과 청색의 세기를 결정하여 서로 비교함으로써 별의 색을 양적으로 결정하고, 적색 빛의 세기는 그 별의 등급[4]을 결정한다. 별들의 등급과 색을 결정하여 그림 I-15와 같이 나타낸 것을 색-등급도 또는 H-R도[5]라 한다. 이 그림의 의미를 알아보기 위해 먼저 인간의 경우를 살펴보자.

몸이 아파 병원에 가면 의사가 체온을 재고, 눈을 살펴보고, 입안을 들여다보고, 얼굴 표정을 살펴보고, 청진기로 호흡상태를 살핀다. 또

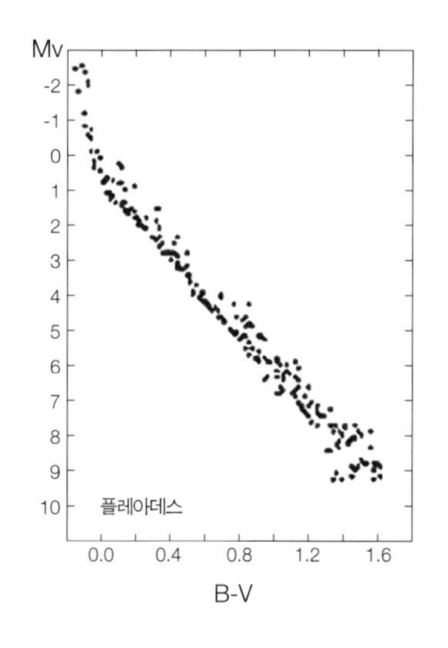

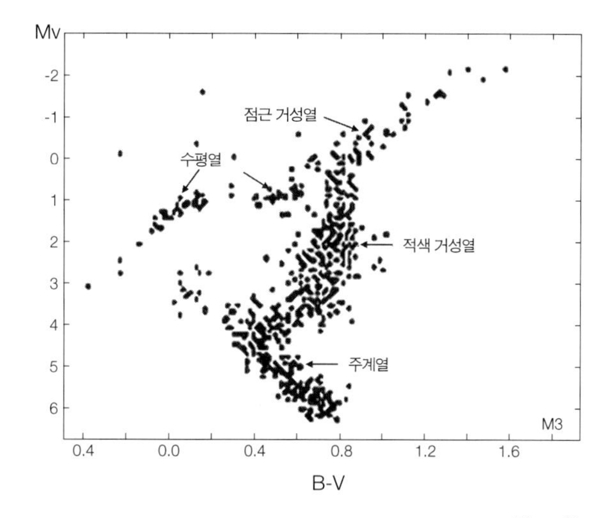

그림 I-15

성단의 색-등급도 산개성단(플레아데스 성단)과 구상성단(M3)의 색-등급도.

배도 여기저기를 눌러 본다. 여기서 체온이나 얼굴 모습 등은 우리 몸의 표면상태에 관한 정보를 나타내고, 청진기로 조사하거나 배를 눌러 보는 것은 몸의 내부에 관한 정보를 얻기 위해서다. 몸의 외부와 내부에 관한 정보를 종합해서 몸의 상태를 판단하게 된다. 별의 경우도 같은 방법으로 별의 상태를 알아보는 것이 색-등급도이다.

여기서 색은 별의 표면온도에 해당하는 것으로 표면조건을 나타내고, 등급은 별의 내부에서 방출되는 에너지 양에 관련되는 것으로 내부조건을 나타낸다. 따라서 색과 등급을 통해 별 전체의 물리적 상태를 추정할 수 있으며, 시간에 따라 색과 등급이 어떻게 변해 가는가를 조사하면 별의 진화를 알 수 있다.

그림 I-14에서 대각선을 따라 분포하는 별을 주계열성[6]이라고 하고, 이들의 분포 영역을 주계열이라고 한다. 여기서 오른쪽 위로 올라갈수록 별의 온도는 더 낮아지며 적색으로 치우치고, 더 밝아지고 반경이 더 커지는 거성이 된다. 거성보다 더 밝고 더 큰 별을 초

4 등급은 빛의 세기를 일정한 비율(약 2.5배)로 나눈 것이다. 예를 들어 2등급은 1등급보다 빛의 세기가 2.5배 정도 더 낮고(어둡고), 3등급은 2등급보다 빛의 세기가 2.5배 정도 더 낮다. 이런 식으로 계속하면 6등급은 1등급보다 빛의 세기가 100배 더 낮아져서 100배 더 어두워 보인다.

5 1911년 덴마크의 헤르쯔슈프렁(Hertz-sprung)과 1913년 미국의 러셀(N. Russell)이라는 두 천문학자가 각기 독립적으로 별들의 색-등급도를 최초로 연구했기 때문에 이들의 이름 첫자를 따서 H-R도로 표시한 것으로 색-등급도라고도 부른다.

거성이라고 한다. 그리고 주계열을 따라 밝은 위쪽으로 올라갈수록 더 무거운 별이 분포한다. 왼쪽 아래에 있는 별을 백색왜성이라고 한다.[7] 태양 부근에 있는 별들(국부항성이라고 함)은 모두 함께 태어난 것이 아니므로 나이가 서로 다르다.

그림 I-15는 황소자리에 있는 플레아데스 성단과 전갈자리에 있는 구상성단 M3의 색-등급도다. 각 성단에 있는 별들은 거의 같은 시기에 탄생해서 나이가 같다. 플레아데스 성단의 별들은 모두 주계열에 있으며 나이는 약 7천만 년이다. 그런데 구상성단에서는 아주 어두운 작은 별들(태양질량보다 적은)은 주계열에 있고, 이보다 밝은 무거운 별들은 오른쪽으로 진화하여 적색 거성열에 있으며, 또 적색 거성보다 더 무거운 별들은 더 빨리 진화하여 수평열을 지나 점근 거성열까지 진화해 가고 있다. 이러한 별들의 분포로 미루어 보아 구상성단 M3의 나이는 약 140억 년으로 추정된다. 결국 두 성단의 색-등급도가 다르게 나타나는 것은 성단의 나이 차이에 의한 것임을 알 수 있다.

관측으로 구상성단의 색-등급도를 구하고 또 그들의 진화상태를 알아보는 연구는 호주에서 귀국한 후에도 계속되었다. 그래서 집에서 제도용 종이 위에 별들을 하나씩 제도 펜으로 점을 찍어가면서 그림 I-15와 같은 구상성단의 색-등급도를 만들어갔다. 이 작업은 무척 힘들고 지루한 일이지만 한 점을 찍을 때마다 100억 년 이상 되는 우주 초기의 조상별임을 생각하면 그 한 점이 소중하고 귀중해진다. 뿐만 아니라 이런 관측자료는 인류의 유산으로 영원히 남아 우리 은하계의 생성과 진화 연구에 중요하게 쓰인다.

어느 날 5살짜리 둘째 꼬마녀석이 방에서 흰 종이 위에 열심히 점

6 처음 태어나 안정한 상태에 있는 별을 주계열성이라고 하고, 늙어가면서 별이 팽창하며 커지는 것을 거성, 크기가 훨씬 큰 것을 초거성이라고 한다.

7 질량이 태양의 8배 이하 되는 작은 별은 일생을 살다가 임종을 맞으면서 많은 양의 물질을 방출하고 중심부에 초고밀도의 잔해를 남기는데 이것의 크기는 지구 정도로 작고, 표면 온도는 10만 도 이상으로 매우 높기 때문에 흰 색깔로 보인다. 그래서 이 잔해를 백색왜성이라고 하며, 이것은 점차 식어가다가 수억 년이 지나면 빛이 나오지 않는 암체로 된다.

을 찍고 있는 모습을 보고, 아내가 "너 무엇하니?"하고 물었더니, 그 녀석 대답이 "나도 아빠처럼 열심히 공부하고 있어"라고 해서 한바탕 웃음을 지었다고 했다. 그런데 별 한번 제대로 보지도 못했지만 아빠처럼 별을 좋아하는 마음을 지닌 채 그는 벌써 별나라로 먼 여행을 떠나가 버렸다. 오면 가는 것이지만 이왕이면 예쁜 마음 지니고 떠나는 것이 복 받은 인생이라, 가끔은 먼저 간 꼬마녀석이 부럽기도 하다.

3 | 별도 병을 앓는다

사람은 살다 보면 몸이 아플 때가 많다. 특히 늙어갈수록 여러 가지 노인병이 생기는 것은 주로 노쇠한 생리적 현상 때문이다. 아프면 병원을 찾아가 진찰을 받아 약을 먹고, 심하면 수술을 받기도 한다. 치료를 받는 데는 오래 살려는 욕망도 있지만, 살아 있는 동안 자식이나 주위 사람들에게 폐를 끼치지 않기 위해서다. 인간의 병은 스스로 고치기보다는 거의가 전문가의 도움을 받아 치료한다. 그런데 별들은 그렇지 않고 스스로 병을 치료한다.

별도 살아가면서 병을 앓는다.

별은 초기 질량에 따라 큰 병이 어느 시기에 어떤 증세로 나타나는지가 대체로 예정되어 있다. 별의 병은 주로 중심부에서 음식을 만들어 먹는 과정에서 일어난다.

예를 들어 수소라는 음식을 요리해 먹다가 재료가 떨어져 가면 음식을 제대로 많이 만들지 못해서 중심부의 온도와 압력이 점점 떨어지고 이에 따라 내부가 불안정해진다. 그러면 중심부 밖에 있는 물질이 안쪽으로 밀려들면서 중심부의 온도를 높여 수소가 타고 남

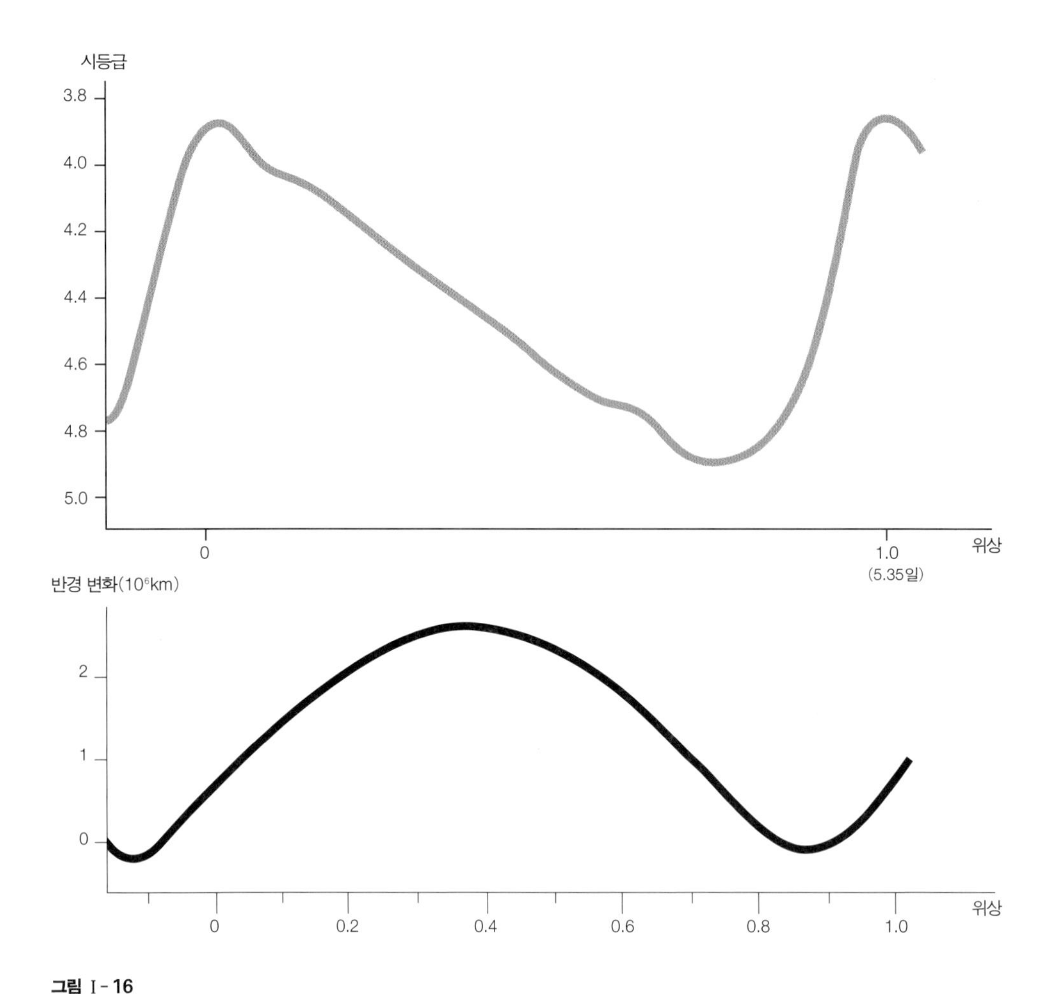

그림 I-16

델타 세페이드 맥동 변광성의 밝기와 크기 변화 곡선 델타 세페이드 변광성의 밝기와 크기의 주기적 변화에서 가장 밝을 때는 최대로 수축한 후 팽창하는 도중에 나타나며, 또 가장 어두울 때는 최대로 수축하기 전에 나타난다. 이런 현상은 이 변광성의 수축 팽창 운동이 단순한 단열 변화에 의한 것이 아님을 뜻한다.

은 찌꺼기인 헬륨을 태우기 시작하고 그러면서 안정을 되찾아간다. 이처럼 별에서는 주로 음식의 메뉴가 바뀔 때마다 불안정해지는 병을 앓게 된다.

이와 비슷한 경우는 사람에게도 생긴다. 즉 외국 여행을 하면서 물을 바꿔 먹거나 음식이 달라지면 이에 적응하는 동안은 뱃속이 편치 못해 설사나 소화불량이 일어나는 경우가 많다.

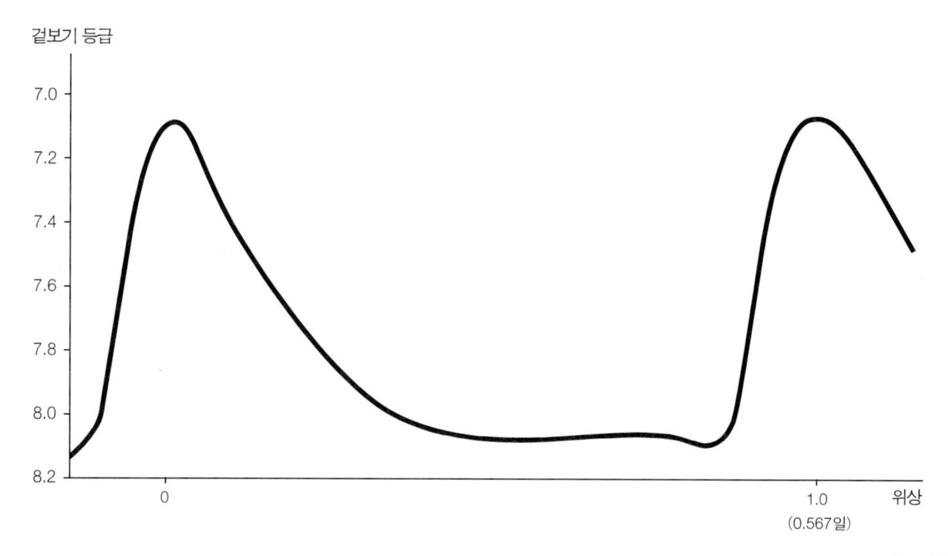

그림 I-17
거문고자리 RR형 변광성의 밝기 변화 곡선 변광 주기는 0.567일이다.

별은 병이 나서 불안정해지면 어떠한 증세가 나타나는가? 불안정해지면 안정을 되찾는 방법으로 물질을 분출하거나 별 자체가 팽창하고 수축하는 맥동 운동이 일어난다.

먼저 맥동 현상을 살펴보자. 맥동 현상은 별의 내부에서 발생한 많은 에너지가 표면층 쪽으로 잘 전달되지 못해서 일어난다. 맥동 현상은 젊은 별에서도 일어나고 늙은 별에서도 일어난다. 특히 후자의 경우는 사람에 비유하면 나이 많아 일어나는 노쇠증세에 해당한다. 그림 I-16처럼 맥동 운동이 주기적으로 일어날 때는 별이 주기적으로 커졌다 작아졌다 하면서 주기적으로 밝아졌다 어두워졌다 하는 변광 현상을 보이는 주기적 맥동 변광성이 된다.[8]

주기적 맥동 변광성에는 여러 종류가 있다. 변광 주기는 수 시간에서 수백 일에 이른다. 변광 주기가 1일 이하인 단주기 맥동 변광성 중에서 태양질량의 0.6~0.8배인 거문고자리 RR형 변광성은 중

8 델타 세페이드라는 맥동 변광성의 변광 과정에서 일어나는 크기 변화는 10%(약 백만km)며, 밝기 변화는 2배나 된다.

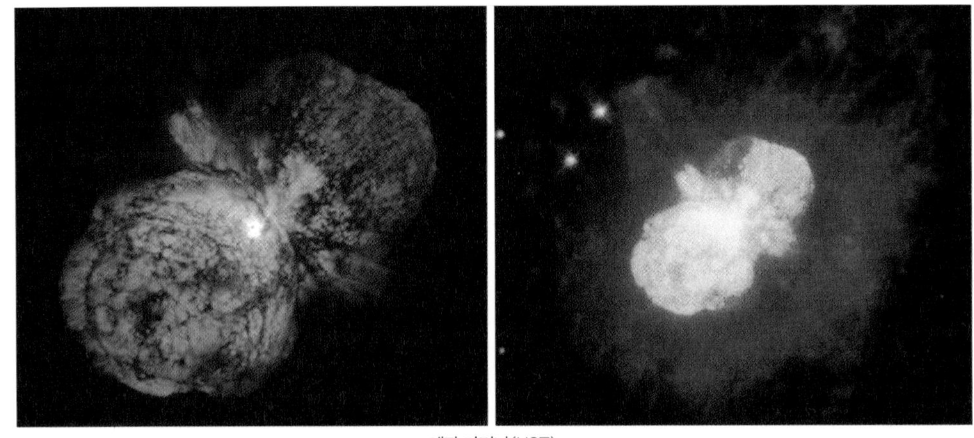

에타 카리나(HST)

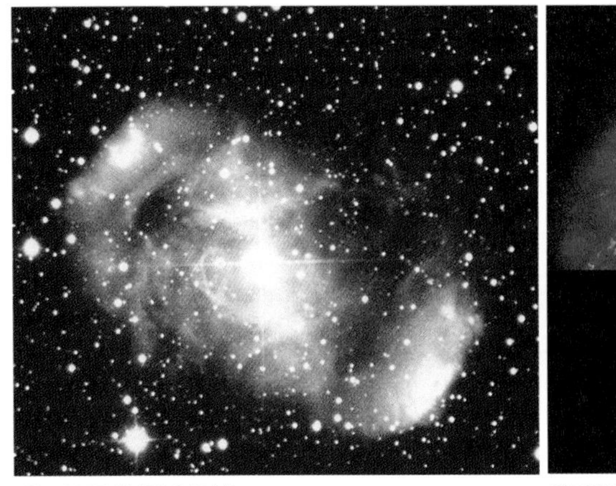

HD148937과 NGC 6164/5

울프레이 124(HST)

그림 I-18

무거운 별의 물질 방출 10,000 광년 떨어진 용골자리에 있는 에타 카리나별은 1843년에는 폭발로 많은 물질을 방출하며 -1 등급으로 남반구에서 두 번째로 밝은 별이 되었지만 지금은 7등급으로 어두워진 초신성형 별이다. 이 별의 질량은 태양의 100배 정도다. 무거운 울프레이 별(HD 148937)에서 방출된 물질

심부에서 헬륨핵 융합반응이 일어나고, 그 바깥에서는 수소핵 융합반응이 일어나는 얇은 층을 가진 노년기의 별로서 평균 절대등급[9]은 약 0.5등급으로 거의 일정하다. 그림 I-17 그래서 이러한 변광성은 거리를 구하는 데 많이 이용된다. 특히 미국의 섀플리는 구상성단에 많이 들어 있는 이들 변광성의 밝기를 관측하여 이들 성단의 거리를

구하고 또 공간 분포를 조사해서 우리 은하계의 크기와 태양의 위치를 처음으로 밝혀냈다.

이 그 주위에 성운(NGC 6164와 NGC 6165)을 이루고 있다. WR124은 약 15,000광년 떨어진 화살자리에 있는 울프레이별로서 수만 년에 걸쳐 분출된 물질로 주위에 성운(M1-67)을 이루고 있다.

맥동 변광성의 경우는 변광의 특성을 조사하면 진화상태를 알 수 있다. 즉 아픈 증세를 잘 분석하면 과거에 어떻게 살아왔고 또 앞으로 어떻게 살아갈 것인가를 짐작할 수 있다. 대부분의 별들은 나이 많은 노년기나 쇠퇴기에 접어들면 더욱 불안정해지고 병이 깊어지면서 비주기적인 맥동 변광을 일으키게 된다. 이 경우는 사람도 마찬가지다. 즉 나이 많이 들면 여러 종류의 병들이 다 생기는 노쇠 현상이 일어난다

별들의 진화는 크게 두 가지 방법으로 조사한다. 첫째는 건강한 별의 집단의 진화를 조사하는 것이고, 둘째는 맥동 변광성처럼 아픈 별을 잘 관측함으로써 별의 진화를 살펴보는 것이다. 별의 진화를 이 두 가지 방법으로 살펴보고 이들이 일치할 때 비로소 그 별의 진화는 명확해질 수 있다. 이것은 사람이 건강할 때 몸의 상태를 조사하고 또 아플 때 자세한 진찰을 받아 봄으로써 자신의 신체적 특성을 더욱 잘 알 수 있는 것과 같은 이치다.

별은 불안정해지면 우선 안정을 되찾는 방법으로 표면층의 물질을 밖으로 방출한다. 그림 1-18 질량이 큰 별일수록 불안정은 심해지며 그래서 방출되는 물질의 양도 더 많아진다. 별은 늙어 노년기에 접어들면서 불안정의 병이 더 깊어지면 빠르게 팽창하면서 물질 방출이 심하게 일어난다. 소위 별은 병이 생겨 불안정해지면 우선 물질 분출로 옷을 한꺼풀씩 벗김으로써 안정을 쉽게 되찾아간다.

이런 행동이 집착심과 이기심에 쌓인 인간의 경우와 근본적으로 다른 점이다. 그런데 물질을 마구 방출하는 것이 아니라 가장 에너

9 별의 거리를 3.26광년에 두고 측정한 밝기에 의해 정해지는 등급.

지가 적게 소모되도록 방출하며 또 수축이나 팽창을 하더라도 에너지가 가장 적게 들도록 일어난다. 이것을 최소작용의 원리라 하며, 별들은 평상시나 아플 때나 항상 이 원리에 따라 삶을 살아간다.

그런데 인간은 어떠한가? 집착과 욕망 때문에 더 좋은 것을 더 많이 가지고자 하며, 그리고 남의 것도 자기 손 안에 넣고 싶어 하니 별들처럼 최소작용의 원리를 따르는 것이 아니라 오히려 최대한 많은 에너지를 쓰면서 살아가는 것 같다. 괴롭거나 고통스러울 때는 뜨거운 물에 목욕하고 조용히 쉬면서 자신을 되돌아보며 반성하고 성찰하는 것이 최소작용의 원리를 따르는 것이다. 그런데 많은 사람들은 오히려 스트레스를 푼답시고 과음하고 푸념을 늘어놓으면서 정신을 혼란스럽게 만든다. 이처럼 물심 양면으로 쓸데없이 에너지를 많이 낭비하는 사람을 우리는 무명에 빠진 어리석은 중생이라고 한다.

4 | 별도 죽는다

우주 만물은 유형(有形)으로 태어나면서부터 무형(無形)을 향한 진화를 이어간다. 인간들처럼 비록 성장하면서 몸집이 커진다 하더라도 세포는 계속 죽고 또 새로 태어나면서 죽음을 향해 달려간다.

별도 마찬가지다. 태어날 때 지닌 양식이 다 소모되어 더 이상 음식을 만들지 못하면 중심부의 온도와 압력이 급격히 떨어지면서 빠른 중력 붕괴가 일어난다. 이때 막대한 물질을 밖으로 방출하면서 종말을 맞이한다. 그리고 중심부에는 초고밀도의 천체가 남는다. 이것은 천천히 식어가다가 언젠가는 빛을 내지 못하는 어두운 암체가 되어 우주 공간을 떠돌아다니게 된다.

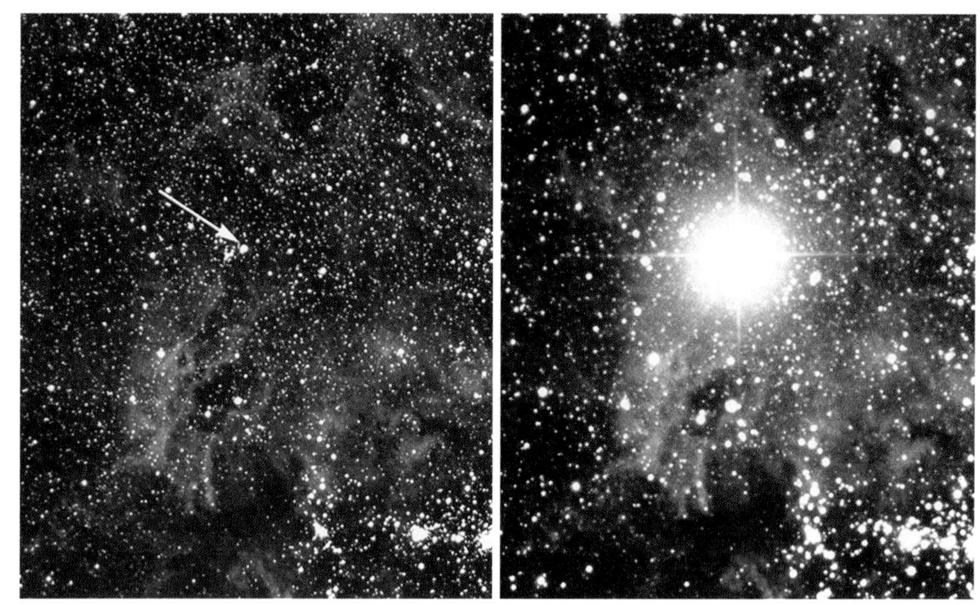

그림 I-19

초신성 1987A 초신성 1987A는 1987년 2월 27일에 지상에서 관측된 것으로 16만 광년 떨어진 대마젤란 은하에서 산두릭크(Sanduleak) -62° 202라는 별(화살표)이 초신성으로 폭발하면서 태양 밝기의 약 10억 배까지 증가한 후 계속 감소하고 있다.

질량이 태양의 20배 이상 되는 무거운 별이 임종을 맞을 때는 별 자체가 폭발하면서 막대한 물질과 에너지 방출로 갑자기 수억 내지 수십 억 배 밝아지는 초신성이 된다. 그림 I-19

폭발 때 급격한 압력과 온도 증가로 철보다 무거운 원소들이 만들어진다. 일상 생활에서 많이 사용하는 구리, 아연, 수은, 납 그리고 결혼 때 예물로 쓰이는 금, 은, 백금 등은 모두 초신성 폭발 때 만들어진 것이다. 우리 몸속에는 적은 양이지만 철보다 무거운 원소들이 들어 있다. 이 원소들의 출생지는 지구가 아니라 무거운 별들이 죽어가면서 흩뿌린 잔해다. 그림 I-20

따라서 인간은 본질적으로 별과 깊은 인연을 맺고 있음을 알 수 있다. 그러함에도 불구하고 우리의 먼 조상별을 외면한 채 지구라는

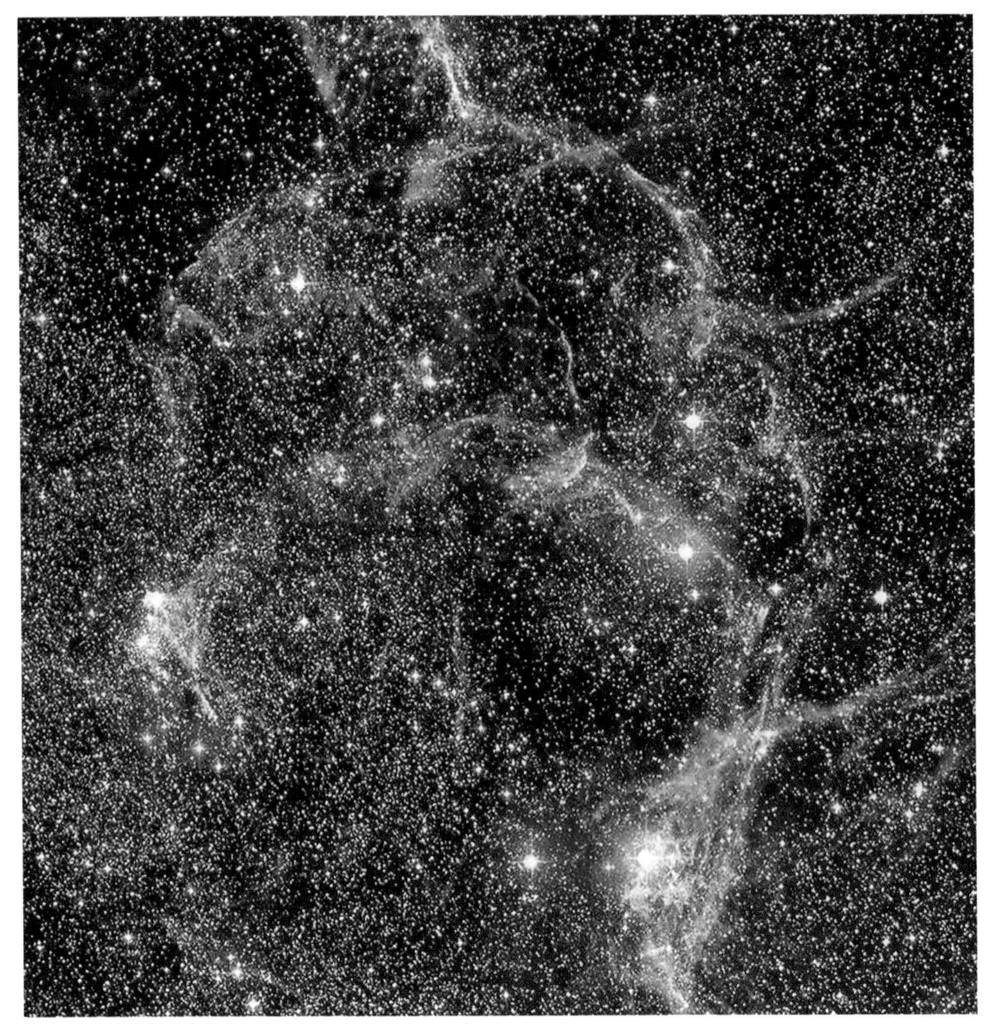

돛자리 초신성 잔해(UK슈미트)

그림 Ⅰ-20

초신성 잔해 돛자리에서 약 10,000년 전에 폭발한 초신성에서 방출된 물질의 잔해며, 이 가운데 돛자리 펄사라는 중성자별이 있다.

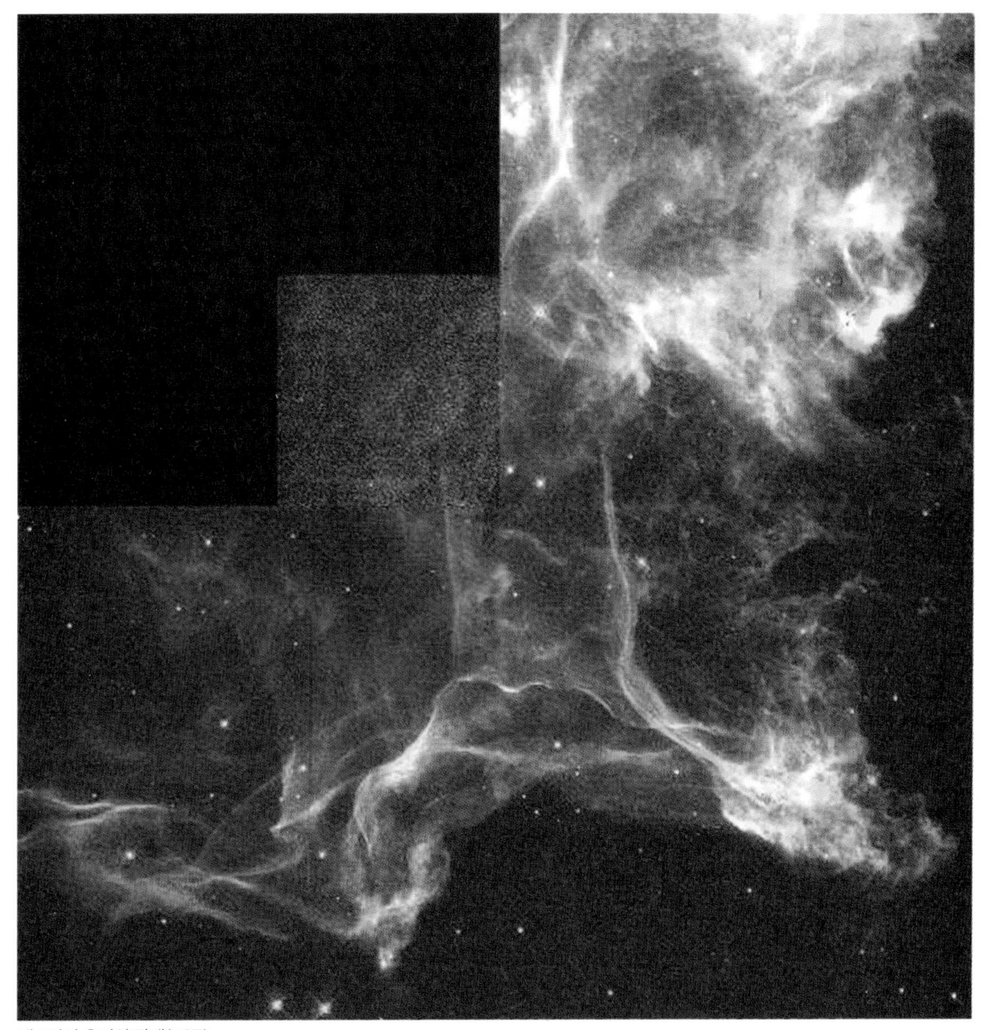

백조자리 초신성 잔해(HST)

그림 Ⅰ-20

초신성 잔해 허블 우주망원경으로 찍은 백조자리 루프라 불리는 것은 약 15,000년 전에 폭발한 초신성 잔해의 일부다.

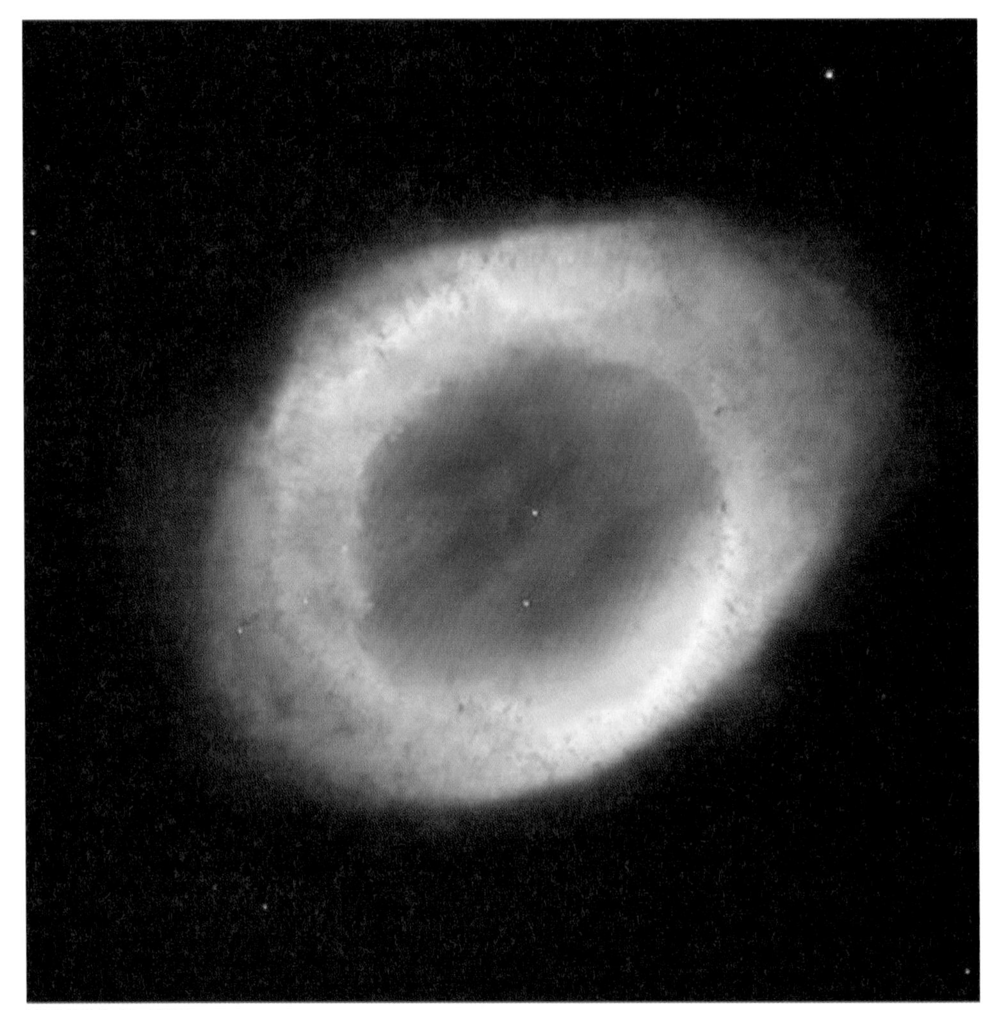

고리 성운 (M57; HST)

그림 Ⅰ-21

행성상 성운(a-1) 고리성운(M57, NGC 6720)은 2,300광년 떨어진 거문고자리에 있는 고리 모양의 행성상 성운으로 중심부에 있는 수만 도의 고온의 별에서 방출된 물질이 밖으로 팽창하고 있다.

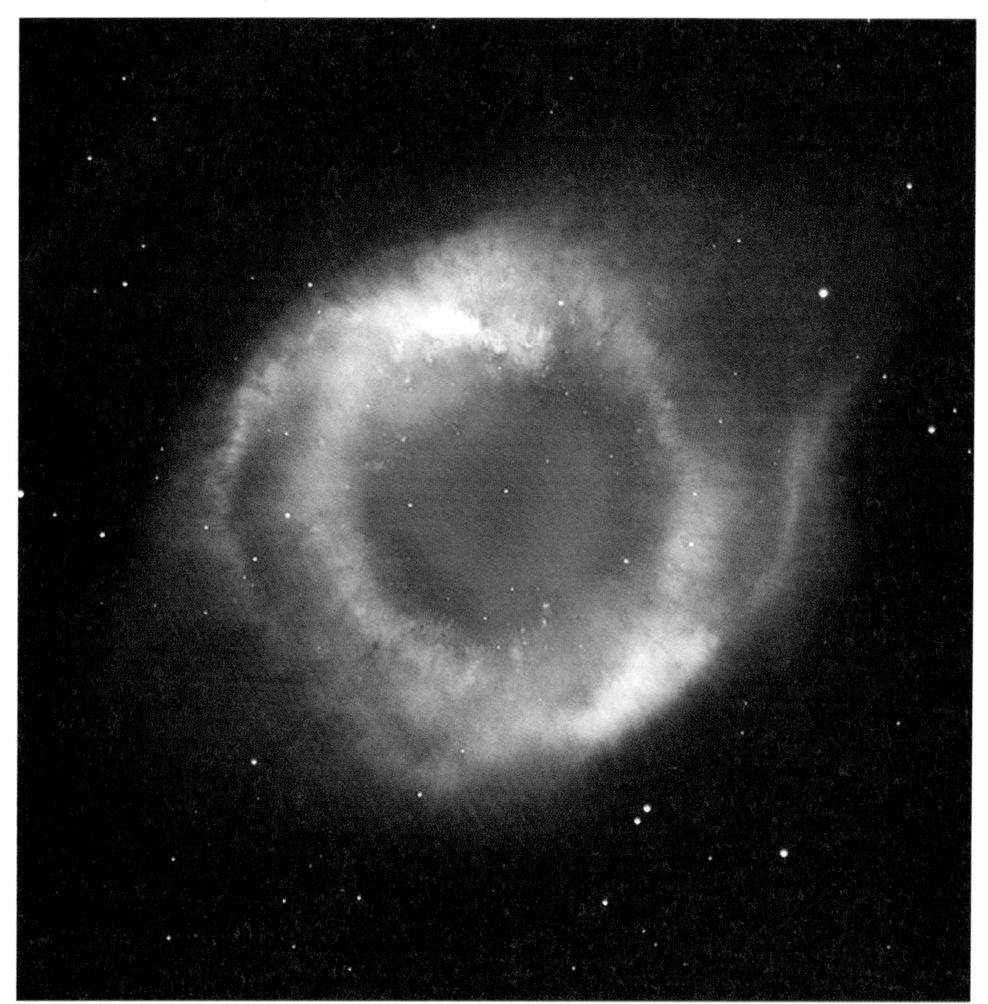

쌍가락지 성운(NGC 7293; HST)

그림 Ⅰ-21

행성상 성운(a-2) 쌍가락지 성운(NGC 7293)은 약 450광년 떨어진 물병자리에 있는 행성상 성운으로 두 개의 가락지 모양을 이룬다고 해서 쌍가락지 성운이라 부른다. 가장 가운데 있는 별은 표면온도가 수만 도나 되는 백색왜성이다.

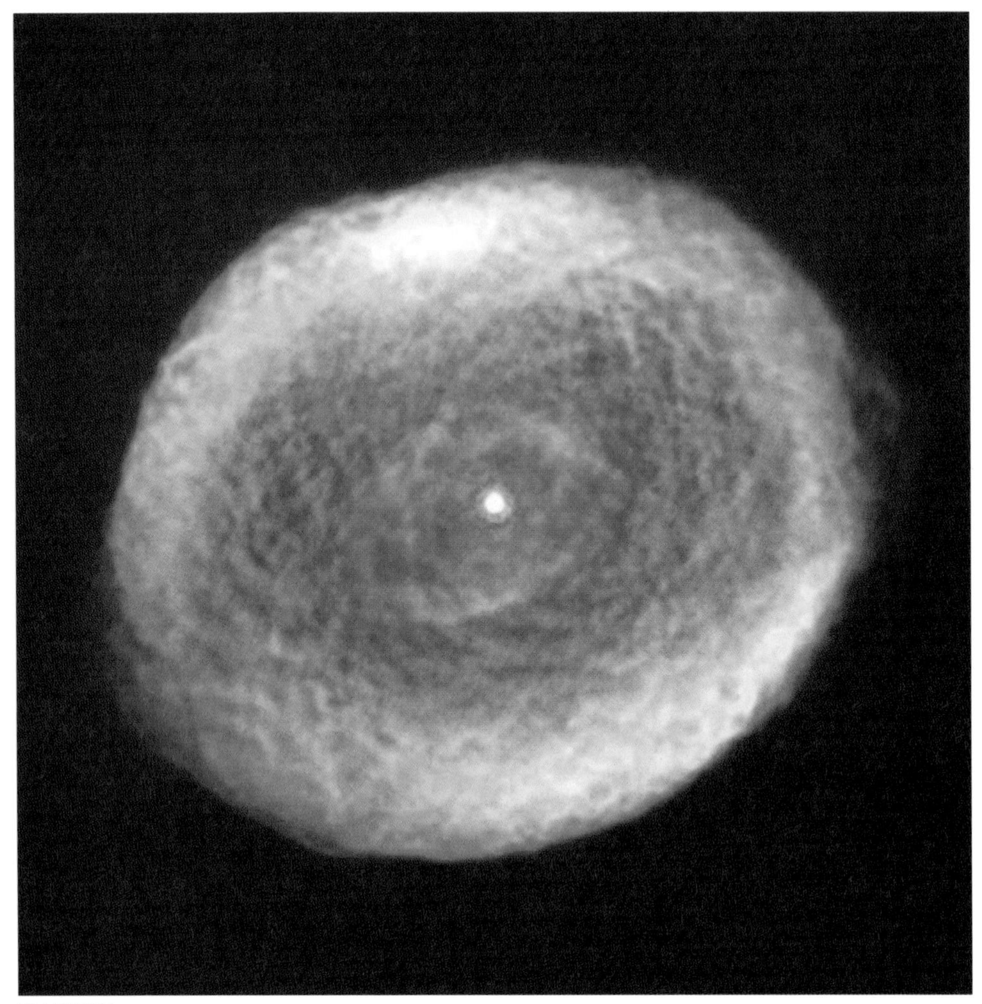

IC 418(HST)

그림 Ⅰ-21

행성상 성운(b-1) IC 418은 2,000광년 떨어진 토끼자리에 있는 행성상 성운이다.

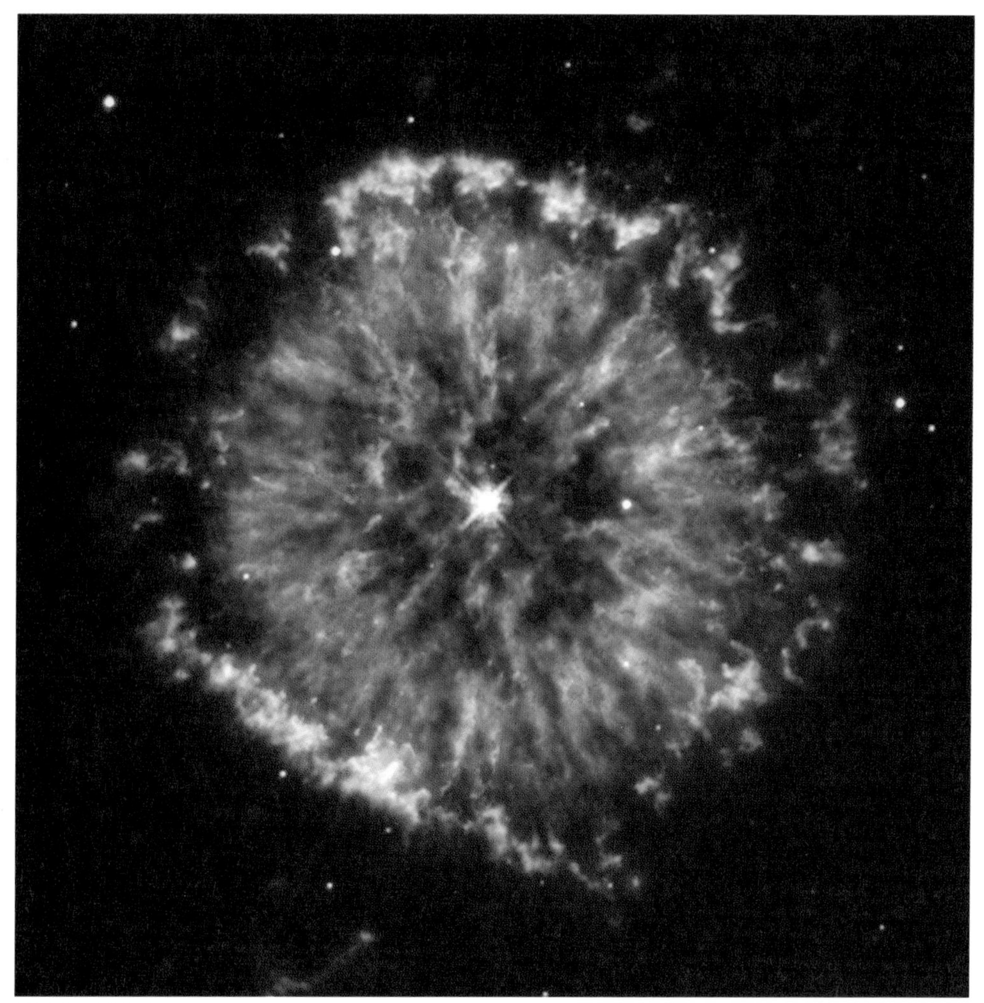

NGC 6751(HST)

그림 Ⅰ-21

행성상 성운(b-2) NGC 6751은 6,500광년 떨어진 독수리자리에 있는 행성상 성운으로 중앙에 있는 백색왜성에서 수천 년 전에 방출된 물질이 사방으로 흩어진 것으로 크기는 태양계의 600배 정도다.

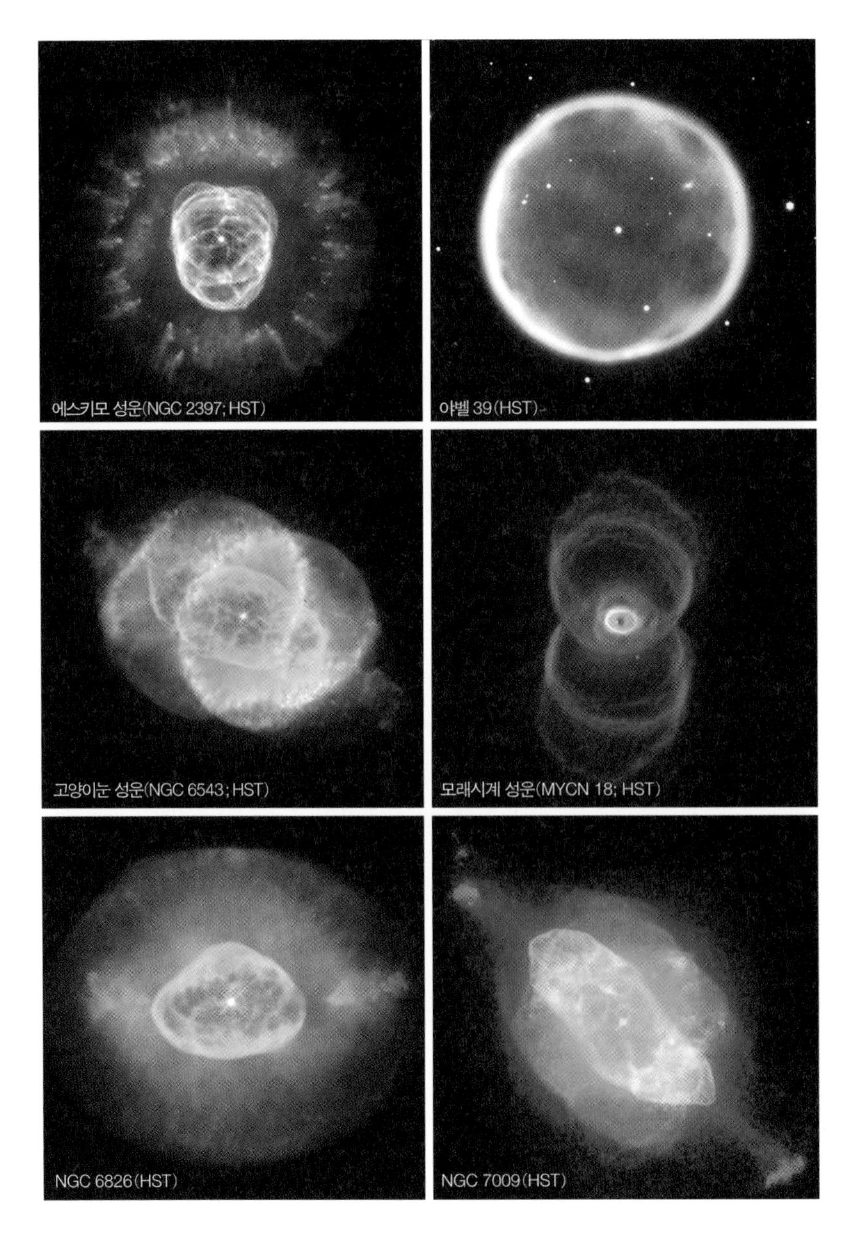

그림 Ⅰ-21

행성상 성운(c) 허블 우주망원경으로 찍은 여러 형태의 행성상 성운.

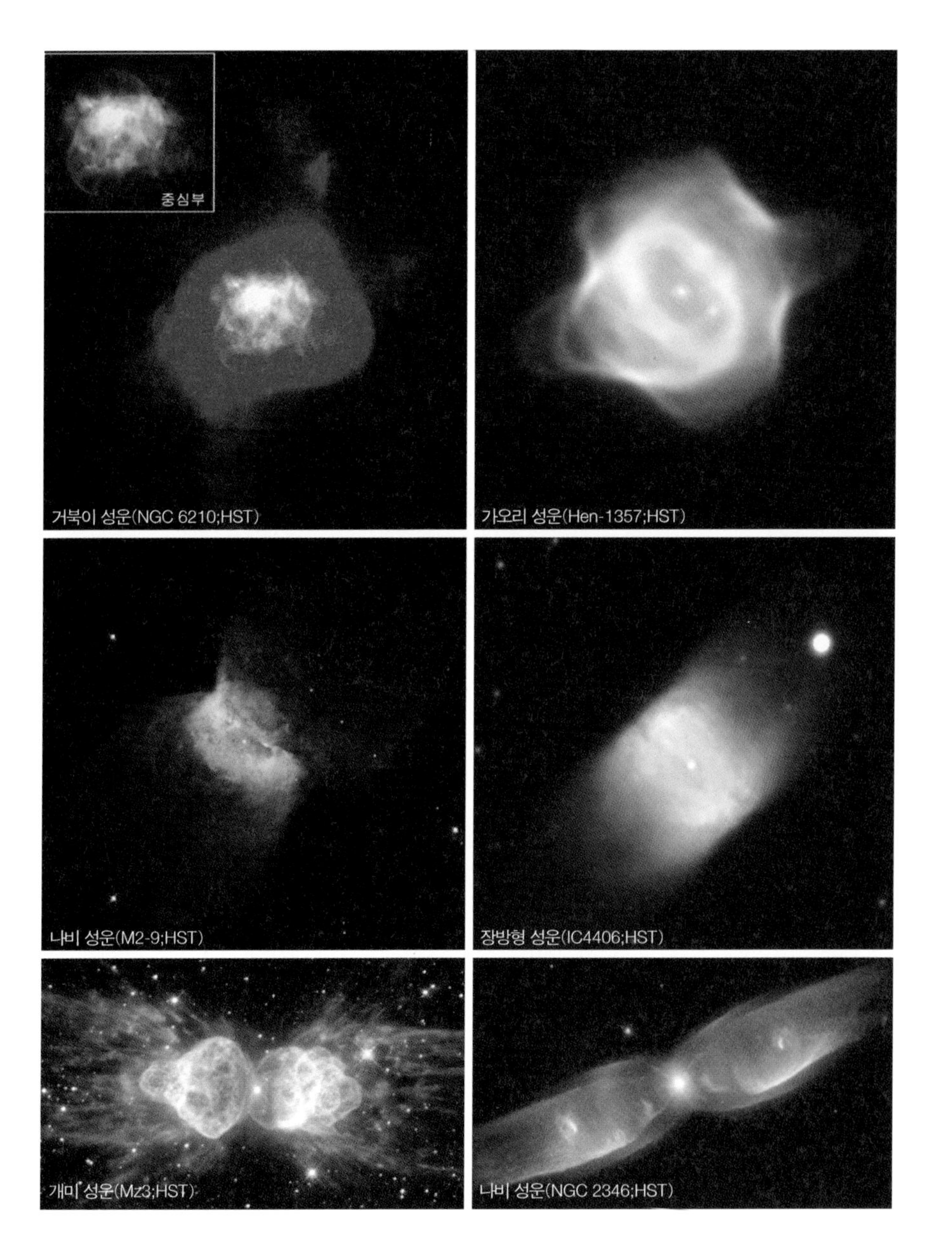

그림 Ⅰ-21

행성상 성운(d) 허블 우주망원경으로 찍은 여러 형태의 행성상 성운.

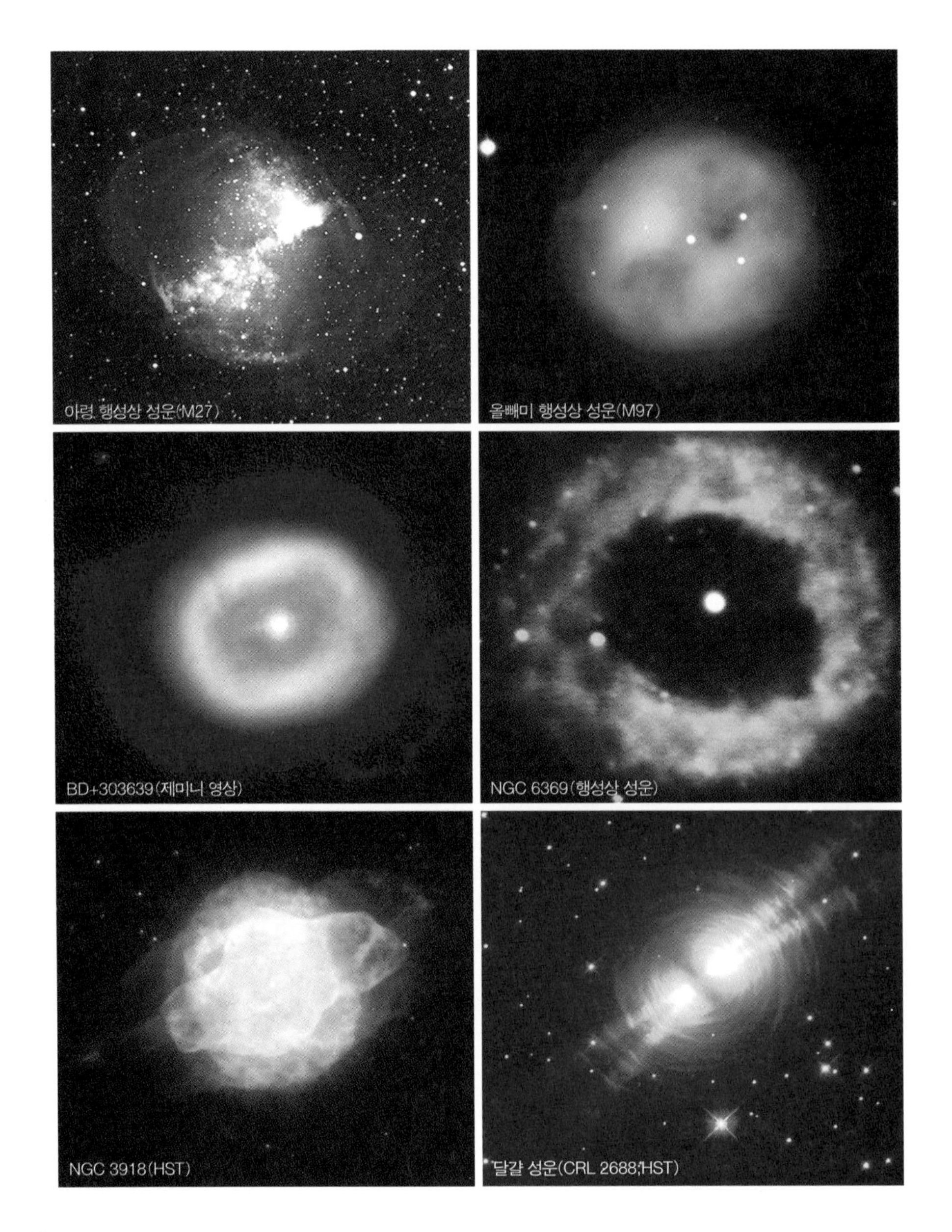

그림 Ⅰ-21

행성상 성운(e) 여러 형태의 행성상 성운.

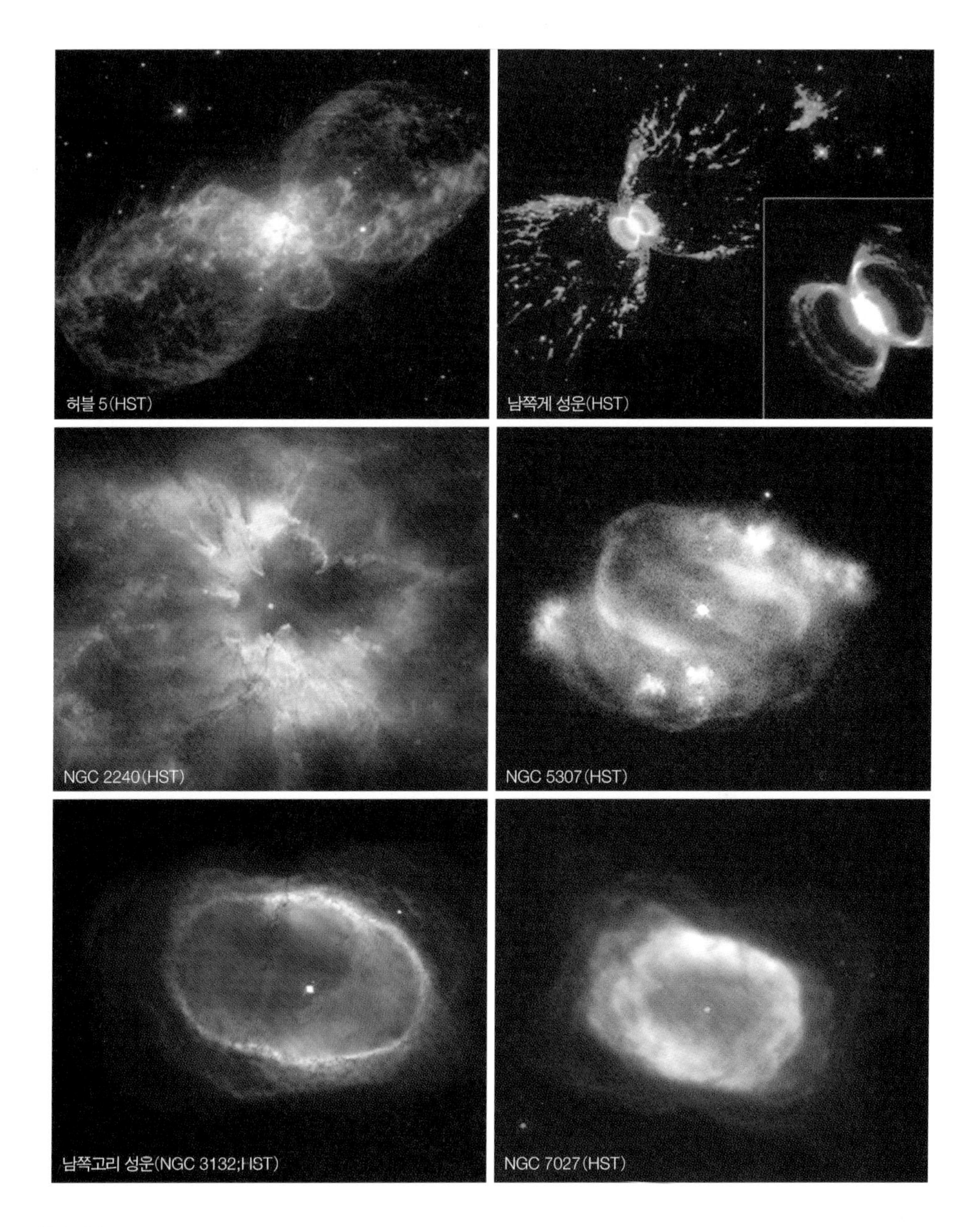

그림 I-21

행성상 성운(f) 여러 형태의 행성상 성운.

작은 땅에만 집착해서 살아간다면, 자신의 뿌리도 모르는 채 태어났기에 그냥 살아가는 하루살이의 삶과 다를 바 없다.

언제 죽을지도 모르고 버둥대는 인간과 달리 별은 초기 질량에 따라 일생의 운명이 정해져 있기 때문에 임종을 스스로 준비한다. 대부분의 물질을 방출하면서 임종을 맞이하는 모습은 초기 질량에 따라 달라진다. 질량이 태양의 약 8배보다 적은 별은 임종 때 조용히 물질을 방출하여 그림 I-21과 같은 아름다운 행성상 성운[10]을 그 주위에 만들어 놓는다. 성운은 매우 빠른 속도로 흩어지면서 식어가다가 언젠가는 빛을 내지 못하는 성간 물질로 된다. 중심부에는 사각설탕 크기의 질량이 수톤 내지 수십 톤 되는 초고밀도[11]의 백색왜성을 남긴다. 이것은 자체에 에너지원이 없기 때문에 천천히 식어가다가 수억 년이 지나면 암체가 된다.

태양도 앞으로 50억 년쯤 지나면 금성 가까이까지 팽창하여 임종을 맞으면서 행성상 성운의 단계를 거친 후에 백색왜성으로 일생이 끝날 것이다.

초기 질량이 태양의 8~20배 정도인 무거운 별은 임종 때 초신성으로 폭발하면서 많은 물질을 방출하고 중심부에 사각설탕 크기의 질량이 수백~수천 톤인 초고밀도의 중성자별(크기는 20~40km)을 만든다. 이러한 별들 중에서 특히 강한 자기장을 가지고 빠르게 회전하는 것을 펄사라고 부른다. 그림 I-22는 1054년에 폭발한 황소자리에 있는 게성운의 모습인데 그 속에 게펄사가 들어 있다. 이것은 0.0331초마다 한 번씩 회전하면서 강한 전파를 방출하고 있다.

초기 질량이 태양의 20배 이상 되는 아주 무거운 별은 임종 때 초신성 폭발을 일으키며 중심부에 사각설탕 크기의 질량이 수억~수십 억 톤이나 되는 블랙홀을 만든다. 블랙홀이란 빛이 전연 나오지

10 중심별에서 분출한 물질 분포가 마치 태양 주위를 도는 행성의 궤도 모양과 같다 해서 붙인 이름이다. 고리 성운이라고도 한다. 그러나 모든 행성상 성운이 이런 모습을 하는 것은 아니다. 왜냐하면 별이 폭발하는 과정이 매우 다양하기 때문이다.

11 별의 중심부의 압력이 매우 낮을 때 별 전체가 중심 쪽으로 급격히 수축하면서 초고밀도의 천체를 만들고 또 이때 일어나는 반작용으로 물질을 바깥으로 방출하는 큰 폭발이 일어난다.

게성운과 펄사(VLT)

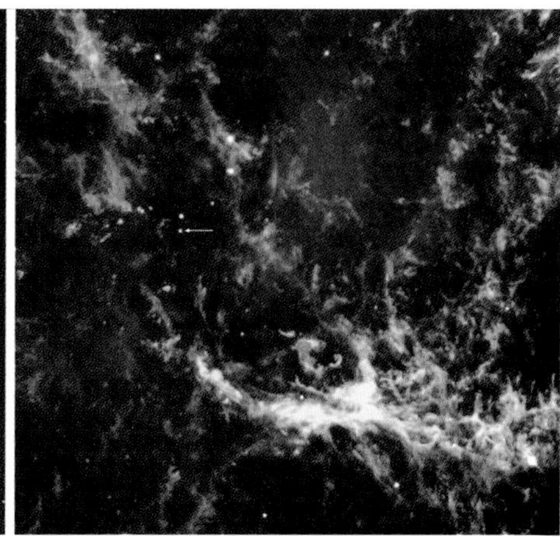

게성운의 중심부(HST)

그림 I-22

게성운과 게펄사 1054년에 6,500광년 떨어진 황소자리에서 폭발한 초신성의 잔해(M1, NGC 1952)다. 이 속에 초고밀도의 중성자별인 펄사(화살표)가 남아 있으며 이것은 0.0331초의 짧은 주기로 고속 회전하며 밝기와 전파의 세기가 변화하고 있다. 오른쪽 그림은 허블 우주망원경으로 찍은 성운 중심부다.

않아 검게 보이기 때문에 검은 구멍이라고 부른다. 왜 빛이 빠져나올 수 없을까?

예를 들어 인공위성이 지구를 벗어나 외계로 나가려면 적어도 초속 11km 이상의 이탈속도를 가져야만 지구의 중력을 이기고 밖으로 나갈 수 있다. 빛은 파동과 입자의 두 가지 성질을 지닌다.[12] 빛을 입자로 볼 경우에 이 입자가 블랙홀의 인력권을 벗어나 밖으로 나가려면 이탈속도가 빛의 속도인 초속 30만 km보다 훨씬 커야 한다. 따라서 빛은 블랙홀의 중력장을 절대로 벗어나 밖으로 나갈 수 없다.

블랙홀의 크기는 초기 질량에 비례한다. 예를 들어 태양이 블랙홀이 되면 반경이 3km로 아주 작아질 것이며, 태양의 10배 되는 별의 경우는 반경이 30km인 블랙홀이 될 것이다.

이상에서 살펴본 것처럼 별은 태어날 때부터 일생의 운명이 결정되어 있다. 예를 들면 그림 I-23에서 보인 것처럼 별은 태어날 때의 질량에 따라 일생을 살아가는 행로가 다양하게 결정된다. 무거운 별

12 빛이 입자성과 파동성의 두 가지 성질을 가지지만 이들이 동시에 모두 나타나지는 않는다. 그림자나 무지개 빛은 빛의 파동으로 설명되고, 디지털 카메라는 빛의 입자적 성질을 이용한 것이다.

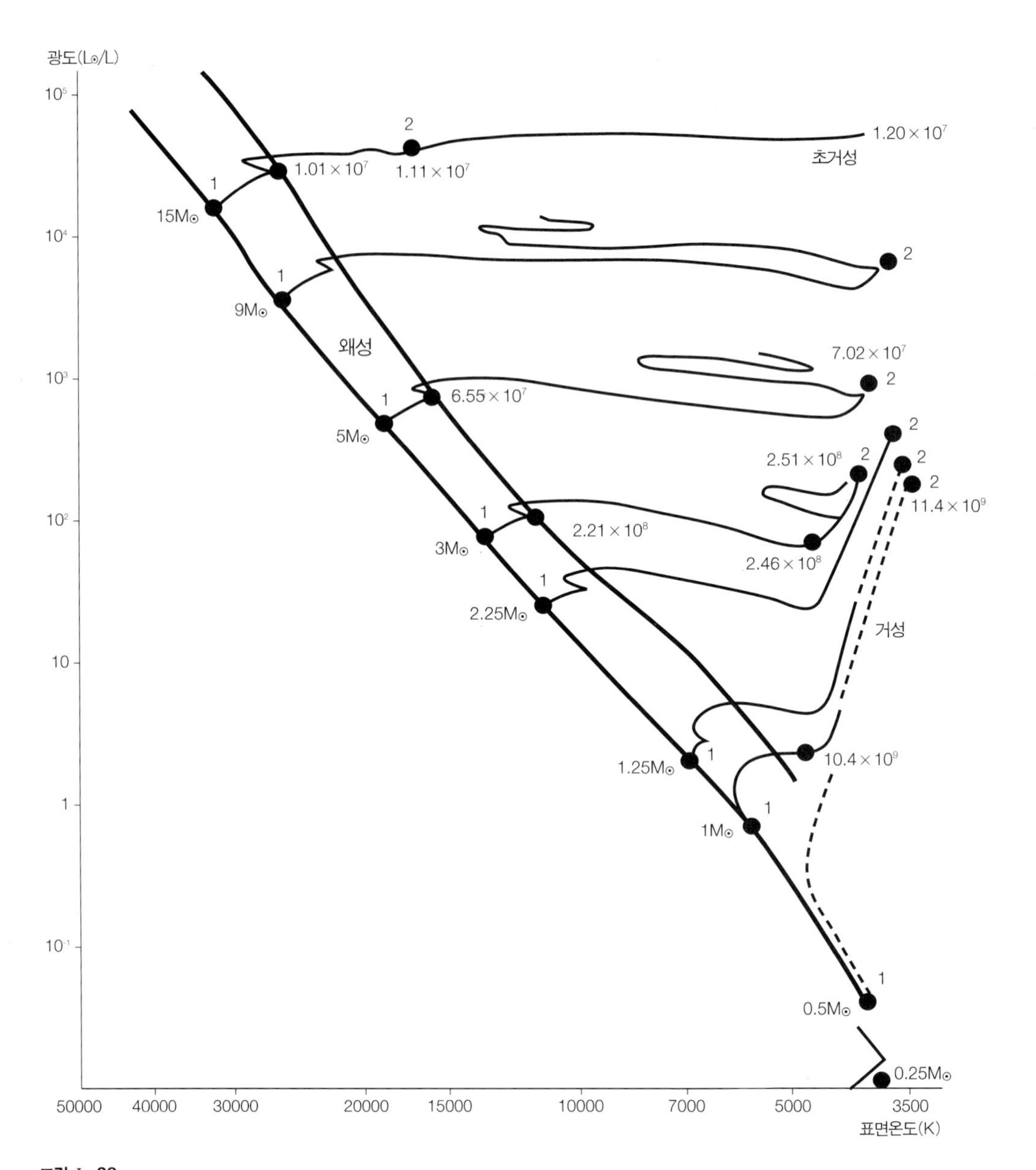

그림 I-23

별의 진화로 주계열성은 색-등급도 상에서 질량에 따라 진화의 경로가 달라진다. 태양질량보다 큰 별은 오른쪽으로 진화하며 온도 변화를 크게 일으키지만 질량이 적은 별은 주로 표면온도보다 밝기가 많이 변하는 진화 경로를 따른다.

들은 늙어가면서 밝기에는 큰 변화가 없지만 심하게 팽창하므로 표면온도가 매우 낮아지는 적색거성이 된다.

한편 가벼운 별은 밝기가 심하게 증가하면서 팽창한다. 별들은 진화과정에서 특정한 단계에 이르면 맥동 변광 단계를 지난다. 이러한 진화과정에서 별들은 미리 옷 껍질을 하나씩 벗겨가면서 죽음을 맞이한다.

이처럼 임종을 준비해 가는 과정이 조화롭기에 별의 일생은 아름답다. 그런데 인간은 태어나는 시기는 알지만 죽는 날을 모른다. 그래서 미리 임종을 준비하면서 살지 못할 뿐만 아니라 죽음 자체를 두려워한다. 잘 죽는 방법을 모르면 잘 사는 방법도 모르게 되는 것이 자연의 이치다. 왜냐하면 죽음은 삶에서 오기 때문이다. 별은 죽는 순간에 깨끗한 의식상태에서 임종을 맞이하며 또 모든 것을 자연에 되돌려주므로 별에는 영혼이란 것이 없다. 그런데 인간은 임종의 순간까지 삶에 대한 집착심을 버리지 못해 고통스러운 무의식(까무러친) 상태에서 죽으면서 영혼을 만들어내고 또 귀신을 만들어내면서 죽은 후에도 그 흔적을 남기려 애쓴다.

5 | 태양은 앞으로 어떻게 살아갈까

거대한 성운에서 분리된 원시 태양계 성운의 크기는 지구-태양 거리의 수백 배였다. 이 성운이 서서히 회전하면서 중력 수축을 시작하여 수백만 년의 잉태기를 거친 후 빛을 내는 태양으로 탄생되었다. 이 태양은 수천만 년의 불안정한 유아기를 지난 후 안정한 청년기를 맞는다. 이때 태양의 나이를 0살로 잡는다. 이것은 서양에서 아기가 태어나면 나이를 0살로 잡는 것과 같은 이치다. 이 단계를

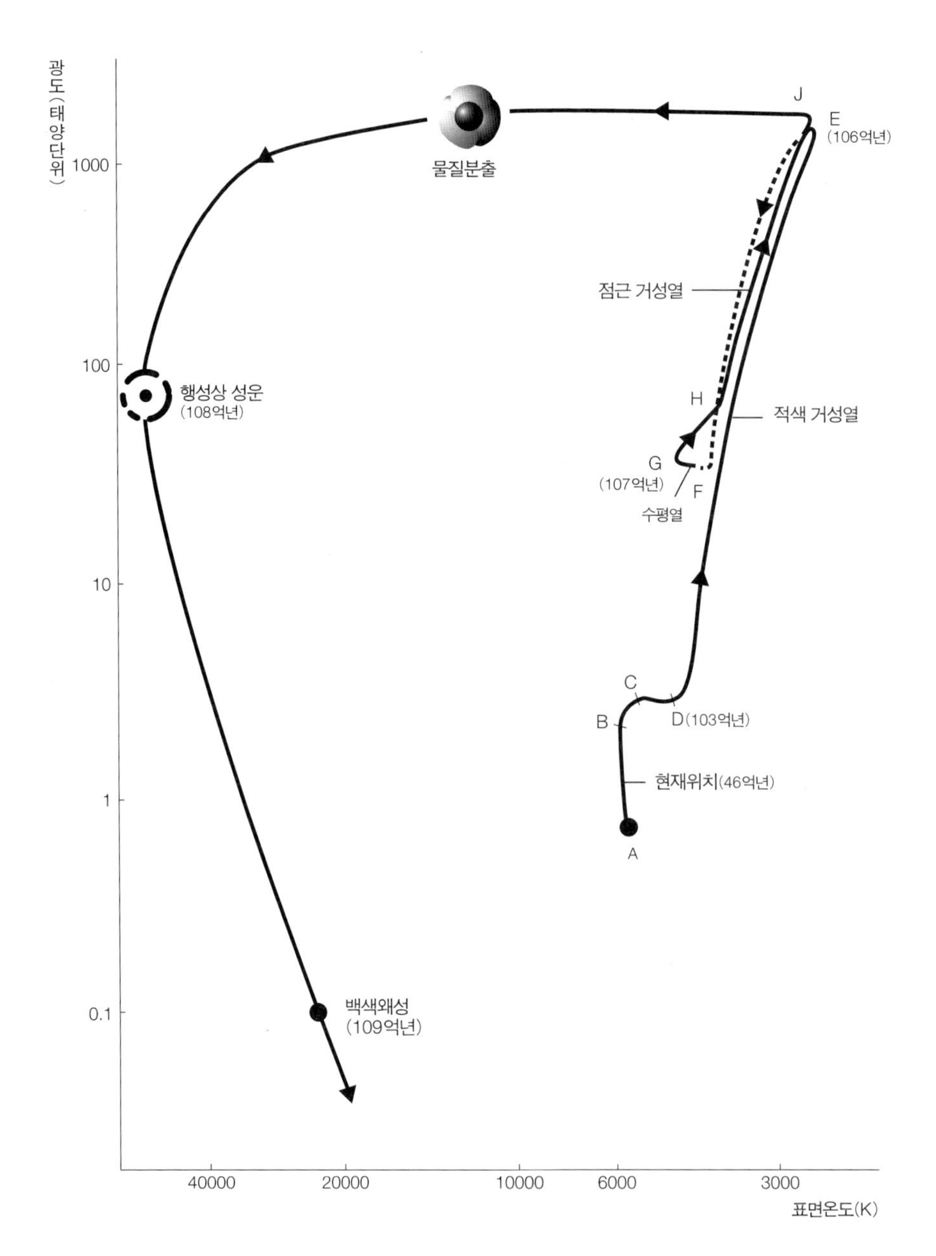

그림 I-24

태양의 진화로 현재 정상적인 수소핵 융합반응을 일으키는 태양이 늙어가면서 일생을 마치는 과정을 색-등급도 상에서 보여주는 진화 경로.

영(0)년 주계열 단계라 하며, 여기서부터 태양은 내부에서 수소핵 융합반응을 활발하게 일으키면서 청년기를 시작한다.

약 46억 년이 지난 지금 태양은 처음 태어날 때보다 밝기가 약 두 배 증가했다. 그림 1-24 앞으로 나이가 92억 년쯤 되면 태양은 현재보다 40% 정도 크기가 팽창하면서 2배 정도 더 밝아진다. 그리고 중심부의 수소가 거의 소진되면서 온도와 압력이 떨어진다. 그러면 중심부가 수축하면서 발생하는 강한 복사 에너지로 태양 자체가 팽창하기 시작하면서 노년기로 접어든다.

나이가 106억 년쯤 되면 태양은 현재보다 1,000배 밝아지며 크기는 150배로 팽창하여 금성 궤도 바깥까지 넓게 뻗친다. 그리고 태양은 표면온도가 약 3,000도 되는 적색거성으로 쇠퇴기에 접어든다. 이때쯤이면 지상에서는 거의 하늘을 덮고 있는 붉은 태양을 보게 되겠지만, 이런 단계에 이르기 전에 태양에서 나오는 강한 자외선과 태양풍 등으로 지상에는 이미 생명체가 존재하지 않게 될 것이다.

태양 중심부에서 온도가 2억 도 정도로 높아지면 헬륨핵 융합반응이 시작되면서 밝기는 현재의 63배, 크기는 13배 정도로 줄어든다. 이 진화단계를 수평열 단계라 하며 여기서 1일 정도의 주기를 가지는 맥동 변광 과정을 거친다. 1억 년쯤 더 지나면 중심부의 헬륨이 소진되면서 중심부는 수축하고 외층이 팽창하는 점근 거성열 단계를 지난다. 여기서 태양은 다시 팽창하면서 많은 양의 물질을 밖으로 방출하면서 임종을 준비한다. 108억 년쯤에는 행성상 성운과 태양질량의 약 0.6배 되는 지구 정도 크기의 백색왜성을 남기며 종말을 맞이한다. 백색왜성은 천천히 식어가다가 110억 년쯤에는 빛을 내지 못하는 암체로 사라진다.

태양이 죽으면 지구를 비롯한 모든 행성들은 깨지든지 날아가 버릴까?

그렇지 않다.

태양이 물질을 방출하면서 질량이 줄어들면 태양의 인력이 줄기 때문에 행성들의 궤도가 늘어날 뿐이며, 모든 행성들은 태양의 잔해 주위를 계속 회전하게 된다. 이때 태양계는 빛이 없는 암흑의 세계가 된다. 이와 같은 암흑의 세계가 우주에는 무수히 많다.

위에서 살펴본 태양의 진화과정을 통해서 태양과 인간의 일생을 비교해 봄으로써 인간이 태양에 비해 얼마나 힘든 일생을 살아가는가를 알 수 있다. 인간의 일생을 80년으로 잡고, 13세까지는 초기 단계로, 13세~50세까지는 활동기로, 50~70세까지는 노년기로, 70~80세는 쇠퇴기로 두었다. 그러면 표 I-1에서 보인 것처럼 태양은 불안정한 초기 단계와 쇠퇴기가 일생의 4.3%로 극히 짧다. 그리고 수소 양식을 먹고 사는 활동기는 83%로 가장 길며 노년기는 13% 정도다.

그런데 인간의 경우는 청년기와 장년기에 해당하는 활동기가 46%로 일생의 반 정도며, 나머지 반은 유년기와 노후기로서 불안정한 시기다. 특히 초기 단계와 쇠퇴기가 일생의 19%, 그리고 노년기가 25%로 이들이 일생의 반을 차지한다. 한편 노년기와 쇠퇴기

표 I-1 | **태양과 인간의 일생**

	초기 단계	활동기	노년기	쇠퇴기
태양	8천만 년(0.7%)	0.8~92억 년(83%)	92~106억 년(12.7%)	106~110억 년(3.6%)
인간	13년(16%)	13~50년(46%)	50~70년(25%)	70~80년(13%)

는 인간의 경우 38%로 일생의 1/3로 긴데 비해 태양의 경우는 16%로 일생의 1/6로 아주 짧다.

결국 인간의 경우는 별에 비해 태어나 자라는 기간과 노후 기간이 너무 길다. 따라서 별은 편안한 마음으로 일생을 보내는데 인간은 남에게 도움을 받아야 하는 기간이 길기 때문에 인생 자체가 불안하고 의타적(依他的)이다. 이처럼 인간은 태어나면서부터 복잡한 연기관계에 얽혀 일생을 살아가야 하기 때문에 반드시 불법을 잘 닦아 별과 같은 깨끗한 일생을 지내도록 해야 함을 잘 알 수 있다.

6 | 별들도 세대 교체를 한다

별은 살아가면서 불안정해지면 물질을 밖으로 방출하면서 안정을 찾는다. 또 임종 때 많은 물질을 방출한다. 이렇게 별에서 방출된 물질이 별들 사이를 흩어져 돌아다니다가 다른 별에서 나온 것들과 서로 합쳐져 밀도가 짙은 거대 성운을 만들면 여기서 다음 세대의 별들이 탄생된다.

우리 은하계에는 2,000억 개 이상의 별들이 모여 있다. 이중에서 가장 나이 많은 것은 원시 은하계의 물질에서 탄생된 제1세대의 별들이다. 이들 중에서 질량이 태양보다 큰 것들은 이미 일생을 마치고 사라졌으며 현재 보이는 것들은 모두가 태양질량의 약 0.8배보다 적은 별들이며 주로 구상성단에 많이 모여 있다.

제1세대의 별들 중에서 아주 무거운 별들은 빨리 죽으면서 물질을 방출했고 이것은 남아 있던 원시 물질과 합쳐져서 제2세대의 별들을 탄생시켰다. 제2세대의 별들 중에서 무거운 별들은 일찍 죽으면서 물질을 방출했고 여기서 다시 제3세대의 별들이 탄생했다. 이와 같은 방식으로 별의 세대가 내려오면서 현재 제5세대까지 왔다. 그래서 오늘날 우리 은하계 속에는 5세대의 별들이 함께 있다.

그러면 이들 5세대의 별들은 마구 섞여 있는가?

그렇지 않다.

먼저 인간의 경우를 보자. 도시의 중심가에 가보면 20대의 젊은 사람들이 특히 많고, 나이 많은 노인들은 비교적 한적한 곳에 많이 모인다.

별의 경우도 비슷하다. 제1세대의 별들은 우리 은하계의 외각에 많이 분포하며, 세대가 내려갈수록 별들은 회전하는 은하면 가까이로 모여들어 가장 나이가 적은 제5세대의 별들은 은하수라 부르는 은하면에 분포한다. 또 여기서 제5세대의 별들이 현재 탄생되고 있다. 은하계에 있는 별들의 대부분은 은하 회전축에 수직한 은하면과 그 주위에 분포하고 있다. 태양은 제4세대의 별로서 은하면 내에 있다.

별은 세대에 따라 공간 분포가 다른 이유는 무엇일까? 원시 은하는 회전하고 있었으며 중심부에는 많은 물질이 모여 있었다. 제1세대의 별이 태어날 때는 그림 I-25(a)처럼 은하 전체 공간에서 탄생했다. 은하계가 회전하면서 회전축에 수직한 원반에 물질이 점차 모여들기 시작했다. 그래서 그림 I-25에서 보인 것처럼 세대가 내려갈수록 별들은 더욱 은하면 쪽으로 집중해서 탄생되었다. 예를 들어 그림(e)에 있는 제5세대의 별들은 거의 은하면에 분포하면서 은하 중심 주위로 회전하고 있다. 이들은 은하면에서 태어났기 때문에 은하면 바깥으로 나갈 수는 없다. 그러나 제1세대의 별로 이루어진 구상성단들은 은하면의 회전과는 무관하게 은하 중심 주위로 회전

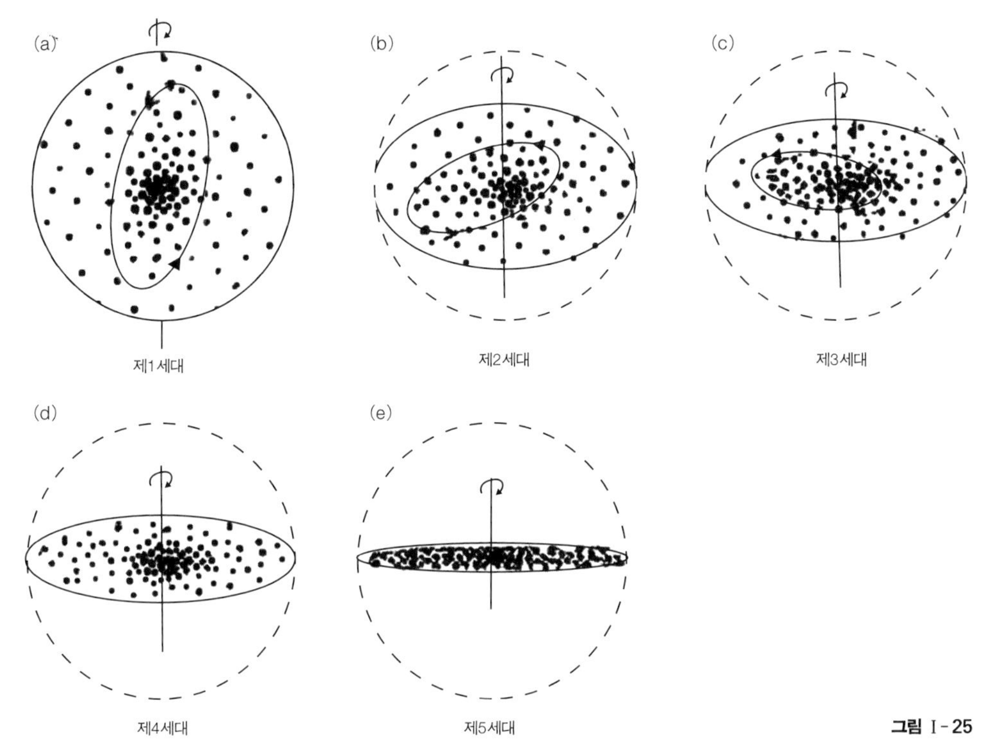

그림 I-25
별의 세대에 따른 공간 분포
제1세대의 별들은 은하계 전체 공간에 퍼져 분포하며 나중에 태어나는 세대의 별일수록 점차 은하의 회전면 주위의 원반과 은하면에 집중하여 분포한다. 그리고 핵융합에 의해 생기는 중원소의 증가로 젊은 세대의 별일수록 중원소 함량은 더 많아진다.

하며 운동한다. 이처럼 별들은 태어난 공간이 다르면 그에 따라 은하계 내에서 운동할 수 있는 공간이 제한된다. 이러한 운동학적 특성을 이용하여 별들의 세대를 구분한다.

사람의 경우도 비슷하다. 사람은 그가 태어나 자란 환경에 알맞게 생각하고 행동한다. 그래서 시골에서 태어나 자란 사람은 복잡한 도시에서 태어나 자란 사람의 생각과 행동을 이해하기 어려울 때가 많다. 이것은 소위 지역 문화의 차이 때문이다. 그래서 자식이 귀할

수록 여러 곳으로 여행을 많이 시키라는 말이 있다. 비록 태어난 곳에서 계속 살더라도 외부의 다른 여러 문화를 접촉한다면 다른 부류의 사람과 쉽게 동화될 수도 있을 것이다. 우리는 생각하는 방법과 행동하는 양태를 살펴봄으로써 그 사람이 어떠한 환경에서 생활해 왔는가를 대체로 짐작할 수 있다. 즉 별의 세계와 마찬가지로 사람의 경우에도 운동학적 특성을 살펴보면 그 사람의 인품을 알 수 있다는 것이다.

별의 세대를 알 수 있는 또 다른 방법은 별의 중원소[13] 함량을 조사하는 것이다. 제1세대의 별들 중에서 무거운 별은 빠른 속도로 핵융합을 통해 무거운 중원소를 많이 만들면서 진화한다. 임종시에는 중원소가 더 많이 포함된 물질을 밖으로 방출하고 이러한 물질에서 제2세대의 별이 탄생한다. 그러면 이들의 중원소 함량은 앞선 제1세대의 조상별보다 당연히 더 많게 된다. 이와 같이 세대가 지날수록 점차 중원소 함량은 늘어난다. 그래서 제5세대 별의 중원소 함량이 가장 많게 된다. 별의 중원소 함량은 관측으로 알 수 있기 때문에 그 별의 종족을 식별할 수 있다. 밤하늘에 보이는 대부분의 별들은 제4세대와 제5세대의 별들이며, 이들보다 더 오래 생존하는 조상별들은 질량이 적고 어둡기 때문에 큰 망원경을 통해서만 볼 수 있다.

중원소라는 무거운 원소들은 별의 중심부에서 일어나는 핵융합 반응과 초신성 폭발을 통해서 만들어지며 또 세대를 지날수록 점차 증가된다. 따라서 별의 탄생의 씨앗이 되는 성운 속에 있는 중원소에는 이미 그 전 세대의 조상별이 지니고 있던 여러 정보가 들어 있다. 이러한 정보는 세대를 지날수록 증가하면서 다음 세대로 계속 전달된다.

이러한 현상은 사람에게도 나타난다. 특히 오늘날처럼 중금속에

13 헬륨보다 무거운 원소들 전체를 통틀어 중원소라 한다.

오염된 곡식이나 야채를 먹으면 이것이 우리 몸에 저장되었다가 다음 세대의 자식에게 전달된다. 그래서 부모가 태어날 때보다 더 많은 중금속이 몸속에 들어 있게 되며 또 변형된 유전인자가 생기게 된다.

은하계에서 태양은 제4세대의 별로서 그전의 조상별들이 방출한 물질을 통해 전해준 많은 화학적 정보를 간직하고 있다. 인간도 태양이 탄생된 원시 태양계 성운의 물질에서 생명의 씨앗을 받았으므로 태양처럼 우주에서 제4세대의 별에 속한다. 그리고 우리 몸속에는 제1세대에서 제3세대에 이르는 조상별로부터 전해 내려온 귀중한 우주적 정보가 들어 있다. 이것이 원초적 무의식으로 들어 있는지도 모른다. 정신 분석학자 프롬은 이러한 무의식이 인간 존재의 여명으로까지 거슬러 올라간다고 보고 있다. 이러한 무의식은 정신분석학자 칼 융의 집단 무의식에 해당한다.

우리가 밤하늘의 별을 쳐다보면 숙연해지고 숭엄스럽게 느껴지는 것도 아마 별과 내가 함께 지니고 있는 공동의 우주 의식, 즉 우주적 인연 때문일 것이다. 그런데도 우리는 귀중한 우주적 정보를 망각한 채 작은 이익에 얽매여 별과 진솔한 이야기 한번 제대로 나누지 못하고 생을 마친다는 것은 얼마나 슬픈 일인가! 이것은 우주에서 같은 형태로 단 한번밖에 태어나지 못하는 우리가 자신의 존재를 우주에 있는 어느 형제별이나 자매별에게도 알리지 못한 채 허무하게 영원히 사라져 간다는 뜻이다.

별은 여러 조상별이 방출한 물질에서 탄생되므로 인간처럼 어느 특정한 부모나 조상을 갖고 있지 않다. 그러므로 별은 가문과 같은 특정한 뿌리라는 인연 줄은 없고 오직 세대간의 차이만 있을 뿐이다. 이런 점에서 별은 인간보다 연기관계가 더 자유롭다. 즉 같은 세대의 별들은 탄생부터 모두가 동등하고 평등한 보편적 질서를 가진다. 여기다가 태어날 때 일생 동안 먹을 양식을 가지고 나오니 별은 집착 없는 무위의 삶을 살지 않을 수 없다.

우리는 윤회라는 말을 자주 쓴다. 이것은 인도의 힌두사상에서 나온 것이지만 불교에서도 윤회를 이야기한다. 인간은 죽으면 육신에서 영혼이 나와 돌아다니다가 생전에 지은 업에 따라 다시 자궁 속으로 들어가 동물이나 인간으로 환생하며 윤회한다고 한다. 불법에서는 이러한 영혼의 윤회가 아니라 그 사람의 5온이 다음 생으로 순환되는 것을 윤회 또는 탐진치의 흐름으로 본다. 색, 수, 상, 행, 식이라는 오온을 물질에 잠재한 유전 정보로 본다면, 오늘날 생명과학에서 보이듯이 이러한 유전 정보가 다음 세대로 이어가는 것을 생명의 흐름으로 볼 수 있다. 이때 고운 마음을 가진 업의 오온이 전달되면 다음 생에서 고운 마음을 가진 생이 태어날 수 있고, 나쁜 마음을 가진 업이 전달되면 나쁜 마음을 가진 생으로 태어날 수 있으므로 생전에 좋은 업을 쌓아야만 한다는 것이다. 그리고 흐름에서는 매 찰나마다 흐름의 과정만 있을 뿐 고정된 실체가 존재하지 않으므로 어떤 한 찰나의 과거, 현재, 미래라는 실상을 얻을 수 없다. 만약 고정된 실체를 바란다면 그것은 허망한 집착의 산냐[14] 일 뿐이다. 그래서 『금강경』에서 말하는 것처럼 유전 변천하며 흘러가는 과정에서는 과거심도 얻을 수 없고, 현재심도 얻을 수 없으며, 미래심도 얻을 수 없으므로 어떤 것에도 머무는 마음을 내서는 안 된다.[15] 『단경(壇經)』에서도 비슷한 말을 하고 있다.

"순간순간 생각할 때 모든 법 위에 머무름이 없나니, 만약 한 생각이라도 머무르면 생각마다에 머무르는 것이므로 얽매임이라고 부

14 산냐(saṃjña): 정형화된 상(相, 想)으로서 대상을 받아들여 개념작용을 일으키고 이름을 붙이는 작용. 즉 개념화, 이념화, 이상화, 관념화 등에 관련된 것이다. 예를 들면 아상, 인상, 중생상, 수자상 등이다.

15 過去心不可得 現在心不可得 未來心不可得(금강경의 一體同觀分에서). 應無所住而生其心(응당 머물지 않고 마음을 내다; 금강경의 莊嚴淨土分에서).

르며, 모든 법 위에 순간순간 생각이 떠오르지 아니하면 곧 얽매임이 없는 것이다. 그러므로 머무름이 없는 것으로 근본을 삼는다."[16]

별의 세계에서는 결코 머무름이란 없으며 언제나 새로운 안정된 상태로 계속 변천해갈 뿐이다. 그러기에 오직 진화의 전체적 과정이 중요할 뿐이지 어느 한때의 고정된 실상은 아무런 의미가 없다.

일반적인 생명의 순환을 살펴보자. 한 인간이 죽은 후 화장을 하든 매장을 하든 육신은 흙과 공기로 흩어진다. 공기로 날아간 것은 비나 눈에 섞여 땅으로 떨어진다. 흙에서 식물이 자랄 때 육신의 잔해는 식물의 영양분으로 쓰이고, 이 식물은 자라서 동물의 영양으로 쓰이고, 또 인간은 식물을 먹거나 동물을 잡아먹으면서 영양분을 섭취한다. 이로부터 정자와 난자가 만들어지면서 다음의 생이 탄생된다. 따라서 사후에 사람의 물질적 정보는 식물에서 동물로, 또는 식물에서 인간으로, 또는 식물에서 동물을 거쳐 인간으로 전달될 수 있다. 결국 육신이 뿌린 잔해는 여러 생물의 영양분으로 쓰이면서 별의 경우처럼 다음 생의 씨앗 역할을 한다. 그래서 가능하면 사후에 깨끗한 씨앗을 남기고자 하는 것이 윤회의 근본 사상으로 생각된다. 죽은 후에 영혼의 존재나 의식의 흐름과 같은 이야기도 하지만 과학적으로 보면 이것은 죽은 자의 몸에서 나오는 에너지(氣)에 불과하다. 불법에서 무명을 짓는 가장 큰 원인을 집착이라고 한다. 그렇다면 영혼이란 것은 생에 대한 강한 애착을 버리지 못하고 영원히 살고 싶은 집착의 산물로 볼 수 있다. 삶과 죽음은 에너지가 모이고 흩어지는 취산 현상으로 그 근본은 같은 것인데 무엇 때문에 흔적 없는 영혼에 구차하게 매달려야 할까?

16 『고경(古鏡)』: 조계선종 소의어록집, 퇴옹성철 편역, 불기 2538년, 장경각, 505쪽.

4. 별은 무슨 일을 하며 살아갈까
– 별의 운동과 평형

1 | 별도 움직인다 – 고유운동

하늘의 별들을 보면 별자리들이 언제나 변함없이 똑같아 보인다. 그래서 예부터 별은 거대한 천구에 붙박여 있는 붙박이 별 또는 항성(fixed star)이라고 불렀고, 이들 항성들 사이를 지나다니는 천체를 행성(wondering star)이라고 했다. 그렇다면 별들은 모두 같은 거리에서 하늘에 고정되어 있는가?

1718년 영국의 천문학자 핼리(핼리 혜성을 발견한 사람)는 황소자리의 알데바란, 큰개자리의 시리우스, 목동자리의 아크투루스 등의 별의 위치를 측정해 보았다. 그 결과 고대 프톨레마이오스가 측정한 값과 각으로 30분 정도 차이가 났다. 이러한 차이를 관측 오차로 보기에는 값이 너무 크기 때문에 핼리는 별들의 운동에 기인한 차이로 보았으며, 이로써 처음으로 별들도 움직이고 있다는 사실이 밝혀졌다.

태양에 대한 별의 상대적 운동을 고유운동(固有運動)이라고 한다. 하늘에 보이는 모든 별들은 거리도 다르고 또 고유운동도 다르다. 예를 들어 우리가 잘 아는 국자 모양의 일곱 개 별로 이루어진

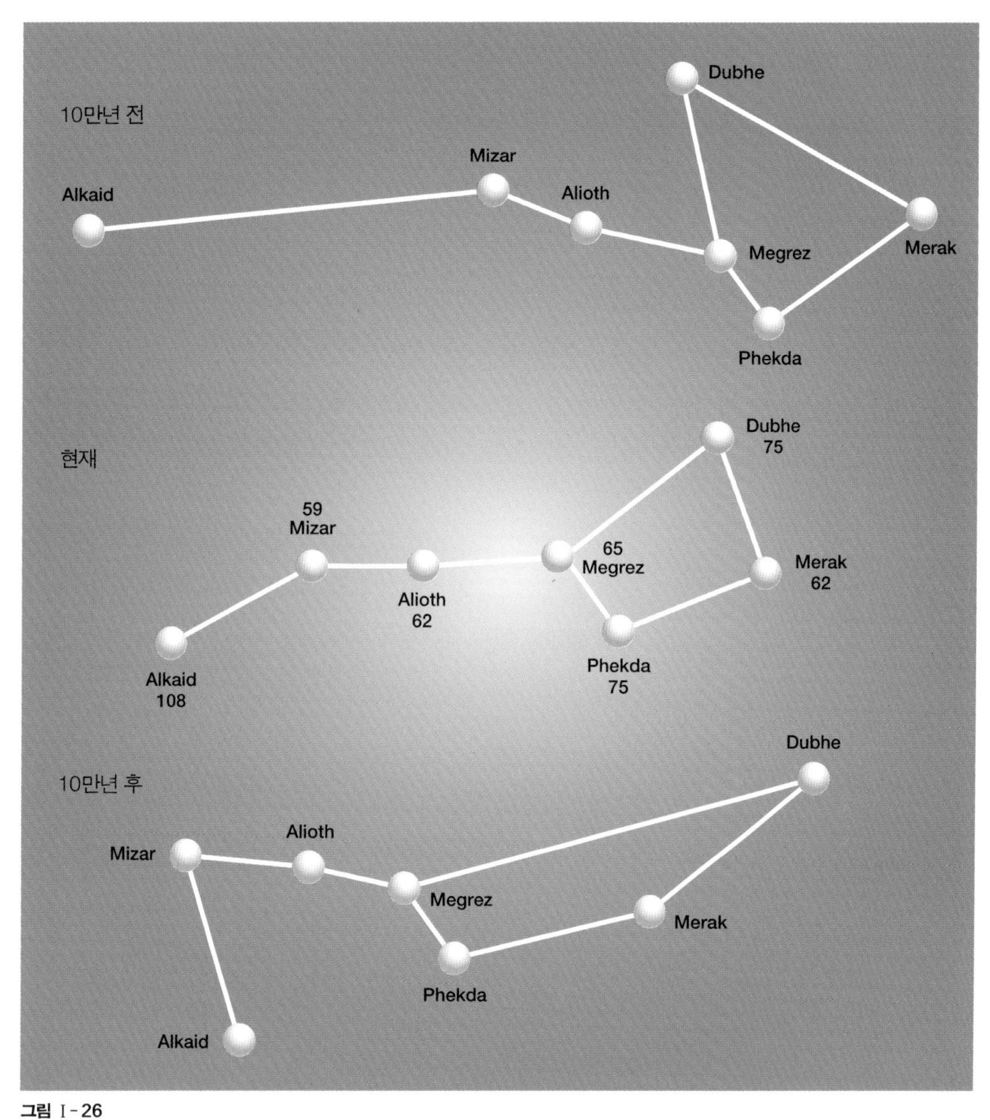

그림 Ⅰ-26

북두칠성의 고유운동과 거리 북두칠성의 별자리는 별들의 각기 다른 고유운동으로 시간이 지남에 따라 별자리의 모습이 달라진다. 앞으로 10만 년 후에는 현재 국자 모양의 별자리가 사라질 것이다. 북두칠성 중에서 59광년 떨어진 미자르(2. 3등급)는 4등급의 알고르와 이중성을 이루고 있다.

북두칠성은 거리도 모두 다르고 고유운동도 다르다. 따라서 앞으로 10만 년 후에는 그림 I-26에서 보인 것처럼 국자 모양이 사라질 것이다. 마찬가지로 하늘의 다른 별자리들도 오랜 시간이 지나면 그 모습이 달라져 보이게 된다.

그러면 각 별들은 한 방향으로 같은 속도로 고유운동을 계속하는가?

그렇지 않다. 별들은 은하계 전체의 일반 중력장에 묶여 있기 때문에 은하 중심 주위로 회전하지 않으면 안 된다. 따라서 별들은 현재 관측되는 방향으로 계속 움직이지 못하고 조금씩 방향과 속도가 바뀐다.

2 | 별도 사회 생활을 한다 - 조우와 수수관계

우주 공간에 한 물체만 있다고 하자. 그러면 이 물체는 영원히 정지 상태로 머물러 있게 된다.

다른 한 물체를 첫번째 물체 가까이 가져다 둔다고 하자. 그러면 두 물체는 서로 끌어당기는 인력을 미치면서 가까이 접근하다가 충돌하게 된다.

여기서 인력을 인연 줄로 본다면 첫번째 물체는 두 번째 물체를 만나는 순간 인연이 생겼는데 이 인연이 악연이 되어 충돌하면서 깨지는 운명을 맞게 된 것이다. 그림 I-27a

그렇다면 좋은 인연으로 만나려면 어떻게 해야 할까?

두 번째 물체를 첫번째 물체 주위로 회전하도록 한다면 이들은 충돌하지 않고 서로 회전하는 안정된 상태를 이룰 수 있다. 그림 I-27b 이것은 마치 시소의 양끝에 두 사람이 앉아 시소를 돌리는 것과 같

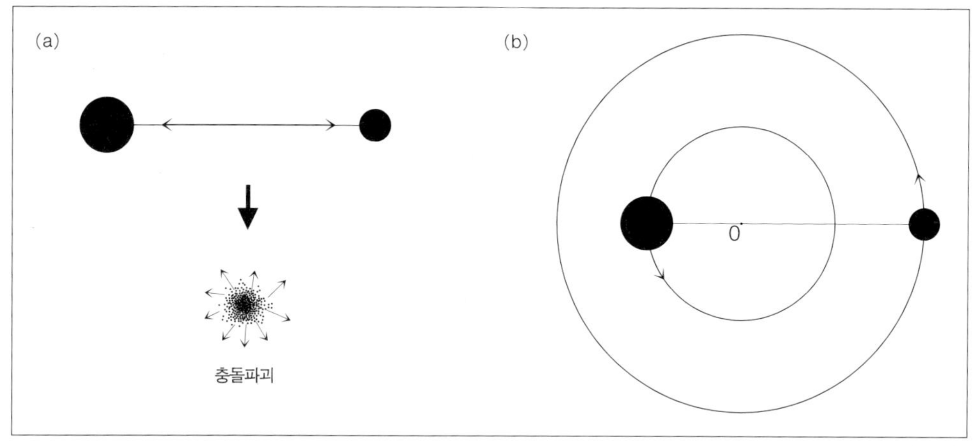

그림 I-27

인력과 운동 정지된 상태에서는 두 천체가 서로 끌어당기는 인력으로 충돌하여 파괴된다. 그러나 두 천체가 이들의 질량중심(O) 주위로 회전하면 안정된 운동을 계속할 수 있다.

은 이치다.

별의 경우에 이런 회전운동을 하고 있는 것을 쌍성 또는 연성이라고 한다. 인간의 경우는 연인 또는 부부관계로서 이들은 인연 고리에 매여 서로 돌고 있다고 볼 수 있다. 만약 두 사람 사이의 사랑이 지나치게 강하다면, 이것은 마치 인력이 지나치게 강하면 두 물체가 부딪쳐 깨지듯이 그들의 사랑이 쉽게 깨질 수도 있다. 따라서 사랑보다 존경과 신뢰가 앞서야만 두 사람 사이의 인연 줄이 늘어났다 줄었다 하면서 안정된 상태를 유지할 수 있다. 이것은 안정된 상태로 회전운동을 하는 두 물체의 경우에 해당한다.

두 물체 주위에 다른 물체들을 가져다 두면 어떤 현상이 생길까? 그림 I-28에서 물체 A는 다른 물체 B, C, D에 인력을 미치며 끌어당긴다. 같은 방법으로 물체 B는 물체 A, C, D에, 물체 C는 물체 A, B, D에, 물체 D는 물체 A, B, C에 인력을 미치며 끌어당긴다.

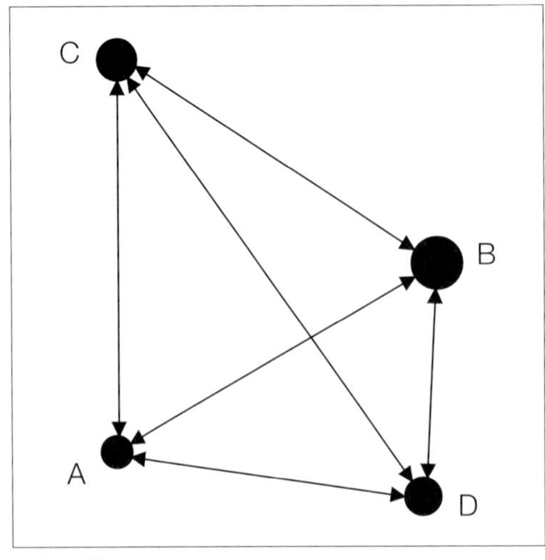

그림 Ⅰ-28
물체의 집단과 인력 물체들 사이에는 서로 끌어당기는 인력 때문에 복잡한 회전운동이 일어난다.

만약 이들 물체를 모두 정지된 상태로 두면 서로 끌어당기며 충돌하게 된다. 이런 충돌을 피하려면 각 물체는 다른 물체 주위로 돌아야 한다. 그래야만 모든 물체들은 적당한 인연관계를 유지하면서 안정된 상태를 유지할 수 있다.

실제로 많은 별들이 집단을 이루고 있는 성단에서는 별들이 성단의 중심 주위로 회전하면서 안정된 역학적 상태를 이루고 있다. 그러면 구체적으로 성단 내에서 별들은 어떠한 힘을 받고 있는가? 첫째는 일반 중력이다. 이것은 성단에 있는 모든 별들의 인력의 합에 해당하는 것으로 별들 전체를 성단에 구속시키는 역할을 한다. 이런 일반 중력 때문에 별들은 성단을 이탈하지 못하고 성단의 중심 주위로 회전운동을 하며 안정된 상태를 유지하게 된다.

이런 경우를 대가족 사회와 비교해 보자. 조부모, 부모, 자식들 모두에 의해 이루어진 가문의 어떠한 힘을 가풍이라고 하자. 그러면 가족들은 이러한 가풍의 강력한 힘에 묶여서 어디를 가든지 이 힘을 벗어나지 못한다. 자식이 밖에 나가서 누구를 만나 어떠한 활동을 하더라도 그의 사고와 행위는 가풍이라는 일반 중력에 묶여 있으므로 탈선하는 일은 절대로 일어날 수 없다. 이런 가풍의 힘은 가족의 규모가 크면 클수록 더 커진다. 국가의 경우도 마찬가지다. 인구가 많을수록 그 국가는 더 강한 힘을 가지고 또 더 안정해진다.

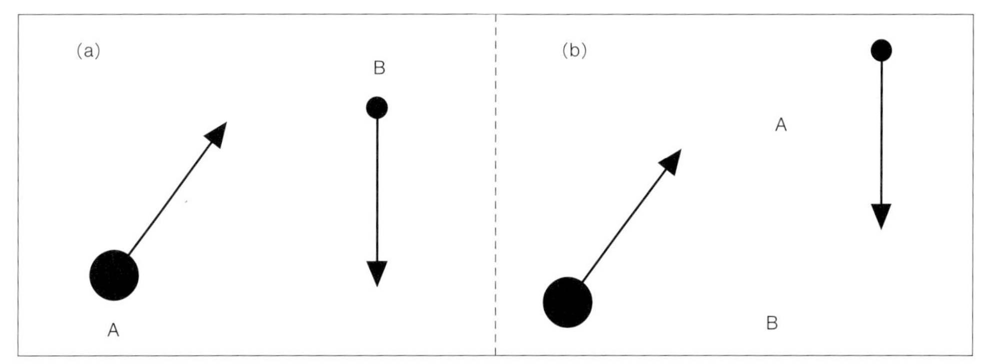

그림 I-29
조우 두 물체가 서로 가까이 만나 조우하면 운동 경로와 운동 속력이 바뀐다.

별이 성단 중심 주위로 회전운동을 하면서 다른 별 주위를 가까이 지나게 된다. 이때 두 별은 서로 끌어당기는 인력 때문에 그림 I-29와 같이 진행 행로가 바뀐다. 이와 같이 서로 부딪치지 않고 진행하는 행로가 바뀌는 만남을 조우(遭遇)라고 한다.[1]

조우는 일상 생활에서도 자주 나타난다. 예를 들면 내가 앞으로 가고 있는데 누가 내 앞을 가로질러 지나려고 하면 부딪치지 않도록 서로 진로를 바꾸게 된다.

일반적으로 두 천체가 조우할 때는 서로 에너지를 주고받으면서 진로가 바뀐다. 이때 질량이 큰 천체는 끌어당기는 인력이 크기 때문에 질량이 작은 천체가 큰 천체로부터 힘을 받아 운동속도가 빨라지며 행로가 많이 바뀌고, 반대로 큰 천체는 작은 천체에게 힘을 주기 때문에 운동속도가 느려지며 행로는 적게 변한다. 이와 같이 서로 조우하면서 일어나는 서로간의 주고받음의 관계를 상의적 수수관계라고 한다.

1 두 물체가 서로 부딪치며 만나는 것을 충돌이라고 하고, 부딪치지 않고 지나는 것을 조우라 한다.

국부적인 중력 효과는 언제나 이러한 상의적 수수과정을 통해 일어난다. 성단에서 별들은 일반 중력을 받으면서 성단에 묶여 움직이지만 실질적인 운동은 주위의 천체들과 조우하면서 받는 국부적인 힘(인력)에 의해 결정된다. 여기서 국부적인 힘을 섭동[2] 이라고 한다.

섭동은 성단 전체가 별에 미치는 강한 일반 중력에 비하면 매우 약한 힘이다. 하지만 개개 별들의 실질적인 역학적 진화는 다양하고 연속적인 조우, 섭동에 의해 결정된다.

이러한 경향은 인간 사회에서도 마찬가지다. 사람은 가정이라는 힘(일반 중력)에 묶여 있다. 밖에 나오면 여러 사람들을 만나 대화하고 또 여러 대상을 접하며 생각한다. 이중에는 마음에 흡족한 것도 있고 불쾌한 것도 있으며 또 강하게 유혹을 받는 것도 있고 싫증나는 것도 있을 수 있다. 이러한 모든 것이 외부 대상과의 조우를 통한 섭동의 결과다. 좋은 섭동이든 나쁜 섭동이든 모두 자신의 사고(思考)와 행위에 영향을 미치는 것은 틀림없다. 이와 같은 외부 섭동을 계속 받으면 이것이 누적되어 자신의 성품이 조금씩 바뀐다. 경우에 따라서는 누적된 섭동 효과가 가정의 구속력을 완전히 벗어나 가출토록 할 수도 있다. 이러한 예가 오늘날 심각한 문제 청소년의 경우에 해당한다.

2 큰 힘 이외에 미치는 작은 힘. 예를 들면 지구가 태양 주위를 도는 것은 태양의 강한 인력 때문이다. 그런데 지구 주위에 있는 금성, 화성, 목성 등이 지구에 인력을 미친다. 이런 인력의 합을 섭동이라고 하며, 이것은 태양의 인력에 비하면 무시될 정도로 약하지만 이런 섭동이 지구의 공전궤도를 더욱 길쭉하게 만들어 약 10만 년마다 지상에 빙하기가 일어나도록 한다.

3 | 잘난 별과 못난 별은 어떻게 사귈까 - 이완

어떤 직장에 새로 입사한 신입사원이 사장의 인척이면서 박사학위를 가진 자칭 엘리트로 동료 사원들을 무시하는 버릇이 있다고 하자. 이쯤 되면 그와 같은 부서에 함께 근무하는 사람들은 무척 고단하고 심기가 매우 불편해질 것이다. 그러나 업무관계로 자주 다투기도 하고 또 회식 자리에서 술김에 바른소리도 하고, 불평도 늘어놓으면서 아픈 점을 꼬집어 간다면 점차 그의 잘난 콧대가 낮아지면서 사고(思考)의 변화가 일어날 것이다. 그러다가 언젠가는 다른 동료들과 잘 화합하는 사람으로 변하게 된다.

이 경우에 만약 옛친구가 그를 만나면 "너, 사람 많이 변했다"고 말할 것이다. 이와 같이 잦은 조우, 섭동으로 서로 주고받는 상의적 수수과정을 거치면서 개체의 초기 고유 특성이 완전히 사라진 상태를 안정한 이완(弛緩) 상태라 한다.

이완의 뜻을 좀더 자세히 살펴보자.

힘든 일로 몸이 몹시 지쳐서 피곤할 때 뜨거운 물속에 몸을 한참동안 푹 담그고 나서 밖에 나와 드러누우면 몸이 확 펴지면서 아무런 생각도 없는 무심의 상태에 이른다. 이렇게 완전하게 펴지는 상태가 바로 이완상태다. 이 상태에서는 펴지기 이전의 상태와는 전혀 다른 상태다. 이처럼 일반적으로 어떤 개체가 초기에 지녔던 고유한 특성이 완전히 사라질 때 그 개체는 이완상태에 이르렀다고 한다. 이런 고유한 특성을 정체성(正體性, identity) 또는 자성(自性)이라고 한다.

앞서 살펴본 것처럼 두 천체가 조우하여 서로 섭동을 미치면서 진로가 바뀐다는 것은 각 천체의 초기에 지녔던 운동 특성이 사라져 간다는 뜻이다. 성단 내에서 별들이 여러 다른 별들과 계속해서 조우, 섭동을 받게 되면 언젠가는 각 별들의 운동학적 초기 고유 특성이 완전히 사라지면서 성단 전체가 이완상태에 놓이게 된다. 그래서 모든 별들은 동등하고 평등하며 보편적인 안정된 상태에 이르게 된다. 여기서 동등하다는 것은 모든 별들은 질량에 관계없이 거의 같은 에너지를 가진다는 것이며, 평등하다는 것은 어느 별이 어느 별인지 차별 없이 동일한 존재 가치를 가진다는 것이다. 그리고 보편적이란 성단 내에 어떠한 특수한 상태는 존재하지 않고 가장 일반적인 상태가 계속 유지된다는 뜻이다. 안정된 상태란 성단 내에서 별들의 조우, 섭동으로 국부적인 사소한 불안정은 있지만 성단 전체에 미치는 극심한 불안정이 없음을 뜻한다. 성단 내 모든 별들이 이완되면 이들에 의해 성단 전체의 특성이 규정되어지고, 이것은 다시 성단 내 별들의 특성을 규정한다. 성단이 이완된 경우에는 어떠한 특정한 별(들)의 특성에 의해 성단의 특성이 규정되지는 않는다. 이런 현상은 인간 사회에서도 볼 수 있다.

이완의 세계를 실제 생활에서 예를 들어보자. S라는 기업체에 입사할 때 사람들은 각자 자신의 고유한 정체성을 가지고 들어온다. 그러나 이들이 오랫동안 함께 지내다 보면 각자가 입사할 때 지녔던 초기의 정체성이 완전히 사라지면서 모두가 같은 색깔을 띠게 될 것이다. 이때 그 기업체는 안정된 이완상태에 이르렀다고 한다. 이 경우에 그 기업체에 속한 어떤 사람의 품행과 업무처리 능력을 보면 그 사람이 S기업체에서 일하는 사람임을 즉시 알 수 있게 된다. 이것은 S기업체에 속한 사람들의 초기의 고유한 정체성이 모두 상실되면서 그 기업체의 일반적 특성이 형성되고, 다시 이 특성에 의해 구성원의 특성이 규정되기 때문이다. 그래서 사장은 높고 직원은 낮다는 식의 차별은 일체 없으며 모두가 동등한 존재 가치를 지니므로 사장 한 사람의 독특한 성격(정체성)이 기업체 전체의 특성을 대표할 수는 없다.

『화엄경』에서 선재동자가 문수보살에게 대비(大悲)와 대지(大

智)로 자신을 구해줄 것을 청하자, 문수보살은 53명의 다양한 선지식(善知識, 20명은 여자)[3] 을 찾아뵙고 가르침을 구하도록 당부했다. 이것은 다양한 개체와 만나면서 서로 주고받는 과정을 통해 자신의 본래의 고유한 상(相, 또는 자성)을 잃어버림으로써 불성의 깨달음이라는 이완의 세계에 이르는 것을 뜻한다.

이와 비슷한 것이『유마경』[4] 에도 있다.

한 보살이 지혜 제일인 문수보살에게 물었다.

"보살은 어떻게 해서 불이법문(不二法門)[5] 에 들게 됩니까?"

문수보살은 이렇게 대답했다.

"내 생각으로 일체법(一切法)에 있어서 말할 것도 없고, 설할 것도 없고, 보여줄 것도 없고, 아는 것도 없이 일체의 답을 떠난다. 이것이 불이법문에 드는 길이다."

이것을 현상론적으로 기술하면 개체의 자성을 잃은 이완상태에서는 오직 진여(眞如)[6] 만 있을 뿐이다. 따라서 전체 속에서 나를 잊으니 무언무설무시무식(無言無說無示無識)일 뿐이다. 즉 내가 이미 법 속에 들어 있으니 말, 설명, 보임, 아는 것 등이 특별히 있을 수 없다는 것으로 일체의 진리는 언어로는 알 수도 설명할 수도 없다는 것이다.

한편 문수보살은 유마에게 물었다.

"우리 모두 생각을 털어놓았으니 이제 당신의 해답을 듣고 싶소."

유마는 침묵만 지켰다.

이것을 '유마의 침묵' 또는 '유마가 곧 침묵'이라고 하며, 여기서는 문자와 언어까지도 사라진 곳, 거기가 참으로 불이법문에 든 곳이라는 것이다. 이것은 마치 함께 물속에 있으면서 물속에 있다고

3 교법을 설하여 고통의 세계를 벗어나 이상경(理想境)에 이르게 하는 사람.
4『유마경강설』: 김우룡 · 오고산 · 장석경 편역, 보련각, 1986, 35쪽.
5 상대적 차별을 없애고 절대적 차별 없는 이치를 나타내는 법문.
6 우주 만유에 보편한 상주 불변하는 본체.

하는 것은 너와 나 또는 주체와 객체를 분별하여 차별심을 내는 것으로 이것은 올바른 법이 아니라는 뜻이다. 이처럼 이완의 세계는 곧 불이법문의 세계다.

성단이 이완상태에 이르면 다음과 같은 특성이 나타난다.

조우, 섭동을 거치는 과정에서 무거운 별들은 운동 에너지를 잃기 때문에 속도가 줄어 성단의 중심 쪽으로 모여들고, 가벼운 별들은 운동 에너지를 얻어 속도가 빨라져서 주로 성단의 외곽에 많이 분포한다. 그래서 성단 중심부의 무거운 별들은 구성원 별들이 성단 바깥으로 달아나지 못하도록 강한 구속력을 미치며 집안 단속을 하고, 가벼운 별들은 외각 지역에서 빠르게 움직이면서 성단의 활성도를 높인다. 이런 경우에 각 별들은 같은 에너지를 가지게 된다. 이것이 소위 성단 내 별들의 에너지 등분배다. 즉 큰 별이 가지는 에너지나 작은 별이 가지는 에너지나 모두 같다는 것이다. 이런 현상은 이완상태가 달성될 때 나타나는 특징이다.

이러한 관계를 인간 세계와 비교해 보자.

어떤 가정이 이완상태에 있다고 하자. 그러면 가정의 구성원 모두는 평안한 상태로 지낼 것이다. 이때 전체를 잘 이끌어가는 구속력은 가정의 주인격인 가장에 의해 일어나고, 가정이 활발하게 살아가는 활력은 자식들에 의해 이루어지게 된다. 이때 가장은 가정생활을 꾸려가는 일에서, 자식은 학업에서 모두 동등한 존재가치를 지니는 에너지 등분배가 이루어지는 셈이다.

별과 비교하면 가장 격인 할아버지나 아버지는 질량이 큰 별(영향력이 가장 큰)로서 가정의 중심부에 위치하는 것에 해당하고, 자식들은 작은 별로서 빠르게 성단 외곽을 돌아다니며 성단에 활력소를 불러일으키는 경우에 해당한다.

그러면 나아가 가정보다 더 큰 국가 사회의 예를 보자. 만약 우리 사회가 안정된 이완상태에 있다면 지도자들은 국가의 중심부에서 국민 대중의 안전과 평안을 책임지는 강력하고 현명한 지도력을 발휘해야 하고, 그리고 일반 대중은 열심히 생활하면서 국가 전체가 잘 살아갈 수 있는 활력소를 불러일으켜야 한다. 뿐만 아니라 모든 국민은 그가 맡은 소임에 대해 동등하고 평등한 존재가치를 가져야 한다. 즉 에너지 등분배가 달성되어야 한다. 이것은 재산의 등분배가 아니라 직업에 귀천이 없는 평등성과 삶의 가치의 동등성을 뜻한다. 이런 점을 고려할 때 오늘날 우리의 가정이나 사회가 과연 별의 세계처럼 안정된 이완상태에 있다고 말할 수 있을까?

4 | 구상성단이 화를 푸는 데는 약 200억 년이 걸린다 – 이완시간

한 성단이 안정된 상태에서 이완되어 있다고 하자. 이 성단 가까이 큰 성운이 지나면서 심한 섭동을 미쳐서 성단 내 별들의 운동이 불안정해지고 이에 따라 성단 전체의 이완상태가 깨졌다고 하자. 불안정한 성단 내에서 별들은 서로 조우하고 섭동을 받으면서 에너지의 균등화를 계속할 것이다. 이러한 상태가 계속되다가 결국에는 성단 전체가 다시 새로운 역학적 평형상태를 이루며 이완될 것이다. 여기서 성단의 이완상태가 깨진 후 다시 새로운 이완상태에 이르는 데 걸리는 시간을 이완시간이라고 하며, 이것은 성단의 역학적 평형상태를 나타내는 시간의 척도다.

예를 들어 두 사람에게 사무적인 일로 윗사람이 아주 심하게 꾸

우주적인 아름다움이란

–미와 조화

기원전 6세기에 희랍의 천문학자 겸 수학자인 피타고라스는 구와 원이 가장 조화롭다는 조화사상을 천체에 적용하여 지구, 행성, 달 등은 각각 태양 주위를 돌면서 구면에 붙어 회전하며 그리고 별들도 천구에 붙박여 태양 주위를 돈다고 보았다. 이러한 조화사상은 17세기 초까지 이어왔다. 그래서 지구와 행성들은 태양 주위를 돈다는 지동설을 제창한 코페르니쿠스도 모든 천체는 태양 주위로 원 궤도를 따라 돈다고 보았다. 이러한 조화사상을 깬 사람이 천문학자 요하네스 케플러다.

그는 화성을 관측하면서 위치를 측정했다. 여기서 그의 관측치와 과거의 자료를 비교했을 때 상당한 차이가 생겼다. 이것을 관측 오차로 본다면 천체들은 원 궤도를 따라 지구 주위로 돌아야 하고, 그렇지 않고 차이가 관측에 의한 오차가 아니라면 과거의 프톨레마이오스의 천동설 이론이 잘못된 것으로 생각했다. 여기서 케플러는 용기를 내어 후자를 택했다. 그래서 행성들은 태양 주위로 타원 궤도를 따라 돈다는 사실을 발견하게 된 것이다. 이처럼 과거의 이론을 파기하고 새로운 이론을 낼 때는 상당한 결단의 용기가 필요한 것이다.

사실 닫혀진 곡선 중에서 가장 일반적인 것이 타원이다. 타원 중에서 특별한 것이 원이며, 그리고 타원을 최대로 길쭉하게 뻗치면 직선으로 변하게 된다. 따라서 닫혀진 곡선 중에서 가장 흔하며 또 가장 조화로운 것은 타원임을 알 수 있다.

냇가나 바닷가에서 완전한 구형의 돌이나 또는 완전한 원형의 물체를 찾아볼 수 있는가? 자연에서는 완전한 구형이나 원형의 물체는 거의 존재하지 않는다. 이것은 무엇을 의미하는가? 자연에서는 가장 흔한 것이 가장 안정하고 또 가장 오랫동안 존재할 수 있다. 이런 점에서 구형이나 원형은 가장 불안정하다는 것이다. 인간이 인위적으로 만든 구형의 돌을 시냇가에 던져두고 오랜 후에 가서 보면 완전한 구형의 형태는 사라지고 타원 형태와 비슷한 모양으로 변하게 될 것이다. 그 이유는 돌들과 서로 부딪치면서 구형의 모양이 변해가기 때문이다.

천체에서 원 운동은 두 물체 사이의 거리가 일정하게 유지될 때만 가능하다. 만약 외부에서 힘을 미치면 원 운동은 깨지고 타원 운동으로 바뀐다.

천체들은 조우, 섭동을 통해 항상 외부로부터 힘을 받는다. 따라서 특별한 경우 이외는 완전한 원 운동이 일어나지 않는다. 일반적으로 두 천체 사이에 일어나는 운동은 가장 안정한 타원 운동이다.

여기서는 두 천체 사이의 거리가 가까웠다 멀어졌다 하면서 주기적으로 거리가 변한다. 이런 현상은 인간의 경우에도 볼 수 있다. 예를 들면 부부 사이가 항상 일정한 긴장상태로 있기보다는 긴장을 조금 풀기도 하고 또 높임으로써 마치 고무줄을 늘이고 줄이듯이 안정한 상태를 오랫동안 유지할 수 있다.

자연에서 가장 조화롭다는 것은 가장 오랫동안 지속되는 것이고, 또 가장 흔하고 가장 평범한 것이다. 우리는 이런 것을 아름답다고 하지 않고 조화롭다고 한다. 한편 인위적으로 만든 예술품들에서는 완전한 기하학적 조형미를 갖추기 때문에 가장 아름답다고 한다. 그러나 자연적인 견지에서 보면 이런 특수성은 흔하지 않은 것으로 매우 불안정하다. 오늘날 아름다운 미인은 기하학적인 대칭성의 조형미를 갖춘 사람을 말한다.

미인은 아름다움, 애욕, 애정, 음심(淫心), 그리움 등에 관련하여 내가 잘났다는 아상(我相), 남과 비교해 내가 더 예쁘다는 분별의 인상(人相), 모든 사람들로부터 시선을 끌고 싶다는 중생상(衆生相), 아름답기에 더 오래 살고 싶은 수자상(壽者相) 등의 육식(六識)을 불러일으킨다. 또 외부 대상에 관한 육경(六境), 특히 남자의 마음을 홀리며 자신의 육근(六根)에 따라 번뇌와 집착에 빠진다. 이런 자체의 번뇌뿐만 아니라 외부로부터 오는 번뇌가 합쳐져서 불안한 생활로 겉의 아름다움은 시간이 지나면서 점차 사라져가다가 결국은 가장 평범한 보통 사람으로 변하든지 그렇지 않으면 미인박명(美人薄命)으로 삶이 순조롭지 못하게 되는 경우가 생기기도 한다.

인간의 유위적인 입장을 떠나 자연적인 견해에서 보면 사람들 중에서 가장 흔한 모습의 사람이 가장 조화로운 사람이다. 이러한 모습은 시간이 많이 흘러도 크게 변하지 않는다. 일반적으로 아름다운 미(美) 자를 쓸 때는 인위적인 것이고, 자연의 무위적인 경우는 조화롭다고 한다.

자연은 언제나 평범해지려는 방향으로 진화해 간다. 왜냐하면 연기작용이 존재하는 한 특수성이란 존재하지 않기 때문이다. 비록 한때 특수해 보이는 것이 나타나기도 하지만 이것은 지극히 짧은 동안만 지속될 뿐이다. 그래서 연기의 불법 세계에서는 번뇌와 무명[1]의 씨가 되는 사상(四相)[2]을 여읜 평등하고 보편적인 것이 가장 조화롭고 또 가장 안정된 상태며, 열반의 세계로 나아가는 지름길이다.

1 우리들의 존재 근저에 있는 근본적인 무지(無知).
2 아상, 인상, 중생상, 수자상.

이완과 사법인(四法印)

이완상태를 일반적으로 정의하면 개체의 정체성의 상실에 따른 무질서의 조화다. 즉 무질서의 혼돈이 최대에 이른 상태며, 여기서는 상대적 양극단이나 모순의 대립이 존재하지 않는 쌍차쌍조(雙遮雙照)[1]가 달성된다. 이완상태로 지향해 가는 자연의 질서를 인간의 유위적 관점에서 보면 무질서가 증가해 가는 상태다.[2] 즉 아름다운 조각품이 비바람을 맞으며 점차 그 모습이 사라진다는 것은 초기의 아름다운 질서가 보기 흉한 무질서로 이행해 간다는 뜻이다. 그러나 자연의 무위적 관점에서 보면 무질서의 증가는 조화로운 질서의 증가다. 왜냐하면 아름다운 조각품이란 초기의 고유한 특징(정체성 또는 자성)이 점차 사라지면서 주변의 다른 대상과 평등한 보편적 상태로 이행해 가기 때문이다.

불법(佛法)에서 일체개고(一切皆苦: 모든 것은 괴로움), 제행무상(諸行無常: 모든 형성된 것은 무상하다), 제법무아(諸法無我: 모든 존재는 실체가 없다), 적정열반(寂靜涅槃: 고요한 적정의 경지에 이름)이라는 사법인(四法印)이 있다. 이것을 별의 경우에 적용하면, 일체개고는 만유는 유전 변천하며 변화한다는 것이고, 제행무상은 시공적 상의성에 따른 유전 변천으로 연속적 상(相)의 변화로 고정된 자성이 존재하지 않는다는 것이며, 제법무아는 상의적 수수과정에 따른 고유성의 상실로 무자성(無自性)[3]이 되는 것이고, 적정열반은 주객이 평등하여 보편성을 지니는 이완상태에 이르는 것이다. 즉 별의 경우에 사법인은 변화에 따른 무질서의 증가로 조화로운 질서(理法)를 이루어가는 이완상태에 이름을 뜻한다. 그리고 노자의 무위자연(無爲自然)[4]도 무질서의 증가에 따른 조화로운 질서의 세계가 곧 자연이란 뜻이다.

1 양쪽의 상대 모순을 버리고 양쪽을 원융하는 것으로 중도사상을 나타낸다. 즉 원교(圓敎)의 중도설에 따르면 쌍차면은 공(空)이라 하고, 쌍조면은 혜(慧)라 하며, 쌍차쌍조는 중(中)이라고 한다.

2 물리나 화학에서 말하는 엔트로피의 증가는 무질서의 증가를 뜻한다.

3 첫째는 물체나 현상은 시간에 따라 항상 변화하기 때문에 고정된 상을 유지할 수 없으므로 이를 무자성이라고 한다. 둘째는 우리에게 인식되는 실체란 원래 없다는 것이다. 예를 들면 종이는 나무를 잘게 쪼개어 만든 것이므로 종이라는 자성은 원래 없다고 본다.

4 인위적으로 어떠한 작용도 받지 않고 스스로 그렇게 되어 가는 것을 뜻함.

짖었다고 하자. 두 사람은 당연히 속이 상하고 화가 나서 마음이 불안정해졌을 것이다. 그런데 한 사람은 몇 시간이 지나자 화가 풀려 정상으로 돌아왔는데 다른 사람은 며칠이 지나서야 화가 풀렸다. 그러면 승진시켜 큰 일을 맡기고자 할 때 둘 중에 누구를 선택하는 것이 좋을까?

화가 늦게 풀리는 사람을 택하는 것이 좋다. 왜냐하면 화가 늦게 풀리는 사람은 이완시간이 길기 때문에 안정된 사람으로서 여간해서는 화를 잘 내지 않는다. 반대로 화가 쉽게 풀리는 사람은 이완시간이 짧기 때문에 비교적 화를 잘 내는 불안정한 사람이다. 이처럼 이완시간은 안정성의 척도로서 이완시간이 길수록 안정된 상태가 오래 지속되며, 또 외부의 영향을 받아도 쉽게 안정성이 깨지지 않는다. 우리가 불법을 익히고 실행하는 것은 이완시간을 길게 하여 가능한 안정된 평상심을 얻고자 하는 데 있다. 따라서 불법을 많이 깨칠수록 이완시간은 더욱 길어진다.

오늘날 우리 국민 전체의 이완시간을 보면 수시간 내지 수일 정도로 매우 짧다. 그래서 좋은 일이나 좋지 못한 일이 생기면 흥분하여 경망스럽게 야단법석을 떤다. 그러다가 며칠이 지나면 모두 깨끗이 잊어버린다. 월드컵 축구 때 외국 사람들을 의식하여 그렇게도 잘 지키던 공중질서가 시합이 모두 끝나자 곧 옛날의 버릇으로 되돌아가는 것도 우리 국민의 짧은 이완시간 때문이다.

이러한 짧은 이완시간은 우리 국민들은 항상 불안정한 상태에서 살아가며 이에 따라 국가도 늘 불안정하다는 것을 의미한다.

얼마 전 뉴스에서 컴퓨터와 핸드폰에 관련된 한국의 IT산업이 세계에서 몇 손가락 안에 들어간다고 좋아하면서 마치 우리의 과학적 문화수준이 영국보다 앞서는 것처럼 떠들었다. 그러더니 다음 며칠이 지나자 뉴스에서 컴퓨터 도박과 인터넷 채팅으로 학생과 가정 주부들에게 심각한 문제가 일어나고 있다는 걱정스러운 보도가 있었다. 이러한 현상은 단적으로 철학이 없는 불안정한 국민의 정신세계를 잘 보여주는 예다.

백만 개 정도의 많은 별들로 이루어진 구상성단의 이완시간은 200억 년을 넘는다. 그러므로 100억 년 내지 140억 년의 나이를 가진 구상성단은 그동안 외부 섭동을 많이 받아오면서도 현재까지 안정된 상태로 존재할 수 있는 것이다. 그러나 수십 개 내지 수천 개의 별로 이루어진 작은 성단은 자체의 구속력이 약하기 때문에 역학적 이완시간이 수억 년 이하로 짧다. 그래서 성단이 외부로부터 큰 섭동을 받으면 별들의 운동속도가 증가되어 사방으로 흩어지면서 성단이 쉽게 파괴된다. 밤하늘에 보이는 별들이나 태양도 과거에는 작은 성단들 속에 있다가 파괴되면서 흩어져 나온 것들이다.

5 | 별도 조직을 관리한다 - 이탈과 수축

성단 내에서 작은 별들은 주로 성단의 외각에 분포하기 때문에 가까이 지나가는 외부 천체로부터 섭동을 심하게 받는다. 만약 섭동에 의한 인력이 성단의 구속력보다 더 크다면 외각의 별들은 성단을 이탈하게 된다. 그러면 성단은 역학적 평형상태가 깨지면서 불안정해진다. 이러한 불안한 상태를 극복하기 위해 성단 전체는 수축하면서 구속력을 증가시켜 별들이 더이상 이탈하지 못하도록 한다. 그림 I-30 이 얼마나 놀라운 자연의 조화인가!

그러면 인간 사회는 어떠한가?

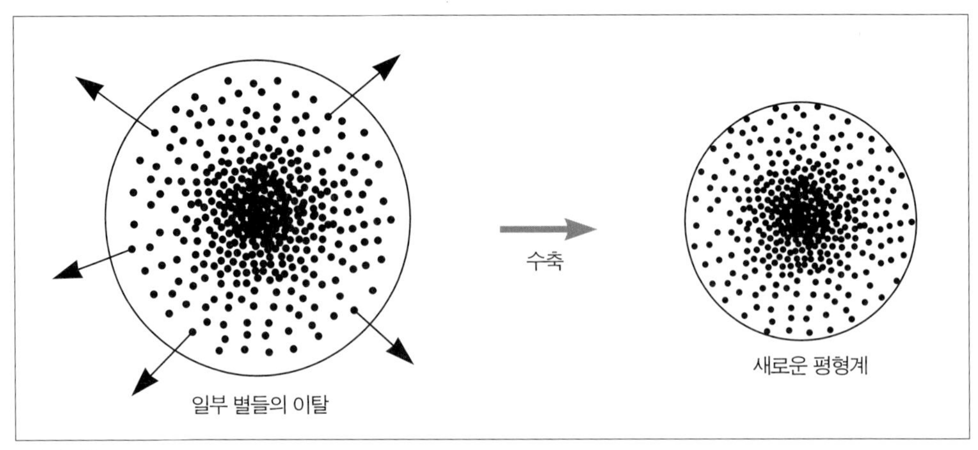

그림 I-30
별의 이탈과 성단의 수축 성단 내의 별들이 밖으로 이탈하면 성단 전체는 수축하면서 새로운 안정을 찾아 별이 더 이상 이탈되지 않도록 한다.

어떤 회사에서 말단 사원이 사표를 내고 그 회사를 떠나간 후에 담당 상사나 고위 간부들은 과연 어떠한 행동을 할까? 이 회사가 싫으면 누구든지 떠나라고 할까? 아니면 더 이상 나가지 못하도록 무슨 조치를 할까? 안정된 집단에서 어떤 구성원이라도 그 집단을 이탈하면 그 집단의 평형상태는 깨져 불안정해진다. 그러므로 사원들이 어떠한 이유로 계속해서 회사를 그만두게 되면 불안정이 더욱 증폭되면서 그 회사는 결국 파산해버린다. 안정을 추구하는 회사라면 어떤 사원이 회사를 그만두면 사후 조치를 철저히 취해서 더 이상 회사를 그만두지 않도록 해야 할 것이다. 그런데 오늘날 우리 사회에서는 오히려 구조조정이란 명분 아래 많은 사람들이 직장을 잃고 있다. 별의 경우와 비교할 때 이 조치는 더불어 함께 살아가는 데 꼭 합당한 조치라고 말할 수는 없다.

우리는 다음 사항에 유의해야 한다. 성단은 기본적으로 성단을 이루고 있는 별의 수가 많을수록 더 안정하다. 왜냐하면 별이 많을수록 성단의 구속력이 커지기 때문이다. 국가나 기업체도 그 구성원이 많을수록 더욱 안정해진다. 13억의 인구를 가진 중국은 당연히 우리 나라보다 더 안정된 국가이다. 대기업이 중소기업체보다 더 안정된 이유도 구성원이 많기 때문이다. 별의 세계에서는 항상 더불어 살면서 더 큰 집단을 형성해 가는데, 특히 우리 사회는 어찌해서 저속한 자본주의 원리에 따라 결합보다 해체를 더 중시하면서 불안의 늪으로 계속 들어가려고 하는지 걱정스럽다.

6 | 별은 서서히 조금씩 변한다 - 최소작용의 원리

산에서 아래로 돌을 굴리면 가장 빠른 길을 따라 내려간다. 물도 가장 힘이 적게 드는 길을 따라 흘러간다. 이것이 최소작용의 원리로서 노장(老莊) 사상에서 언급되는 무위(無爲)의 원리에 해당한다.

자연에서 일어나는 모든 운동과 변화는 언제나 에너지가 가장 적게 드는 방향으로 진행한다. 돌로 만든 예쁜 조각품을 공원에 설치했다고 하자. 이것이 비바람과 눈을 맞으면서 오랜 시간 지나면 점차 훼손되어 가다가 언젠가는 원래의 모습이 완전히 사라질 것이다. 여기서 조각품은 외부의 영향에 최소 에너지로 순응하면서 서서히 훼손되어 온 것이지 결코 외부 반응을 무시하거나 거역하지 않았다. 이것이 곧 자연적인 무위(無爲)의 변화다. 우리가 일상 생활에서 기분이 좋다고 한 잔 하고, 기분이 나쁘다고 한 잔 하는 것은 최소작용의 원리가 아니라 오히려 최대작용의 원리로서 심신의 피로를 초래하면서 불안정을 증폭할 뿐이다.

별들은 조우, 섭동을 통한 상의적 수수관계에서 최소작용의 원리를 따라 반응한다. 그래서 항상 가장 낮은 에너지 상태를 유지하며 또 가장 안정된 방향으로 진화해 간다. 별들의 연기과정에서는 불안정이 생기면 최소작용의 원리에 따라 최소 에너지로 반응하면서 안정된 상태로 나아간다. 따라서 최소작용의 원리는 별들이 연기의 법계를 따라가는 수행 규칙인 셈이다. 우리 인간들도 이러한 최소작용의 원리를 따름으로써 매사에 지나치지 않고 과하지 않으면서 조용한 수행으로 깨침에 이를 수 있을 것이다.

불법에서 최소 에너지 상태란 마음을 비운 상태, 집착의 무명을 벗어난 평상심(平常心), 여여(如如)함, 무아(無我)의 경지(존재하면서도 그 존재를 잊어버린), 무욕(無慾)의 경지(열반을 갈망하면서도 열반을 의식하지 않는) 등이다.

양식을 가지고 태어난 별의 경우는 어떠한가? 오온으로 이루어진 별의 마음은 태어날 때부터 비워졌기에 어떠한 집착심도 없이 언제나 평상심으로 여여하고, 아욕은 태어날 때 모두 버리고 나왔다. 그러기에 별은 언제나 가장 낮은 에너지 상태에서 가장 적은 에너지를 쓰면서 외부 반응에 순응하고 적응하며 이웃을 편하게 해준다.

영가(永嘉) 스님의 「증도가(證道歌)」에 이런 말이 있다.

"마음은 뿌리요 법은 티끌이니 둘은 거울 위의 흔적과 같음이라, 흔적인 때가 다 없어지면 빛이 비로소 나타나고 마음과 법 둘 다 없어지면 성품이 곧 참이로다." [7]

인간과 같은 미묘한 마음이 없는 별, 법이 무엇인지도 모르고 법을 따르는 별의 성품은 그야말로 참 그 자체일 뿐이다.

7 『신심명 · 증도가 강설』: 성철스님 법어집 1집 5권, 장경각, 1997, 96~97쪽.

한편 인간의 경우에는 연기법을 따름으로써 객체에 대한 주체의 분별적 표상이 사라지고 또 이들을 사유(思惟)하는 의식작용이 지극히 평범해지는 상태에 이르게 된다. 그리고 최소작용의 원리에 따라 최소 에너지 상태인 열반에 이름으로써 주객이 분별 없이 융합되는 보편적 질서인 법계에 이르게 된다. 이처럼 인간은 법의 뗏목이 필요하지만 별에는 법의 뗏목이 필요없다. 왜냐하면 별 자체가 법이기 때문이다.

『금강경』에 이런 말이 있다.

"…여래께서 철저히 깨달으셨거나 설하신 그 법은 잡을 수도 없고 설명할 수도 없기 때문입니다. 그것은 법도 아니요, 법이 아님도 아니기 때문입니다. 그것은 무슨 이유에서인가 하면, 참으로 성자들은 무위로 나타나기 때문입니다."[8]

이에 따르면 별들은 모두 천상에 있는 무위의 성자들이며 법신(法身)[9]으로서 우주의 법계를 이루고 있다.

우주에서 태어난 인간도 작은 별인데 어찌해서 하늘의 별을 조금도 닮지 않았는가? 그렇다면 하늘의 별을 닮고 싶은 소망은 가지고 있는지? 법당의 부처님은 보면서 위에 하늘이 있고 거기에 우주의 법계가 있다는 것은 어찌 알려고 하지 않는가?

8 『금강경 역해』(산스끄리뜨 원문 번역): 각묵 스님, 불광출판사, 2001, 143쪽(무득무설분).
9 만유의 근본. 본체로서의 신체. 법을 신체로 삼는 것.

자비와 무자비

일상 생활에서 우리는 "자비를 행하라, 자비를 베풀라, 자비로워라" 등등 자비라는 말을 흔히 쓴다. 그런데 자비라는 것은 크게 두 가지 뜻이 있다. 첫째 서양의 자비는 적선이나 동정, 연민의 정 같은 것을 말한다. 12월에 크리스마스가 가까워지면 구세군이 거리로 나와 어려운 사람들을 위해 모금을 하는 것도 일종의 자비행이다. 개인적으로나 단체에서 성금을 거두어 불우한 이웃을 돕는 것도 서양식 자비행이다. 이런 모든 자비행은 자본주의의 유산으로 가진 자가 본인의 양심에 따라서 못 가진 자들을 돕는 것이다. 이 경우에 못 가진 자는 고통을 벗어날 항구적이고 근본적인 사회적 대책도 없이 거지 동냥 받듯이 언제나 적선의 손길만 애타게 기다리게 된다. 서양 문화에 젖어 있는 많은 사람들은 자비를 이러한 서양식 자비로 생각한다. 그래서 거리를 지나다가 구원의 손길을 내미는 사람에게 돈 몇 푼 던져주는 것을 대단한 자비로 생각하며 자신을 대견스럽게 느낄지도 모른다.

둘째는 노자의 무자비(無慈悲)다. 노자는 『도덕경』에서 "천지는 무정(無情)한 존재며 도(道)를 터득한 성인(聖人)도 무정하고 무자비하다"고 했다. 이 무자비는 불법에서 말하는 자비와 같은 것이다.

이 뜻을 이해하기 위해 예를 들어보자.

나는 약속을 가장 중시한다. 어느 추운 겨울에 고등학교를 다니는 두 딸에게 밤 1시까지 책상에 앉아서 공부하기로 약속을 했다. 그런데 며칠이 지나 딸들의 방문을 살짝 열어보니 1시 전에 모두 이불을 덮고 자고 있었다. 나는 주저하지 않고 욕실에 들어가서 세숫대야에 찬물을 가득 담아와 자고 있는 딸들에게 퍼부었다. 기절초풍한 딸들은 고함을 지르며 벌떡 일어났다.

또한 식구들이 약속한 시간보다 1분만 늦어도 아파트 문을 잠그고 몇 시간씩 밖에서 기다리게 했다. 특히 추운 겨울에 약속을 어겨서 밤 3~4시까지 어두운 바깥 계단에 쭈그리고 앉아 문을 열어줄 때까지 기다리는 일도 있었다. 물론 나도 자지 않고 식탁에 앉아 공부하며 함께 밤을 지킨다. 이러한 사건들은 자신의 인생을 되돌아보며 반성하고 성찰하는 귀중한 계기를 제공하기도 한다.

그렇다면 이런 행동이 과연 무자비일까? 아니면 자비일까? 나는 무자비이면서 자비라고 생각한다. 그 이유는 내 행위가 자비라곤 하나도 없는 매정스러운 것으로 비칠 수도 있지만, 가정에서 약속을 지키는 버릇을 익힘으로써 밖에 나가 다른 사람과의 약속을 잘 지킬 수 있다면 최소의 에너지로 성과를 이루는 셈이다. 여기서 최소의 에너지란 약속을 지키지 못해 여러 사람을 곤란하게 만들 것을 나만의 노력으로 해결할 수 있다는 것이다.

불교에는 실천적 수행 면에서 계(戒), 정(定), 혜(慧)라는 삼학(三學)이 있다. 계는 해서는 안 되는 금기의 훈련이며, 정은 정신통일로 참선에 관련되는 것(엄숙주의)이며, 혜는 지혜나 반야로 논리주의에 관련되는 것이다. 이 삼학 속에는 지적인 지(知)와 자비에 해당하는 정(情)이 들어 있다. 『능가경』에서 자비는 지(知)에서 나온다고 했다. 약속을 꼭 지켜야 한다는 것은 계고, 이를 지키지 못했을 때 받는 벌은 일종의 정의 상태에서 자신을 되돌아보고 성찰하는 수행의 기회를 주며, 이런 과정을 거침으로써 삶의 지혜가 얻어지는 것이다. 결국 자비행을 행하기 위해서는 계, 정, 혜의 삼학이 필요한 것이다.

경(經)에 이르되 "정(情)이란 다리〔足〕며, 지(知)란 눈〔目〕이다. 눈만 있고 다리가 없으면 아무 소용도 없다"고 했다. 그러므로 자비에 해당하는 정(情)은 올바르게 세상을 보는 지성이 없이는 불가능하며, 또 이 지성은 수행이란 엄격한 훈련을 통해서 얻어야 함을 알 수 있다.

만약 내가 저희들 좋을 대로 무조건적 자비를 베풀어 키운다면, 이들이 사회에 나가 다른 사람들과 약속을 잘못 지켜 남에게 피해를 주는 경우가 많이 생길 수 있다. 그래도 버릇없이 키운 무조건적 자비가 과연 참된 자비일까?

노자의 자비는 무위적인 자비로서 최소작용의 원리가 적용되는 자비다. 즉 가장 자연스러우며 또 가장 에너지가 적게 들면서 베푸는 자비다. 이러한 무자비적 자비행은 바로 보현행으로써 자연스럽게 안정된 이완상태로 나아간다. 그러기에 무자비적 자비행은 적선이나 동정이 아니라 내 스스로가 올바른 행을 함으로써 이를 본받아 남들도 따라서 바른길로 가도록 이끌어주는 보살행이다. 여기서 바른길이란 고유한 정체성이 사라지면서 모두가 평등하고 보편적인 이완상태(열반)에 이르는 길을 뜻한다. 이처럼 정체성의 소멸을 근본으로 하는 불법의 자비는 개인의 정체성을 강조하는 서양의 차별적 자비와 달리 평등적이며 보편적이므로 자신의 굳건한 수양이 없이는 이러한 자비를 쉽게 베풀 수 없다.

그런데 별들은 바로 이러한 자비행을 실천하고 있다. 그러면서도 자비행을 하고 있다는 것조차 모르고 지낸다. 이것은 별들이 어떤 대상에 대해서도 머무는 바 없이 집착의 마음을 모두 내던지고(실은 애초부터 집착의 마음도 없이) 자연스럽게 무위적으로 순응하고 적응해 가기 때문이다. 이처럼 별의 세계에서는 금강경에서 이르는 "··· 보살은 법에 대해 마땅히 머무는 바 없이 보시를 행한다.···"[1] 는 것이 그대로 실천되고 있다.

1 『금강경강의』: 남회근 지음·신원봉 옮김, 문예출판사, 1999, 109쪽(묘행무주분). 여기서 보시는 '놓아버리다'의 뜻이다.

지대방 7

무위적 삶이란

무위(無爲)라고 하면 아무것도 하지 않고 무료하게 가만히 있는 무기력한 것으로 보기 쉽다. 그래서 노자의 무위자연에서 자연은 외부 변화에 대해 아무런 저항도 없이 그냥 가만히 순응하는 것으로 보기도 한다. 그러나 무위적 행이 얼마나 힘든 것인가를 예를 들어 살펴보자.

가파른 절벽의 바위틈에 소나무 씨앗이 날아와 얕은 흙속에 떨어졌다. 오랜 시간이 걸려 싹이 돋아 자라기 시작했다. 여름철이면 따가운 햇볕을 온몸으로 받으며 힘들게 바위틈에서 물을 받아 올려 시드는 잎과 줄기를 살려야 하고, 추운 겨울철이 되면 차갑고 세찬 비바람과 눈을 맞으며 흔들리는 뿌리가 뽑혀나가지 않기 위해 바위틈 밑으로 더욱 깊숙이 뿌리를 박아 두어야 한다. 이처럼 물을 얻고 몸을 지탱하기 위해서는 여린 뿌리로 바위틈을 깊이 뚫고 들어가야 하는 처절한 고통이 따르지 않을 수 없다. 이러한 과정에서 소나무는 최소작용의 원리에 따라 가장 적은 에너지를 쓰면서 자기 통제력과 자제력을 길러 냉혹하고 잔인한 자연의 변화에 자연스럽게 적응해 가면서, 오히려 이런 변화를 자연의 자비로움으로 바꾸어간다. 즉 주어진 상황에서 가장 잘 적응해 가는 방법을 자연은 가르쳐주고 또 자양분을 주면서 다음 생을 잉태토록 하기 때문이다. 이러한 환경에서도 소나무는 자기가 뛰어난 특별한 존재로 자처하지 않는다. 다만 절벽에 홀로 서 있는 낙락 장송을 바라보는 인간들이 잘난 체 시를 읊고 그림을 그리면서 야단법석을 떨 뿐이다.

그러면 유위적 행이란 어떤 것인가? 얄팍한 지혜를 앞세워 이기적이고 기회주의적인 삶으로 고통과 불행을 피하면서 평안과 행복을 추구해 간다. 그러나 무위적인 자연의 이해 부족으로 자제력과 통제력이 잘 형성되지 않아 어려운 난관에 부딪치면 인간으로서의 진정한 가치를 발휘하지 못하고 좌절하거나 포기한다. 또는 조잡한 판단으로 타인이나 자연에게 고통을 안겨주는 일도 생긴다. 일반적으로 유위적 행보다는 무위적 행이 훨씬 어렵고 힘든 것이다. 어떤 면에서 무위적 행은 모든 가능한 환경에서 일어날 수 있는 현상이나 대상과 자기와의 싸움이다. 이런 무위적 행은 오랜 동안의 꾸준한 수양 없이 저절로 나오는 것은 결코 아니다.

5. 하늘의 섭리란 이런 것이다
- 별의 연기법계

1 | 생명과 연기

(1) 생명

중국의 허신(許愼, 58-147)은 '생(生)'은 나아감이며 풀과 나무가 흙에서 솟아나는 모양을 본뜬 것이라고 했다(生進也 象草木土上). 즉 생명 현상은 단순한 물질적 단위가 아니라 향해서 나아가는 동태적 과정이며 또한 환경과의 유기적인 상호작용에서 진행하는 것으로 보았다.

한편 기원전 5~3세기에 에피쿠로스와 데모크리토스는 생명을 최소 단위인 원자로 구성되었다는 유물론적 기계론을 주장했다. 1950년경에 나온 환원설에서는 생명 현상을 기본 요소인 원자와 분자로 구성된 물질 현상으로 환원시키면서 생명을 기계로 간주한다. 즉 생물은 세포와 분자로 설명될 수 있으며 분자는 원자나 그보다 더 하위 단계인 소립자로 설명된다고 본다. 또한 생명은 구조 전체의 차원에서 나타나는 성질이며 개개의 구성요소 차원에서는 생명의 의미를 가지지 못하는 통합적이고 전일적 특성을 지닌다고 한다. 예를 들어 죽은 자의 손가락에서 떼어낸 세포가 살아 있다고 해서 그 사람이 죽지 않았다고 말할 수는 없다는 것이다. 사이버네틱스의 창시자인 위너는 생명 현상을 자동제어 장치로 보았는데, 이것은 생물체 현상에서 되먹임 조절의 기본 역할을 강조한 것이다.

위의 예들을 살펴보면 외부로부터 어떠한 형태의 에너지를 흡수하여 성장 발육하는 현상을 생명으로 본다는 것이다. 이 과정에서 자기 조절이나 자기 제어 및 자기 복제가 일어난다. 그렇다면 지상에서 우리가 늘 보고 경험하는 식물과 동물에만 생명 현상이 있는 것인가? 또한 광활한 우주에서 볼 때 티끌보다 못한 지구에 국한해서만 생명 현상이 존재하는가? 별과 같은 천체에는 생명이 없는가?

생명의 종류를 크게 두 가지로 나눌 수 있다. 첫째 화학적 생명으로, 화학반응을 통해 재생, 성장하는 유전적 특성을 지닌 것이다. 이런 것은 지상의 식물과 동물의 세계에서 볼 수 있다. 둘째는 비화학적 생명이다. 예를 들어 별이 죽으면서 방출한 성운 내의 물질(분자)들이 고유한 전파를 발생하면서 분자들끼리 교신하는 경우다. 이러한 교신을 통해서 성운이 수축하며 별을 탄생시킬 수 있다는 것이다. 또 다른 예는 원자 내의 핵은 양성자와 중성자로 이루어져 있는데 이들을 핵자(核子)라고 한다. 핵자들이 서로 에너지를 주고받으면서 강하게 묶여 있는데 이것을 소립자 생명이라고 한다. 또한 거대한 천체들이 서로 인력을 주고받는데 이것을 중력파의 교신으로 보고 이런 교신 수단을 가진 것을 중력적 생명이라고 한다. 지구가 태양 주위를 돌고 있는 것은 두 천체가 중력파로 교신하면서 역학적 평형을 잘 유지해 가는 중력적 생명 현상이라는 것이다.

결국 생명 현상을 넓은 뜻에서 보면 사물들 사이의 상호 의존적이고 외부 반응에 대해 자기 조절, 자기 조직, 자기 운동의 능력을 말한다.

여기서 사물을 낮은 단위로 보면 식물이나 동물뿐만 아니라 돌과 같은 물체도 생명 현상을 가진 것으로 볼 수 있다. 왜냐하면 돌은 위치를 스스로 바꾸지는 않지만 외부 반응에 대해 최소작용의 원리에 따라 대응하기 때문이다. 즉 풍화작용을 받으면 돌이 깨져 모래나 먼지가 되는 것도 가장 자연적인 자기 조절, 자기 제어에 의한 것이다.

별은 자체의 물질을 소모하면서 빛을 내고 또 일정한 단계를 밟으면서 진화해 간다. 인간과 다름없는 생명 현상이다. 인간은 음식을 섭취한 후 일정한 온도에서 소화시켜 필요한 영양분을 얻고 찌꺼기는 밖으로 배출한다. 그런데 별의 경우는 천만 도 이상의 고온에서 음식을 만들어 먹으면서 안정한 상태로 빛을 내며 살아가는 모습은 오히려 인간보다 훨씬 고차원적인 생명 현상으로 볼 수 있다.

개미는 본능적으로 탑을 쌓고, 거미가 거미줄로 집을 짓고, 벌이 육각형의 집을 짓는다. 이것에 비하면 인간은 본능적인 것이 아니라 후천적 지식의 습득에 의해 다리를 놓고 집을 짓는다. 이런 점에서 인간은 동물과 달리 진화과정에서 원래 지녔던 신비적인 원초적 본능을 잃어버렸으며 또 계속 잃어가면서 기계적 본능으로 대치시키려 하고 있다.

그렇다면 별의 세계는 어떠한가?

거대한 가스 유체 상태의 몸속에서 핵융합 반응으로 막대한 핵에너지를 방출하는 것은 지상의 인간은 상상도 할 수 없는 정교한 과정이며 장치다. 그리고 수천만 년 내지 수백억 년 동안 빛을 내면서 자신을 안정하게 유지해 가는 모습은 지상의 어떠한 동물보다 더 정교한 원초적 본능에 따른 것으로 볼 수 있다. 이런 점에서 별들은 지상의 어떠한 생물보다도 더 신비로운 본능을 가졌다.

(2) 연기와 상의적 수수관계

인간은 현상 세계를 떠나서는 존재할 수 없다. 탄생 자체가 현상 세계고 또 양식을 구해서 살아가야 할 곳이 현상 세계다. 그러므로 6근(안이비설신의)으로 외부 대상인 6경(또는 6진, 색성향미촉법)을 상대로 하여 6식(안식, 이식, 비식, 설식, 신식, 의식)을 통해 현상을 인식한다. 이러한 인식 과정에서 제한적인 자신의 사고 범위 내에서 인식 현상의 세계가 한정된다.

즉 부를 추구하는 사람은 부에 연관된 인식 세계에, 권력을 추구하는 사람은 권력 세계에 인식 범위가 제한된다. 이러한 제한적인 인식에 따른 18계(6근+6경+6식)는 허망한 것으로서 인간 존재의 본질을 깨닫게 하지 못하고 원초적 자성을 찾아가는 길과는 전연 다른 몽상의 세계로 인도한다. 그래서 인간은 미혹에 빠진다고 한다.

이러한 상황에서 일어나는 연기관계는 인간 본질에 관한 것이 못되고 오직 주체의 만족에 치우치는 방향으로 일어날 뿐이다. 그런데 별의 경우는 어떠한가?

별은 본질적으로 6근도 없고 6경도 없으며 6식도 없다. 즉 18계를 떠난 상태에서 삶을 살아가므로 연기관계에서는 오직 존재에 대한 존재의 응답만 있을 뿐이다. 즉 별의 연기는 본질적인 자성에 연관된 것으로 연기법 자체의 불성[1] 또는 존재 본성에 직접 연관된다.

1 진리 자체, 근원적 생명 실존, 법성, 진여, 진면목, 주인공 등으로 말한다.

지대방 8

놓아라

흑씨범지(黑氏梵志)가 오동나무 꽃을 나무째 뽑아 양손에 한 그루씩 들고 와서 세존께 공양했다. 세존이 범지를 보고 말했다.

"놓아라!"

범지가 바른손의 나무를 내려놓자 세존이 다시 말했다.

"놓아라!"

범지는 왼손의 나무를 내려놓았다. 그런데도 세존이 다시 말했다.

"놓아라!"

범지는 의아해서 물었다.

"세존이시여, 이제 내려놓을 것도 가진 것도 없사온데 다시 무엇을 놓으라고 하시나이까?"

세존께서 말씀하셨다.

"선인아, 나는 네게 그 꽃을 놓으라고 한 것이 아니라 너 마땅히 밖으로 육진과 안으로 육근과 중간의 육식을 일시에 놓으라고 말한 것이다. 다시 더 가히 버릴 것이 없게 되면 이곳이 곧 네가 생사에서 벗어나는 곳이다" [1]

세존께서 별을 보고도 이런 말을 했을까?

1 『선관책진(禪關策進)』: 운서주굉 지음·광덕 역주, 불광출판부, 1992, 172쪽.

인간은 태어날 때 원초적 무의식이 제8식의 아뢰야식[2]으로 저장된다. 이것은 부모로부터 물려받은 유전인자 속에 포함된다. 이러한 무의식은 순수하면서도 거칠다. 왜냐하면 빈손으로 태어난 인간이 가진 원초적 무의식에는 강한 집착심이 들어 있기 때문이다. 인간이나 동물이 태어나자마자 어미젖을 찾는 이유는 바로 양식에 대한 본능적이고 생리적인 집착심이다. 인간이 성장하면서 집착심은 양식에 한정되지 않고 욕망이라는 아욕(我慾)으로 확장된다. 이런 점에서 원초적 무의식은 거칠고 위험스럽다는 것이다. 소위 원초적 무의식이 탐욕, 분노, 어리석음이란 탐진치의 무명(無明)[3]을 낳을 수 있다는 것이다. 무명은 곧 업이라고 해서 이러한 무명은 의식작용이 있기 전의 것으로 보기도 한다. 인간은 동물과 달리 성장하면서 제도적 환경에서 주어지는 후천적인 훈습에 의해 거친 원초적 무의식이 유위적(有爲的) 무의식으로 순화되어 간다. 그래서 무명을 벗어나고자 하면 끊임없이 성찰하고 사고하고 배우면서 지혜를 넓혀 가야 하는 것이다.

경에 이르기를 "무명을 연하여 행이 있고 내지 생을 연하여 노(老), 병(病), 사(死), 우(憂), 비(悲), 뇌(惱), 고(苦)가 있으니 이것이 괴로움의 쌓임의 모임이니라. 무명이 멸한즉 행이 멸하고 내지 생이 멸한즉 노, 병, 사, 우, 비, 뇌, 고가 멸하니 이것이 괴로움의 쌓임의 멸함이니라"라고 했다.

그러면 별도 무명을 가지는가?

양식을 가지고 태어나는 별에는 본래부터 집착심이 없기 때문에 원초적 무의식은 순수하다. 그래서 무명이 없으므로 인간계의 12연기가 존재하지 않는다. 구태여 연기를 들자면 식(識; 식별 작용), 명

2 유식에서 말하는 가장 근본적인 식의 작용. 또는 감춰진 잠재의식, 마음속 깊은 곳에 있는 식.
3 우리들의 존재 근저에 있는 근본적인 무지(無知).

색(名色; 마음과 물질), 촉(觸; 대상과의 접촉), 수(受; 느낌 반응), 행(行; 촉에 따라 생기는 작용), 유(有; 생존), 생(生; 태어남), 노사(老死; 늙어 죽음) 등의 8연기를 말할 수 있으며, 연기의 시작은 촉이라는 반응으로부터 시작된다. 이런 연기작용은 별 자체나 또는 별들 사이에서 일어나는 중력적 교신이나 전자기적 교신을 통해 이루어진다.

이때 팔정도(八正道)에 해당하는 최소작용의 원리를 따르면서 무여열반(無餘涅槃)[4]에 해당하는 안정된 이완상태를 이룩해 간다.

만약 인간도 무명, 육처(육근), 취, 애를 버린 8연기를 따를 수 있다면 별과 같은 삶을 누리면서 즉시 해탈하여 열반에 이를 수 있을 것이다. 더욱이 별에는 무명이 없기에 선지식(善知識)[5]이 필요하지 않을 뿐만 아니라 별 자체가 선지식이다. 그러므로 무명에 젖은 우리들이 별을 선지식으로 삼아 우주 법계를 살펴본다는 것은 매우 가치 있는 일일 것이다.

만물 사이에서 일어나는 연기관계는 근본적으로 개체들 사이에 일어나는 서로간의 주고받음(상의적 수수)의 관계다. 이런 주고받음은 주로 여러 개체가 함께 모여 있는 열린계에서 일어난다. 구체적으로 주고받음이 어떻게 일어나는가를 영국의 철학자 화이트헤드(Whitehead)의 과정철학을 바탕으로 살펴보자.

자연에는 만물이 태어나서 살다가 죽어 없어지는 것을 조정하는 섭리가 있으며 이것을 주재(主宰)하는 신을 자연신이라고 한다. 이런 신의 섭리에 따라 자연은 연속적으로 진화해 간다. 이 과정에서 현실적 존재로서 주체와 객체 사이에는 주고받음의 과정이 일어난다. 이때 주체는 외부의 객체를 만나(조우) 어떠한 느낌(섭동)을 받는데 이 과정이 초기 반응으로 최초 위상이라고 한다. 이런 반응이

4 번뇌나 고통도 없는 절대적 쾌락과 청정의 경계에 접어드는 것.
5 교법을 설하여 고통의 세계를 벗어나 이상경(理想境)에 이르게 하는 사람.

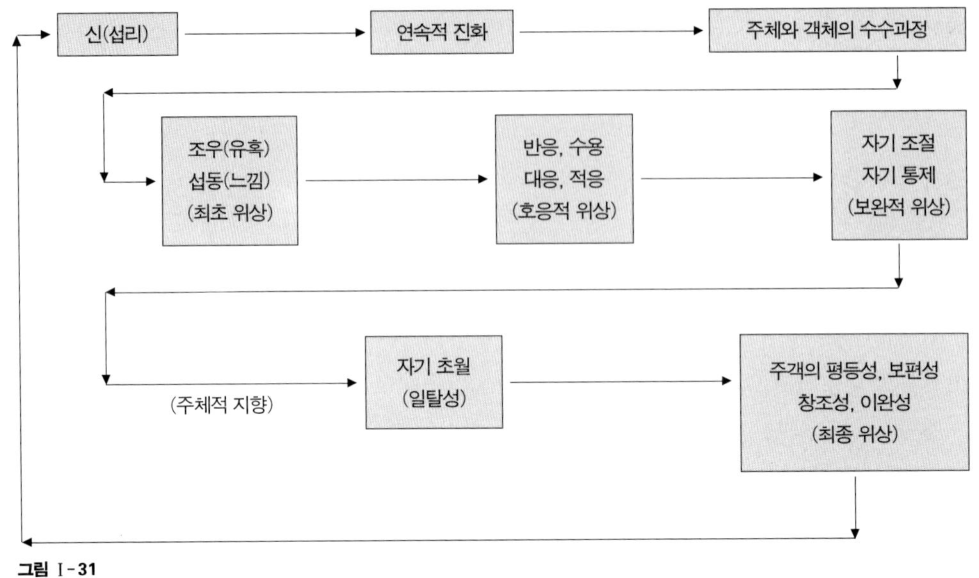

그림 I-31
상의적 수수과정

주체의 의식으로 전달되면 이 반응을 수용하고 적응 대응하는 과정이 일어나는데 이를 호응적 위상이라 한다. 이 과정을 통해 주체는 자기 조절, 자기 통제를 거치는데 이를 보완적 위상이라고 한다. 이런 과정은 주체의 주관적 판단과 결정을 요구하며 반응을 받기 전과는 다른 새로운 상태로 자기 초월을 유도한다. 이런 일탈성(逸脫性)의 과정을 거치면서 창조성, 이완성, 평등성, 보편성 등이 달성된다. 이 마지막 과정을 최종 위상이라고 한다.

이 전체 과정은 그림 I-31에서 보인 것처럼 자연신의 섭리에 따라 계속 이어지면서 자연 전체가 평등성과 보편성을 가지는 이완의 상태로 나아가게 한다. 즉 상의적 수수과정을 통해 최초 위상에서 호응적 위상과 보완적 위상을 거쳐 자기 초월 단계를 지나 최종 위상에 이르는데 이 과정은 사성제(四聖諦)[6]를 거쳐 불성에 이르는

6 고(변화), 집(변화의 누적), 멸(질의 변화에 따른 자성의 상실), 도(이완에 이름).

십현연기

『화엄경』에 화엄사상의 극치를 나타내는 10가지의 십현연기(十玄緣起)가 있다. 이 법계연기의 내용을 간추려 보면 다음과 같다.

① 만물은 끊임없는 상호작용(연기관계) 관계에 있다.
② 이완상태에서는 상호작용으로 순수한 것과 순수하지 않는 것이 구별되지 않는다.
③ 이완상태에서 개체는 일정한 계의 특성을 따르므로 전체는 개체를 규정하고 개체는 전체를 나타낸다. 그리고 각 개체는 동등한 상태에서 각자의 존재가치를 수행한다.
④ 이완계는 통계적 특성으로 계 전체를 규정한다. 여기서는 개체 고유성의 상실로 무질서가 극에 이르나 이것이 곧 가장 조화로운 상태다.
⑤ 각 개체의 유기적인 상의적 수수관계로 각 개체는 계(系)라는 인드라망[1]의 그물코에 놓여 있으면서 상호 작용한다.
⑥ 시간적 진화와 정보의 전달, 즉 과거 현재 미래의 10세[2]에 걸친 연기관계로 모두가 서로 얽혀 있다.
⑦ 모든 것은 하나의 고립계가 아니라 하나 이상이 모인 집합계를 구성하여 연기관계를 이룬다.

이상을 종합하면 만유는 고립이 아니라 유기적으로 상호 연관된 서로 주고받음의 관계, 즉 연기관계를 이루면서 개체의 자성이 상실된 무질서의 극치, 즉 이완상태에 놓여 있다는 것을 알 수 있다. 이런 상태에서 만유는 동등하고 평등하다. 나아가 계(系) 전체의 특성이 개체의 특성을 규정하고 그리고 개체는 계 전체의 특성을 만들어낸다. 연기관계에 놓여 있는 만유는 마치 인드라신의 그물의 코에 하나씩 놓여 서로 유기적 관계에 있는 것과 같아 어

1 인드라(Indra)신은 인도 만신(萬神)들 중의 왕이라고 불리는 힘의 상징의 신(天神, 天帝)이다. 이 신이 있는 제석궁을 둘러싸고 있는 보배구슬로 장식된 그물을 인드라망이라고 한다.
2 과거(과거의 과거 · 과거의 현재 · 과거의 미래), 현재(현재의 과거 · 현재의 현재 · 현재의 미래), 미래(미래의 과거 · 미래의 현재 · 미래의 미래), 절대 현재 등을 합하면 10세가 된다.

느 하나가 작용하면 이것이 주위에 영향을 미쳐 상호 작용하면서 새로운 안정상태로 진화해 간다. 이때 연기관계에서 일어나는 정보는 과거에서 현재로 또 현재에서 미래로 전달되며 업이 이어간다. 결국 화엄사상에서 보여주는 십현연기는 안정되고 평형을 이루는 이완의 세계를 잘 나타내는 것으로 볼 수 있다.

과정과 같은 것이다. 수수과정을 거치면서 나타나는 자기 초월은 한 번의 과정으로 끝나는 것이 아니라 연속적인 수수과정을 통해 항상 새로운 자기 초월로 나아가게 된다. 여기서는 절대성이나 완전성 또는 돈오와 같은 단절된 한 극단의 상태는 있을 수 없다. 왜냐하면 유형으로 생존해 있는 한 외부 객체인 타자(他者)와 주고받음의 과정이 연속적으로 계속 이어지면서 자기 초월은 새로운 자기 초월로 점차 향상해 나가기 때문이다. 비록 사람을 만나거나 물건을 받지는 않는다 하더라도 먹어야 살기 때문에 먹을 양식이라는 외부 대상과는 계속 접해야 한다. 이 양식은 생명의 유지를 위해 필수적인 동시에 양식을 어떻게 얻느냐에 따라 자기 초월은 다양한 모습으로 나타날 수 있다.

별은 어떠한 자기 초월을 달성하는가?

양식을 가지고 태어나기 때문에 홀로 존재하는 경우는 양식을 소모하는 과정에서 생기는 불안정이나 비평형에 대해 자기 조절과 제어를 통해 새로운 안정과 평형상태로 나아가는 것이 곧 자기 초월이며, 이것은 준안정과 준평형상태에 해당한다. 이런 과정은 별의 전 일생을 통해 계속되며, 죽을 때까지 완전한 안정성이나 완전한 평형상태는 결코 일어나지 않는다. 별의 집단 내에서 한 별이 다른 별들과 조우하면서 섭동을 받을 경우는 외부 반응에 순응, 적응하면서 자기 초월 즉 새로운 안정상태를 이루어간다. 성단 내의 별들이 이러한 조우, 섭동의 반응과 이에 대응하는 자기 초월 과정을 연속적으로 이어가면서 궁극에는 이완상태라는 역학적 준평형상태에 이른다. 이것이 우주 법계에서 일어나는 별들 세계의 모습이다. 이런 상태는 인간의 경우 깨침의 상태에 비유할 수 있다. 여기서 깨침은 절대적 깨침이 아니다.

별들 사이에 일어나는 여러 현상들은 서로간에 가장 조화로운 상태로 연관되어 있다. 즉 최소작용의 원리를 따라 서로 주고받음의 관계가 성립한다. 이것이 별의 세계에서 물체나 현상들 사이의 관계가 걸림이 없이 서로 잘 연관되어 있다는 사사무애법계(事事無碍法界)[7]다. 별들은 이러한 법계에서 어떠한 집착도 없이 자연의 섭리를 지닌 이사무애법계(理事無碍法界)[8]를 따라 진화해 간다.

그런데 인간의 경우는 별과 달리 탐진치라는 덫에 걸려 있기 때문에 사물이나 현상에 대해 강한 집착을 보이면서 복잡한 인연관계에 얽매이곤 한다. 그러므로 인간 세계에서는 사사무애법계가 원만하게 잘 이루어지지 못하지만 긴 시간으로 보면 인간도 역시 이사무애법계를 따라왔다. 이것은 인간의 의지와는 무관한 자연의 섭리를 나타내는 이사무애법계가 인간의 의식을 통제하고 제어하기 때문이다. 이것이 곧 자연계 내에서 인간의 진화라는 것이다.

오늘날 과연 인간은 자연의 이사무애법계를 잘 따르고 있는지는 깊이 생각해 보아야 할 것이다. 만약 잘 따르지 못한다면, 인간 세계의 사사무애법계도 올바르지 않음을 뜻한다. 즉 인간과 인간 사이, 자연과 인간 사이에 올바른 관계가 이루어지지 않고 있다는 것이다. 이것이 오늘날 나타나고 있는 심각한 자연의 파괴와 오염이다. 인간도 자연 내에서 지극히 평범한 한 개체일 뿐이다. 그런데 왜 인간이 지상의 모든 종보다 우위에 있고 또 자연을 마음대로 조종할 수 있는 지혜를 가졌다는 망상에 젖어 있을까? 그 이유는 평등성과 보편성을 바탕으로 하는 조화로운 연기법을 망각한 채 일방적이고 편협한 과학 문명의 위험한 놀이를 진리로 착각하고 있기 때문이다.

7 현상계의 여러 사상(事象)이 서로 긴밀하게 연관되어 있는 법계. 이치를 현상의 사상(事相)에 융화시켜 일체 현상계가 서로 교섭하고 융통하여 이루는 장애가 없는 법계.

8 본체계(理)와 현상계가 서로 걸림 없이 융합(相卽相入)하여 이루어진 법계.

노주도 지쳤던가

어느 날 왕상시(王常侍)가 늦게 오므로 목주(睦州) 스님이 그 이유를 묻자, 말을 타고 격구[1] 하는 것을 보다가 늦었다고 하자, 목주 스님이 물었다.

"사람이 공을 치는가, 말이 공을 치는가?"
"사람이 공을 칩니다."
"사람이 지쳤는가?"
"예, 지쳤습니다."
"말도 지쳤는가?"
"예, 지쳤습니다."
"노주[2] 도 지쳤는가?"
왕상시는 대답을 못했다.
다음날 목주 스님이 다시 물었다.
"노주도 지쳤던가?"
"예, 지쳤습니다."

목주 스님은 왕상시를 인가(認可)했다. 여기서 왕상시는 왜 노주도 지쳤다고 했는지 그 이유를 살펴보는 것도 연기법을 이해하는 데 도움이 될 것이다.

1 말을 타고 공놀이를 하는 경기.
2 법당의 큰 나무기둥.

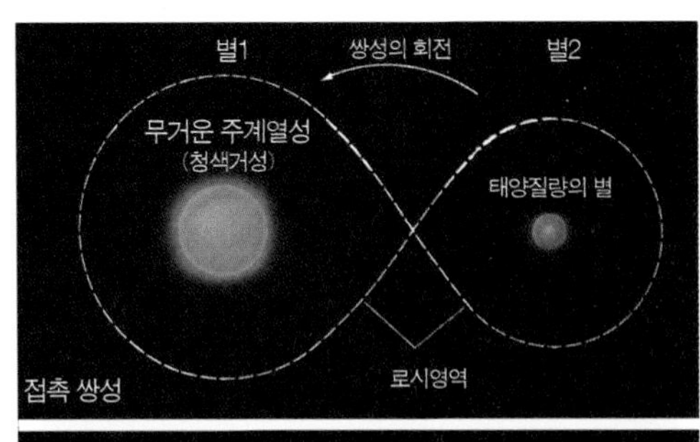

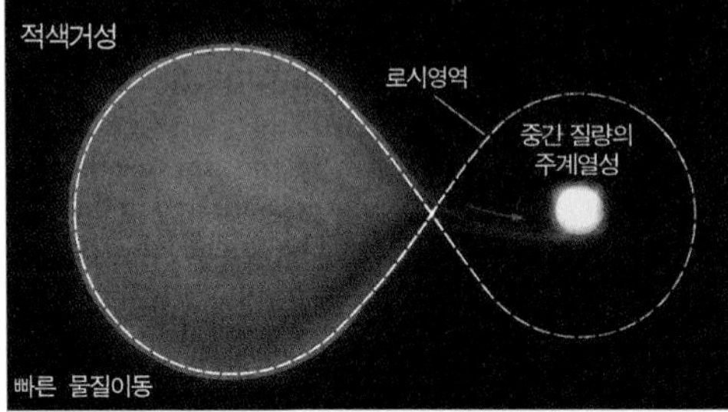

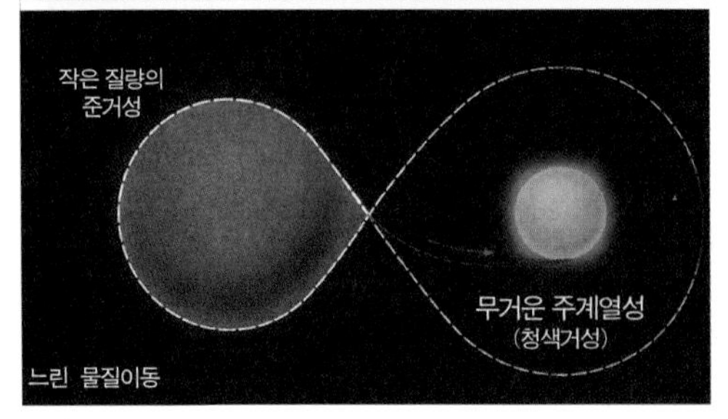

그림 I-32

쌍성의 진화 두 별 중에서 무거운 별이 빨리 늙어가면서 방출한 물질이 로시영역을 채운 후에는 가벼운 별 쪽으로 물질이 흘러들어와서 이 별의 진화를 촉진시켜 원래보다 일찍 늙어가게 한다.

2 | 별과 별의 인연

어떤 원인으로 서로 연관되어 있는 것을 인연이라고 한다. 별들은 인력이라는 관계로 인연 맺어져 있다. 한 별이 있을 때 그 별의 인력이 미치는 공간은 무한대다. 다른 한 별을 아주 멀리 떨어지게 두면 두 별이 서로 미치는 인력이 무시될 정도로 약하지만 서로 가까이 접근시키면 인력은 거리 제곱에 반비례하여 증가한다. 그래서 두 별 사이에 아무런 인연이 없어 보이던 것이 강한 인연으로 바뀌게 된다. 이러한 경우를 두 별이 서로 떨어진 이접(離接) 관계에서 가까워진 연접(連接) 관계가 되었다고 한다.

우리가 인연관계라고 하는 것은 보통 연접관계를 말한다. 별들은 홀로 있지 않고 주위의 여러 별들과 항상 연접관계를 이루고 있으므로 모두가 인연 줄에 매어 있는 셈이다. 별은 가장 가까이 있는 별과 가장 강한 인연을 맺으면서 에너지(주로 운동 에너지)를 서로 주고받는다. 이 때문에 별의 속도와 행로가 바뀌면서 새로운 인연을 찾아간다.

특히 성단 내 별들은 밀집하게 모여 있기 때문에 좀더 복잡한 인연관계를 가진다. 예를 들어 홀로 돌아다니던 별이 다른 별에 아주 가까이 지날 경우에 서로 강한 인력에 끌려 두 별이 역학적으로 묶여 쌍성을 이루며 별의 부부가 된다. 그림 I-32

사람도 혼자 살 때와 결혼해서 살아가는 것이 다르듯이 쌍성의 별들도 마찬가지다. 한 별이 다른 별의 물리적 진화에 영향을 줄 수 있다는 것이다. 특히 두 별의 거리가 아주 가까운 근접쌍성의 경우에 한 별의 질량이 다른 별보다 훨씬 더 크면 이 별이 빨리 죽으면서 방출한 물질이 다른 별 쪽으로 넘어와서 죽음을 재촉하게 된다.

사람의 경우는 부부관계가 좋은 인연이 되기도 하고 또 나쁜 인연이 되기도 한다. 그러나 별의 경우는 물질 이동 때문에 대체로 썩 좋은 인연은 되지 못한다. 그래도 별은 불평하지 않는다. 왜냐하면 별은 생(生)과 사(死)를 분별하지 않기 때문이다.

별이 많이 모인 성단의 경우에 이접관계는 별들이 서로 멀리 떨어진 경우로서 성단 구성원의 일부분으로 존재한다. 그러나 별들이 다른 별 주위를 지나면서 서로 강한 섭동을 미치게 되면 긴밀한 상의적 수수관계를 가지는 연접관계로 변한다. 별들 사이에 일어나는 이러한 연속적인 연접관계를 통해 이접적 다자(多者)가 연접적 일자(一者)로 바뀐다. 즉 연기관계를 통해서 집단의 부분적 특성들(다자)이 사라지고 새로운 전일적(全一的)인 특성(일자)이 형성된다.

이처럼 별의 연기법계에서는 고립계가 아닌 유기적인 상의적 연접관계에서 인과(因果) 작용을 속성으로 하는 법성(法性)[9]을 지니게 된다. 그래서 별의 세계에서는 『금강경』에서 "이렇게 헤아릴 수 없이 많은 중생을 제도시키더라도 실로 제도를 받은 중생은 하나도 없다"[10]고 한 것처럼 말할 수 있는 것이다. 법신(法身)[11]으로서의 별(중생)들은 모두가 연기관계에 따라 서로가 서로를 이끌면서(제도하면서) 연접적 일자의 세계로 나아가기 때문에 누가 누구를 제도한다거나 또는 누가 누구로부터 제도를 받는다는 특정한 차별적 대상이란 있을 수 없다.

9 사물의 본성.
10 『금강경 강의』: 남회근 지음 · 신원봉 옮김, 문예출판사, 1999, 92쪽(대승정종분).
11 만유의 근본. 본체로서의 신체. 법을 신체로 삼는 것.

우연과 필연의 관계

예측했던 대로 일어나는 것은 필연이지만 사전에 전연 모르고 있던 일이 일어나는 것은 우연이다. 예를 들어 등산을 하는데 경사가 매우 가파른 언덕을 오르기 위해서는 이미 설치해둔 난간을 밟고 올라가야 한다.

그런데 일행이 차례로 올라가는데 그중 한 사람이 위에서 굴러 떨어지는 돌에 머리를 맞았다. 이것은 생각하지 못했던 우연한 사건이다. 그런데 실은 그 전날 비가 와서 땅이 굳지 못했으며 그리고 사람들이 오르내리면서 주변에 진동을 일으켜 돌이 쉽게 굴러 떨어지도록 여건이 마련되어 있었다. 그러므로 반드시 이 난간을 밟고 올라가야만 하는 필연이 돌에 맞는 우연을 낳은 것이다. 돌의 입장에서 보아도 마찬가지다. 즉 돌이 반드시 굴러떨어질 필연적 조건이 갖추어져 있었는데 그 사람이 우연히 그때 그곳을 지나다가 맞게 된 것이다.

한편 한 청년이 일자리를 알아보기 위해 열차로 서울에 가게 되었다. 그가 늦게 열차에 타 좌석을 찾고 보니 우연히 고등학교 동창생이 옆자리에 앉아 있었다. 서로 반갑게 인사를 나눈 후 이야기를 나누다가 그 동창생이 벤처기업의 사장임을 알았다. 이런 우연한 만남으로 그는 운 좋게 그 친구 회사에 취직하게 되었다. 이 사건은 우연한 만남이 취직이란 필연적인 소원을 풀어준 셈이다. 즉 우연이 필연을 낳은 것이다.

이 세상 만물은 연기적 관계로 인연에 얽혀 있다. 여기서 우연적 연기는 이접관계에, 그리고 필연적 연기는 연접관계에 해당한다고 볼 수 있다. 그렇다면 필연이 우연을 낳는 경우는 연접관계가 이접관계를 만나는 경우며, 우연이 필연을 낳는 경우는 이접관계가 연접관계로 바뀌는 것에 해당한다.

이처럼 연기관계에서는 반드시 필연적인 인연만 있는 것이 아니라 필연이 우연을 낳고 또 우연이 필연을 낳는 다양한 인연들이 있는 것이다. 그런데 인과관계에서 나타나는 업은 모두가 필연적인 결과라고 한다면, 업에 따르지 않는 고통은 없게 된다. 다시 말하면 모든 업의 결과는 필연적인 것이며 우연적인 것은 존재하지 않는다는 뜻이다. 그렇다면 위의 예에서 굴러 떨어진 돌에 머리를 맞은 것은 우연이 아니고 업의 필연적인 결과인가? 이 사람은 이런 필연적인 업보를 당하기 위해서 일부러 등산을 간 것인가?

나가세나 존자는 『밀린다왕문경』에서 이렇게 말한다.[1]

"그러므로 업의 결과로 생기는 것은 적고 우연히 생기는 것이 더 많습니다. 잘 알지도 못하면서 모든 것은 업의 결과로 생긴다고 한다면 그것은 어리석은 말입니다."

"사람은 누구나 업에 의하여 고통 받으며 업 이외에 고통을 일으키는 원인은 없다는 말은 잘못입니다."

만약 필연적인 인연만 있다면 미리 준비해서 가장 합당하게 순응하고 대응할 수 있을 것이다. 그러나 우연적인 인연의 경우에는 예고 없이 나타나기 때문에 이에 대한 대응은 일반적으로 쉽지 않다. 이 세상에서 발생 가능한 사건은 언제나 일어난다. 다만 우리가 사건 발생을 잘 예측할 수 없을 뿐이다. 이런 사건의 대부분은 우연적이다. 왜냐하면 인간과 인간, 인간과 자연 사이의 연기관계가 지극히 복잡하기 때문에 이접관계의 인연이 어떠한 형태로 나타날지 거의 알 수 없기 때문이다.

1 『밀린다왕문경』: 정안 엮음, 우리출판사, 1999, 159~160쪽.

3 | 별도 해탈하는가 - 무심과 열반

『금강경』에 이런 말이 있다.

"그런데 참으로 수보리여, 이 법은 평등하여 거기에는 어떤 차별이 없다. 그래서 말하기를 무상정등각(無上正等覺)[12]이라고 한다. 무상정등각은 자아가 없고, 중생이 없고, 영혼이 없고, 개아(個我)[13]가 없기 때문에 평등하나니 그것은 모두 능숙한 법(善法)에 의해서 철저히 깨달아지는 것이다."[14]

무상정등각은 아상, 인상, 중생상, 수자상이 없는 별의 세계에서 아주 잘 나타난다. 왜냐하면 별들은 태어날 때 일생을 살아갈 양식을 가지고 나오므로 남의 것을 탐해서 가지려는 취착심이 없기 때문이다. 그리고 다른 별에게 화를 내는 일도 없고 또 자신의 이익을 위한 어리석은 행동도 하지 않는다.

『화엄경』「십행품」[15]에도 이와 비슷한 말이 있다.

"보살은 이와 같이 중생을 이롭게 하지만, '나'라는 생각, 중생이란 생각, 있다는 생각, 목숨이란 생각, 받는 이란 생각이 전혀 없다. 다만 법계와 중생계의 끝이 없는 법과 공한 법, 무소유법, 무상법(無相法), 무체법(無體法), 무처법(無處法), 무의법(無依法)과 무작법(無作法)을 관찰한다."[16]

그래서 별은 탐진치가 없이 항상 깨끗한 자기 본연의 모습인 무심, 무념[17]의 상태를 지니면서 그의 보살행을 수행해 간다. 그리고 주어진 질량(양식)에 따라서 일생을 살아갈 운명의 길이 정해져 있기 때문에 누구에게 의지하거나 형상에 집착하지 않고 홀로 묵묵히 이 길만 따라갈 뿐이며 그리고 어느 별이 더 잘 나고 더 못났다는 차별심과 분별심을 가지지 않고 모두가 평등하다. 또한 인위적으로 제약되지 않은 보편적 질서와 조화를 따르는 집단 무의식적인 무위(無

12 무상정등각(無上正等正覺의 준말로 범어 아뇩다라삼먁삼보리의 新譯): 위없는 바른 평등성과 바른 깨달음.
13 사상(四相) 중의 인상(人相)에 해당함.
14 『금강경 역해』(산스끄리뜨 원문 번역): 각묵 스님, 불광출판사, 2001, 365쪽(정심행선분).
15 『신역 화엄경』: 법정 옮김, 동국대학교 역경원, 1994, 33쪽.
16 무상법: 형상에 구애됨이 없는 법.
무체법: 실체가 없는 법.
무의법: 의지함이 없는 법.
무처법: 주처함이 없는 법.
무작법: 하고자 하는 의식이 없는 법.
17 무심은 집착이 없는 마음이고, 무념은 집착하는 생각이 없는 마음이다. 심(心)이 마음의 근본[體]이라면, 염(念)은 마음의 작용[用]에 해당한다. 특히 무념은 양변이 떨어진 진여(眞如)의 염으로 쌍차쌍조한 중도정각(中道正覺)이다.

爲)의 평상심을 지니면서 법이 무엇인지도 모른 채 살아간다.

별들이 가까이 지나면서 에너지를 주고받는 관계가 곧 연기관계며, 이런 관계를 오랫동안 지나다 보면 처음에 각 별이 지니고 있던 고유한 운동학적 특성이 점차 사라지면서 모두가 동등해지는 안정된 이완상태에 이른다. 즉 별의 세계에서 일어나는 연기법칙은 서로 주고받음을 거치면서 모두가 이완상태에 이르도록 한다. 이것은 곧 별들이 마하반야바라밀,[18] 즉 해탈하여 열반[19]에 이르는 것이다. 특히 별의 세계에서는 별 하나씩 따로 열반에 이르는 것이 아니라 많은 별을 가진 성단 전체가 동시에 열반에 이른다. 그러므로 성단 자체가 중요한 것이지 성단 내에 어떤 특정한 별이 중요한 것은 아니다.

마찬가지로 인간 사회에서도 어느 특정한 사람(들)의 견성[20] 해탈[21]이 중요한 것이 아니라 대중 전체의 견성(見性)이 중요한 것이다. 붓다가 어느 특정한 사람들이 아니라 항상 대중을 향해 설한 것은 바로 대중 전체의 견성 해탈을 이루고자 했기 때문일 것이다. 오늘날 주목을 받고 있는 대중견성 운동[22]도 이러한 맥락에서 일어나는 것이다.

4 | 별도 고통을 겪을까 – 사성제와 선정

근접쌍성의 경우는 물질 이동으로 별의 일생이 단축되기도 하는데 이것을 일종의 고통이라고도 볼 수 있다. 그러나 대부분의 별들은 단독이거나 쌍성이라도 서로 멀리 떨어져 있기 때문에 물질 이동에 따른 고통은 없다. 그리고 태어날 때 양식을 가지고 나오므로 걱정이 없다.

18 대지혜의 도피안(到彼岸), 즉 큰 지혜의 저 언덕에 이름, 또는 위대한 지혜의 완성.
19 번뇌의 불을 끈 상태. 또는 심(心), 의(意), 식(識)을 떠난 상태.
20 본래 존재하는 자신의 본성을 보는 것, 참된 자기를 깨닫는 것.
21 번뇌의 속박에서 벗어나 자유로운 경지에 이른 것.
22 『붓다의 대중견성운동』: 김재영 지음, 도서출판 도피안사, 2001.

또한 별들 사이에 일어나는 조우, 섭동을 받아도 진로와 속도만 바뀔 뿐이지 인간들처럼 요란한 의식의 과정을 거치는 고통은 없다.

그래서 별의 사성제(四聖諦)에서 고(苦)는 연기작용에서 생기는 변화 또는 사건(event)이다. 별들도 하루하루 지나면서 모습과 구조가 바뀌는 물리적 변화나 외부 천체와의 조우, 섭동에 의한 역학적 변화가 계속 일어난다. 특히 상의적 연기관계에 의한 변화(苦)의 효과가 누적되는데 이것이 집(集)이다. 변화의 누적 효과에 의해 그 별이 처음 지녔던 운동학적 특성, 즉 초기 고유 특성이 점차 사라지는데 이것이 멸(滅)이다. 멸의 과정을 통해 별들의 초기 고유 특성(자성)이 완전히 사라지면 역학적으로 불안정한 상태에서 안정한 평형상태로 전이되며 이완된다. 이것이 도(道)다. 결국 별의 사성제는 연기관계를 거치면서 이완상태에 이르는 과정에 해당한다.

인간 중심적인 경우에 고는 고통이고, 집은 고통의 원인이며, 멸은 이러한 고통의 원인을 없애는 것이고, 도는 고통의 원인을 없애는 방법이다. 이 방법이 팔정도(八正道)[23] 다. 위에서 살펴본 별의 경우와 비교해 보면 특히 도의 경우에 큰 차이가 있다.

별의 경우는 도가 안정된 이완상태에 이르는 것이고, 인간의 경우는 수행 방법이다. 태어날 때 집착심이 없는 별에서는 삶 자체가 안정된 상태에서 이루어지므로 특별한 수행 방법이 필요없다. 구태여 수행법을 들자면 최소작용의 원리를 따르는 것이다. 인간에 적용되는 팔정도도 궁극적으로는 최소작용의 원리를 따르는 것으로 볼 수 있다.

뿐만 아니라 인간이 올바른 깨달음의 경지에 이르는 데 요구되는 특별한 선정 과정도 별에는 해당되지 않는다.

23 정견(正見, 바르게 봄), 정사유(正思惟, 바른 사유), 정어(正語, 바른 언어), 정업(正業, 바른 행위, 직업), 정명(正命, 바른 생활, 삶), 정정진(正精進, 바른 노력), 정념(正念, 바른 생각, 기억), 정정(正定, 바른 집중, 매진).

예를 들면 붓다는 초전 설법에서 이렇게 말했다.

"다시 비구들이여! 비구는 모든 관념을 소멸하고 또한 모든 관념을 작용하는 일이 없기 때문에 허공은 끝이 없다고 깨달은 선정의 경지〔공무변처(空無邊處)〕[24] 에 도달하였다.… 다시 비구들이여! 비구는 '허공은 끝이 없다고 깨달은 선정의 경지'를 초월하여 '인식작용은 무변하다고 깨달은 선정의 경지〔식무변처(識無邊處)〕' [25] 에 도달하여 노닐고 있다.… 다시 비구들이여! 비구는 '인식작용은 무변하다고 깨달은 선정의 경지'를 두루 초월하여 '아무것도 존재하지 않는다는 것을 깨달은 선정의 경지〔무소유처(無所有處)〕' [26] 에 도달하여 노닐고 있다.… 다시 비구들이여! 비구는 '아무것도 존재하지 않는다는 것을 깨달은 선정의 경지'를 초월하여, '생각이 있는 것도, 없는 것도 아닌 선정의 경지〔비상비비상처(非想非非想處)〕' [27] 에 도달하여 노닐고 있다.… 다시 비구들이여! 비구는 '생각이 있는 것도, 없는 것도 아니라고 깨달은 선정의 경지'를 두루 초월하여 '마음의 작용이 모두 끊어진 선정의 경지〔상수멸(想受滅)〕' [28] 에 도달하여 노닐 뿐이라, 지혜로써 모든 것을 보고 번뇌를 소멸한다." [29]

무엇을 보고 느끼고 생각하는 의식은 정신작용에서 생기고, 이런 정신은 마음의 작용에서 일어난다. 따라서 의식은 곧 마음의 작용에 의한 것이다.

인간의 경우는 사물이나 현상에 대한 마음의 작용을 복잡하게 일으키지 말고 있는 그대로 무위적 상태에서 의식하고 인식하기 위해 공무변처, 식무변처, 무소유처, 비상비비상처, 상수멸 등의 선정과정이 필요한 것이다.

24 공무변처: 물질이 전혀 없는 공간의 무한성에 대한 삼매의 경지.

25 식무변처: 인식작용의 무한성에 대한 삼매의 경지. 생각을 여읜 곳.

26 무소유처: 어떠한 것도 거기에 존재하지 않는 삼매의 경지. 적정(寂靜)하고 무상(無想)한 정(定)에 머무는 곳.

27 비상비비상처: 표상이 있는 것도 아니고, 표상이 없는 것도 아닌 삼매의 경지. 식처(識處)의 유상(有想)을 여의고 무소유처의 무상(無想)도 여읜 곳.

28 상수멸: 멸진정에 들어갈 때 상(想)·수(受)의 심소를 주로 하는 모든 마음 작용을 없앤 바에 나타나는 진여.

29 『대반열반경』: 강기희 역, 민족사, 1994, 207~208쪽.

그러나 별의 경우는 애초부터 마음의 작용이 없기에 외부 대상에 대해 여실지견이라는 생각조차도 없이 무위적으로 반응하며 적응해 간다. 그러면서도 우주 법계를 조화롭게 이루어가고 있다.

5 | 우주적 완전성과 절대성은 무엇인가

2,000억 개 이상의 별이 모여 있는 우리 은하계에서 별들은 세대(종족)마다 운동학적 특성을 지니고 또 이들 전체는 조화로운 역학적 평형을 이루고 있다. 별이나 성단은 은하 중심 주위로 돌면서 다른 천체로부터 섭동을 받고 있기 때문에 국부적으로는 항상 불안정하다. 이러한 이유로 은하계 전체는 계속적으로 새로운 역학적 평형 상태를 이루어간다.

이 말은 별의 세계에서는 완전한 안정이나 완전한 이완과 같은 완전성 또는 절대성이 존재할 수 없다는 것이다. 별들 사이에 연기관계가 존재하는 한 준안정이나 준평형과 같은 약간의 불완전성만이 존재할 뿐이다. 이런 현상은 만유가 유전 변천하며 변화하는 과정에서는 고정된 자성이 존재할 수 없다는 삼법인(三法印)[30] 이 성립하는 별의 연기세계뿐만 아니라 인간의 세계에서도 마찬가지로 일어난다.

종교에서 자주 쓰는 '절대'니, '완전'이니 하는 말을 보자.

절대성은 상대성에 대응하는 말이다. 우주 만유에 적용되는 연기법은 절대적 진리에 관한 것이 아니라 상대적 진리에 대한 것이다. 주체와 객체가 연기과정을 통해 초월 단계로 나아가는 것이지 결코 끝이 없는 완벽한 절대성에 도달하는 것은 아니다. 초기 경전에서 붓다가 설한 내용 중에 절대니, 완전이니 하는 말은 일체 없는데 그

30 일체개고(一切皆苦): 만유는 유전 변천하며 변화한다.
제행무상(諸行無常): 연속적인 상의 변화로 고정된 상이 존재하지 못한다.
제법무아(諸法無我): 상의적 수수관계에 따른 고유성의 상실로 자성이 없어지는 것.

후 경전을 엮고 또 주석을 달아가는 과정에서 이러한 극단적인 말이 생겨난 것 같다.

『금강경』에서 "수보리 말씀드리되, 부처님 말씀하신 바 뜻을 제가 알음 같아서는 정한 법이 있지 아니함을 이름하되 아뇩다라삼먁삼보리[31]라 하옵겠고 또한 정한 법이 있지 아니함을 여래께서 가히 설하실 것입니다"라고 했다.[32]

정한 법이 있지 않다고 했는데 어찌 절대적 진리라는 고정된 법을 말할 수 있겠는가? 혹자는 무상정등각 즉 아뇩다라삼먁삼보리를 불법의 절대 진리라고 말할 수도 있을 것이다. 그러나 무상정등각의 뜻은 위없는 올바른 평등성의 바른 깨달음이다. 이것은 불법의 근본 원리인 연기법에 따라 만유가 평등해지며 무자성에 이르는 올바른 깨달음의 경지에 이름을 뜻한다. 따라서 올바른 평등성의 깨침인 무상정등각은 고정된 진리가 아니라 변천해 가는 연기과정의 올바른 이해일 뿐이다. 그래서 『금강경』에서도 고정된 법은 없다(無有定法)고 하면서 고정된 절대 진리의 존재를 부정한다.

뿐만 아니라 붓다의 초전 설법에서부터 등장하는 불법의 연기사상은 절대주의를 주장하는 것이 아니라 상호 연관성을 중시하는 상대주의와 개체보다 전체를 중시하는 전일적(全一的) 사상이다.

예를 들어 『반야심경』의 끝에 "아제아제 바라아제 바라성아제 모제 사바하"라는 말이 있다. 이것을 풀이하면 "자성(自性)을 벗어나 연기의 강을 건너고 건너면 즉시 깨달음에 이르리라"다. 여기서 '건너고 건넌다'는 것은 깨끗한 깨침(열반, 원각, 圓覺[33])의 상태를 맞이한 후 다시 또 새로운 상태의 깨끗한 깨침으로 계속 이어져 가는 것이지 단 한번의 완전한 깨침으로 끝나지 않는다는 것이다. 즉 연속적인 자기 초월의 과정을 의미한다.

31 무상정등정각(위없는 바른 평등과 바른 깨달음).
32 『금강경 강의』: 소천선사문집(韶天禪師文集) I, 불광출판부, 1993, 73쪽(무득무실분).
33 『원각경(圓覺經)』에 나오는 것으로 원만한 깨달음. 진여의 체득을 뜻함. (『한글 원각경』: 소천선사문집 I, 불광출판부, 1993, 525쪽)

그래서 바라밀은 한 번으로 끝나는 "완전한 깨달음의 경지에 이름"이라는 뜻이 아니고, 계속 이어지는 연속적인 깨달음의 경지를 뜻한다. 만약 단 한번만에 완전한 깨달음에 이르고자 한다면, 그는 불완전을 싫어하고 '완전성'을 선호하는 한 극단에 치우쳐 무명(無明)에 빠지게 된다. 즉 완전과 불완전의 양극단을 융합하여 하나로 하는 쌍차쌍조(雙遮雙照)[34]의 중도사상(中道思想)[35]에 어긋남으로써 연기법을 어기게 된다. 이런 점에서 불법을 완성된 절대적 진리라는 인간 중심적인 한 극단에 치우치지 말고, 만유에 적용되는 조화로운 진리로 보면서 현대를 살아가는 사람들의 수준에 알맞은 불법으로 확장하고 발전시켜 범우주적 불법으로 이어가야 함이 마땅할 것으로 생각된다.

『능가경』에서 "부처는 열반에 머무르지 않고 열반도 부처에 머무르지 않는다"[36]고 했다. 만유가 유전 변천하므로 머무르는 마음이 없는데 어찌 열반이란 것에 집착하여 한 상태에 머물 수 있겠는가. 열반은 결코 깨침의 종착역이 아니다. 그러므로 오늘의 열반은 내일의 새로운 열반을 낳으면서 삶이 끝날 때까지 계속 깨쳐가는 것이 진정한 부처의 길일 것이다. 실은 열반에 이르렀다고 생각하는 자체가 이미 무명의 덫에 걸리는 것이므로 부처에게는 열반이라 부를 수 있는 것은 애초부터 있을 수 없다.

위의 이야기를 『금강경』의 논법으로 나타낸다면 다음과 같이 말할 수 있다.

"부처는 열반에 머무르지 않고 열반도 부처에 머무르지 않는다. 수보리여! 그대 생각은 어떠한가? 세존이시여! 열반은 열반이 아니오라 이름이 열반일 뿐입니다."

34 양쪽의 상대 모순을 버리고 양쪽을 원융하는 것으로 중도사상을 나타낸다. 즉 원교(圓敎)의 중도설에 따르면 쌍차면은 공(空)이라 하고, 쌍조면은 혜(慧)라 하며, 쌍차쌍조는 중(中)이라고 한다.

35 두 개의 대립되는 것[예를 들면 있음(有)과 없음(無), 고통과 쾌락, 단(斷)과 상(常) 등]을 떠나 어느 하나에 치우치지 않는 것을 중도라 하고, 이것을 바탕으로 하는 사상을 중도사상이라고 한다.

36 『대승입능가경』: 김재근 역, 명문당, 1992, 62쪽.

한편 역동적인 주고받음이 일어나고 있는 별의 세계에서는 인간과 달리 열반이란 이완상태에 이른다 하더라도 곧 다시 새로운 이완상태로 계속 이어가면서 머무름 없이 꾸준히 진화해 간다. 그래서 별부처는 고정된 열반에 머무르지 않으며 또 고정된 열반이 별부처의 세계에는 존재하지 않는다.

별이 읽는 반야심경

관자재보살별은 만유 사이에 일어나는 유기적이고 역동적인 연기관계에서는 만유의 고정된 본성이 사라져 공(空)이 되므로 분별, 차별, 불안, 대립이 없는 이완의 세계에 이르렀느니라.

사리자별이여, 연기과정에서는 만유가 유전 변천하므로 고정된 자성이 있을 수 없기에 만유(색)는 공과 다르지 않다. 또한 만유는 변화 과정 속에 있으므로 변화의 공이 만유(색)와 다르지 않아 색이 곧 공이 되며, 이 공 또한 색과 다르지 않게 된다. 인식 주체(색)가 이러하니 인식에 연관된 나머지 오온의 요소인 수상행식(정신작용)도 마찬가지로 그러하니라.

사리자별이여, 역동적인 주고받음의 과정(연기과정)을 거치면서 만유는 고정된 자성(自性)의 상실로 자타(自他)가 차별 없이 동등하고 평등해져서 특별해 보이는 것이 없이 모두가 보편성을 띠게 되므로 더럽거나 깨끗하다는 분별도 없고, 늘거나 주는 불안정도 없이 안정된 이완상태에 이르니라. 이러한 연기법은 실체가 없는 법공(法空)[1]으로 인위적으로 태어나거나 없어지게 할 수 있는 것이 아니라 만유의 성주괴공(成住壞空)[2], 생주이멸(生住異滅)[3]에 따른 무위적 섭리니라.

이런고로 연기에 따른 법공에서는 고정된 자성(색)이 없으므로 이에 연관된 수상행식과 5관(안이비설신)도 없고, 인식에 연관된 외부 대상의 6경(境)도 없으며, 주객(主客)의 주고받음에 관련된 12인연도 없느니라. 왜냐하면 무명도 없고 무명 아님도 없으며, 노사(老死)도 없고 노사 아님도 없어 모든 애착과 집착으로부터 벗어난 상태이기 때문이니라. 그리고 연기과정에서 고집멸도를 행하지만 이완상태에서는 이 모두가 달성되어 이들(고집멸도)도 여의게 되느니라. 그래서 이완이 이루어진 법공에서는 특별한 지혜도 필요없고, 잃고 얻음도 없는 무위적인 여여(如如)한 상태에 이르게 되느니라.

보살별은 득실이 없는 이러한 법공에 의지하기에 마음에 걸림이 없고,

1 개체 존재의 여러 가지 구성 요소가 실체성을 가지고 있다는 견해를 부정하는 것. 만유의 실체가 공무(空無)한 것을 뜻함.

2 물질 세계에서 형체가 없는 것으로부터 형체가 있는 것으로 만들어지는 것을 성, 이런 형체의 물체가 유지되는 상태가 주, 시간이 지나면서 형체가 사라지는 상태를 괴, 완전히 형체가 사라지고 없어진 것을 공이라고 한다.

3. 정신 세계에서 생겨나 머물다가 변하면서 사라지는 것.

걸림의 장애가 없기에 여여하여 두려움이나 휘둘린 허망한 생각이 없이 이완의 법공 속에 녹아드느니라. 과거, 현재, 미래의 모든 부처별들은 연기법을 따르면서 위없는 바른 평등성과 보편성을 올바르게 따르게 되느니라. 이 까닭에 연기법의 법공은 아주 신기하고 명백하여 위없는 것으로 비할 수 없는 것임을 알라. 이것은 능히 일체의 장애를 없애고 헛되지 않는 진실한 법공으로서 이르되, 자성을 벗어나 연기의 강을 건너고 건너면 즉시 깨달음에 이르리라.

II 은하의 세계와 우주

1. 우리 은하계

1 | 태양의 위치

밤하늘에서 맨눈으로 볼 수 있는 별은 6,000개 정도다. 이중에서 반은 남반구에서 보인다. 망원경으로 하늘을 살펴보면 맨눈으로는 보이지 않던 수많은 어두운 별들이 눈에 들어온다. 그러면 우리를 둘러싸고 있는 이런 별들이 이루고 있는 것이 우주인가? 그리고 우리는 우주의 중심에 있는 것인가?

이런 생각은 먼 과거부터 해왔으며 특히 18세기 후반 영국의 윌리암 허셀은 자작 망원경으로 별들의 공간 분포를 조사해서 그림 II-1과 같은 허셀 우주를 얻었다. 즉 하늘의 별들은 납작한 공간에 분포하며, 태양은 이 중심에 있다는 태양 중심의 우주관을 내놓았다. 그림에서 갈라져 보이는 부분은 성간 물질이 많아 별이 보이지 않는 영역이다.

19세기에 들어와 대형 망원경의 등장으로 더 먼 거리의 별들을 자세히 관측하게 되면서 우주관은 바뀌었다.

1921년 미국 천문학자 섀플리의 관측에서 우리 은하계[1]의 규모

1 우리가 속해 있는 은하를 은하계라고 부른다. 영어로 'the Galaxy' 또는 'the Milky Way System'이라고 쓴다. 보통의 은하는 'galaxy'로 써서 은하계와 구별한다.

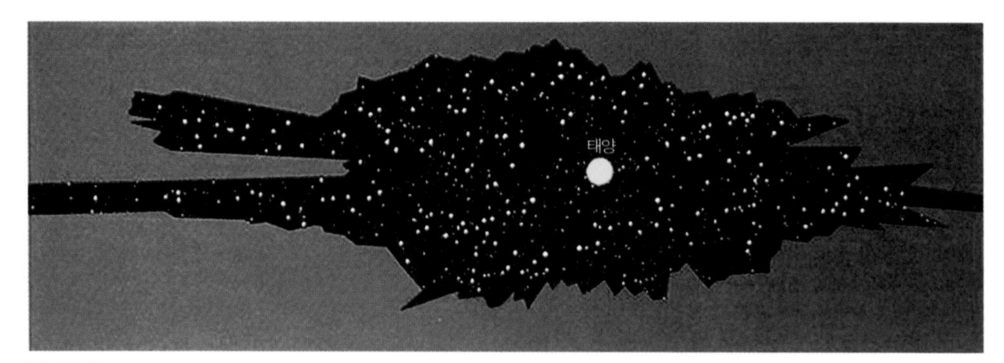

그림 Ⅱ-1
허셸 우주 태양이 별의 세계의 중심에 위치한 우주.

가 알려졌고, 또 커티스의 관측에서 우리 은하계 바깥에 섬우주[2]라고 불리는 은하들이 많다는 사실이 밝혀졌다.

밤하늘에 맨눈으로 보이는 별들은 태양과 함께 우리 은하계 안에서 국부 항성계라는 작은 집단을 이루고 있다. 이것은 2,000억 개 이상의 별로 이루어진 은하계 중심에서 약 3만 광년 떨어진 곳에 위치한다. 그리고 이것은 약 2억 5천만 년의 주기로 은하계 중심 주위를 돌고 있다. 결국 특별하게 생각해온 태양은 우주의 중심에 있는 것이 아니라 은하계의 변두리에 있는 평범한 별로 판명된 셈이다.

2 | 은하계의 구조

은하계를 측면에서 본다면 그림 II-2처럼 대부분의 별들은 크기가 약 10만 광년 되는 납작한 원반 속에 모여 있으며, 원반 밖의 헤일로라고 부르는 공간에는 나이 많은 구상성단들이 주로 분포하면서 은하 중심 주위를 돌고 있다. 여름철에 견우와 직녀가 보이는 우유빛의 은하수는 원반 가운데 있는 은하면에 해당한다. 별들은 여기에

2 뿌옇게 보이는 형태의 천체를 하나의 작은 우주로 보고 이를 섬우주라고 불렀는데, 이것은 하나의 은하에 해당한다.

지대방 13

섀플리와 커티스의 논쟁

1910년대에 미국 천문학계에서 우리 은하계의 크기와 외부 은하의 존재에 대한 논쟁이 계속되자, 1920년 4월 26일에 미국 국립과학원에서 회합을 주선하여 섀플리 그림 Ⅱ-R13 와 커티스의 주장을 정식으로 청취한 일이 있었다.

그림 Ⅱ-R13
섀플리

변광성의 절대 등급과 주기-광도 관계를 이용하여 별과 구상성단의 거리를 구하고, 이들의 분포를 연구해 온 윌슨 천문대의 섀플리는 우리 은하의 지름이 약 30만 광년이고, 대부분의 별들은 중심 두께가 약 3만 광년 되는 납작한 원반에 모여 있으며, 태양은 은하계의 중심에서 5만 광년이나 떨어져 있다고 주장하였다. 그리고 나선 모양의 나선 성운은 우리 은하계처럼 별이 모인 것이 아니라, 가스체로 이루어졌다고 보고 커티스의 섬우주를 부정하였다.

한편, 나선 성운의 스펙트럼이 성단의 스펙트럼과 비슷하다는 관측 연구로부터 리크 천문대의 커티스는 당시 많은 사람들의 의견과는 달리, 나선 성운은 우리 은하계처럼 별로 이루어진 은하며, 이러한 은하들, 즉 섬우주는 우리 은하계 밖에 많이 있다고 주장하였다. 그러나 우리 은하계의 크기는 당시 여러 사람들의 관측 자료를 근거로 하여 섀플리가 주장하는 것보다 1/10 정도 작고, 또 태양은 은하계의 중심에 위치한다고 생각하였다.

두 사람의 의견은 각자가 제시한 관측 자료를 근거로 하여 팽팽히 대립되었지만, 그후 더 큰 망원경과 관측 시설의 개발에 따라 그들의 생각이 옳고 그름이 가려졌다.

즉, 섀플리는 자신의 관측 자료를 근거로 한 우리 은하계의 크기와 태양의 위치에 관한 주장은 대체로 옳았지만, 외부 은하에 대한 주장이 틀렸다. 반면에 커티스는 자신의 관측 자료를 근거로 한 외부 은하에 관한 주장은 옳았지만 우리 은하계에 관한 주장은 틀렸다.

여기서 잘못된 판단은 각자가 상대방의 관측 자료를 믿지 않고, 그 당시 널리 알려진 자료와 의견을 비판 없이 무조건 받아들였기 때문에 생긴 것이다. 섀플리와 커티스의 대논쟁은 관측 자료의 양과 그 선택에 따라서 자연 현상의 진실이 얼마나 그릇되게 판단될 수 있는가를 보여주는 좋은 실례다. 이러한 예는 일반적으로 인식 주체의 인식 과정과 인식 범위에 따라 인식된 여실지견이 진실을 얼마나 많이 왜곡시킬 수 있는가를 잘 보여준다.

우주적 보편성이란 무엇인가

우주에서 가장 지혜로운, 하늘의 축복을 받은 생명체로 자부해온 인간이 은하계라는 하나의 섬우주에서, 그것도 중심이 아닌 변두리에 살고 있다는 사실이 밝혀졌다. 이 사실은 무엇을 의미하는가?

인간은 지상에 태어나면서부터 하늘의 천체들을 보고 경이로움을 느끼고 또 이러한 천체들의 운행이 인간의 운명과 깊이 연관된다고 생각하면서 하늘을 숭상해 왔다. 인간은 지혜가 발달되면서 우리와 가장 친한 절대신을 만들어냈고, 그리고 이 신은 인간으로 하여금 우주의 중심에 있도록 한 특수성을 인간에게 부여했다고 믿어왔다. 그래서 인간은 생명체 중에서 가장 존귀한 존재며 또 인간만이 신의 의지를 따라서 만물을 다스릴 수 있다고 생각해 왔다.

그런데 광대한 우주의 중심에 있어야 할 인간이 수천억 개의 은하들 중 하나인 은하계라고 부르는 은하의 변두리에 있다는 사실은 "인간이나 태양이 우주에서 특별한 존재가 아니라 지극히 평범한 것"이라는 사실을 보여주고 있다. 이처럼 만유 사이에 적극적인 연기관계가 일어나고 있는 우주 법계에서는 어떠한 경우에도 특수성이란 결코 존재하지 않고 오직 보편성만 허용된다. 때문에 인간이 만들어 놓은 신도 역동적인 우주에서는 아무런 힘도 못 쓰는 허수아비로 전락될 뿐이다.

우리는 일상에서 특별한 것을 좋아한다. 남보다 뛰어난 모습을 갖추고 싶은 욕망, 특출한 자식을 가지고 싶은 욕망, 남이 부러워할 것을 가지고 싶은 욕망, 남으로부터 특별한 존경을 받고 싶은 욕망, 막강한 권력을 휘두르고 싶은 욕망, 남이 가보지 못한 곳을 가보고 싶은 모험심 등등 특별하고 싶은 인간의 욕망에는 끝이 없다. 아마 이러한 욕망은 그렇고 그러한 일상적인 평범한 생활에 지쳐서 나오는 것인지도 모른다. 그러나 시간이 지나고 보면 역시 세상은 다 그렇고 그런 지극히 평범한 것임을 알게 되면서, 욕망이란 것발이 얼마나 허망한 몽상(夢想)인지를 알게 된다. 뿐만 아니라 특별함이란 욕망을 좇다 보면 지나온 자신의 인생길이 정도(正道)에서 어긋나게 마련이며, 이것을 알았을 때는 이미 생의 그림자가 길게 드리워 있기 마련이다.

보편성의 깨달음은 곧 불법의 깨달음이다. 그러니 특별해 보이는 것은 모두가 한때의 불안한 현상이나 과정으로 보고, 이 세상에서 특별한(unique) 것이란 절대로 존재할 수 없다는 것을 일찍 깨칠수록 삶이 편해질 것이다.

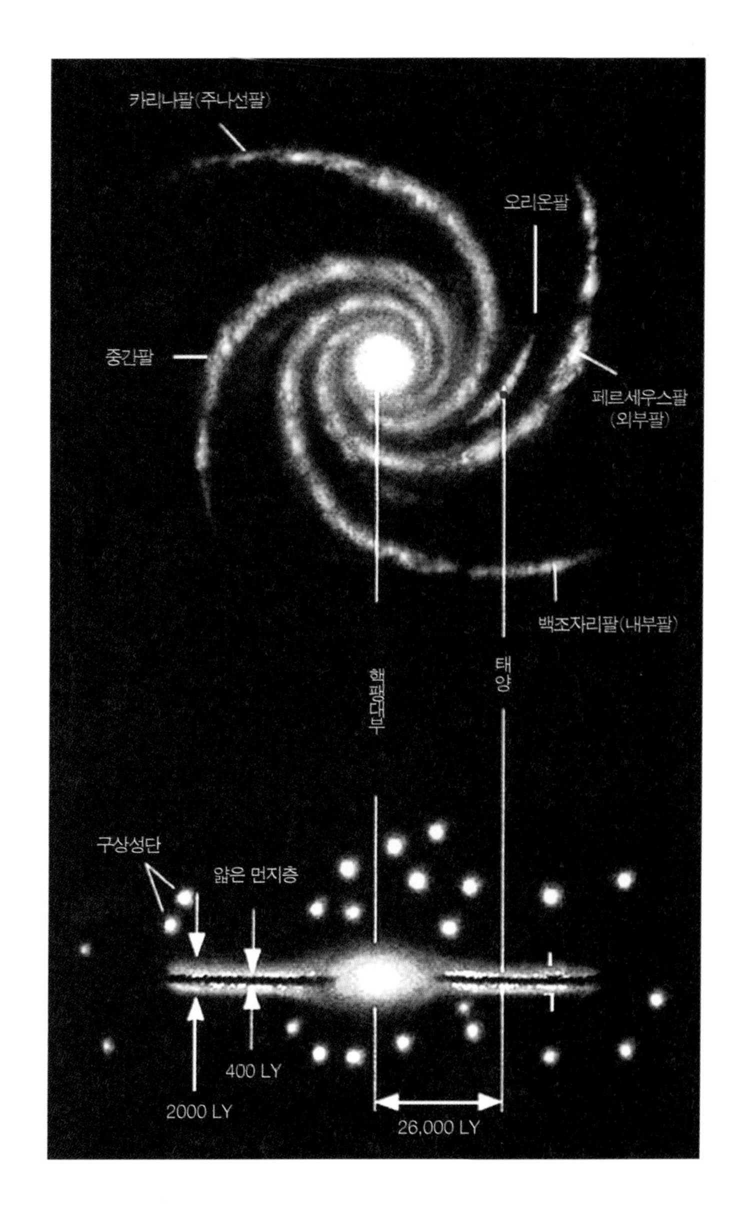

그림 Ⅱ-2

은하계의 구조 위쪽 그림은 우리 은하계를 위에서 내려다 본 모습이고, 아래쪽 그림은 측면에서 본 모습에 해당한다. 은하계는 4개의 나선팔을 가진 정상 나선 은하며, 납작한 원반을 둘러싸고 있는 헤일로에는 가장 나이가 많은 구상성단이 분포한다. 태양은 젊은 별들이 가장 많이 모여 있는 은하면에 위치한다. 핵팽 대부라 부르는 중심부에는 많은 별이 밀집해 있다.

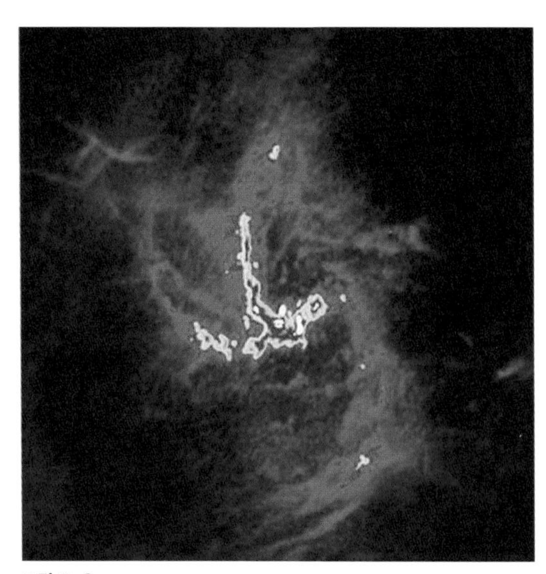

그림 Ⅱ-3

은하계 중심부로 물질 이동

우리 은하계의 중심부를 전파로 관측한 모습이다. 물질이 세 갈래로 은하계 중심부에 있는 블랙홀 쪽으로 흘러들어가고 있다.

가장 많이 모여 있다. 태양도 은하면에 위치한다.

은하계를 위쪽에서 아래로 내려다보면 원반 내의 별들이 고루 분포하는 것이 아니라 4개의 나선 팔이라고 부르는 영역에 주로 모여 있다. 이 나선 팔들은 2억 년 이상의 주기로 은하 주위를 돌고 있다. 원반에는 비교적 나이가 적은 제3세대와 제4세대의 별들이 모여 있으며, 특히 제5세대의 별들과 별을 탄생시키는 성간 물질은 주로 은하면에 분포한다.

은하 중심부에 있는 핵팽대부는 별이 가장 밀집한 곳이며 이 가운데 태양질량의 수백만 배 이상 되는 블랙홀이 들어 있다.

그림 II-3은 블랙홀 쪽으로 주변 물질이 끌려들어가는 세 가닥의 모습을 보여주고 있다. 왜 은하 중심에 거대한 블랙홀이 생길까?

초기에 거대한 원시 은하성운이 수축할 때 작은 성운들이 생겨나고 여기서 구상성단이 탄생되었다. 한편 성운 물질이 밀집한 원시 은하의 중심부에서는 질량이 매우 큰 별들이 많이 생겼다. 이들은 매우 빠른 속도로 진화하면서 임종시에 큰 블랙홀을 남겼다. 이들 블랙홀은 돌아다니다가 다른 것들과 서로 만나 결합하면서 점점 커졌다. 이러한 블랙홀의 성장은 다음 세대의 별들이 탄생되고 죽는 과정을 거치면서 계속되어 오늘날의 거대한 블랙홀로 성장해 왔을 것으로 믿어진다.

2. 외부 은하

1 | 섬우주와 은하

1755년 독일의 철학자 임마뉴엘 칸트(I. Kant)는 은하수처럼 뿌옇게 보이는 성운이 수없이 많이 있다고 보고 이들 각각을 섬우주라고 불렀다.

1840년경 아일랜드 아마추어 천문가인 로스(Rosse)는 구경 183cm 반사 망원경으로 성운을 관찰하고, 여기서 그림 II-4와 같은 나선구조를 발견했으며 또 그 속에서 밝은 별들도 발견했다. 당시에 성운이라고 부르는 것들은 뿌옇게 구름처럼 보이는 것으로 별의 집단이라고 생각하지는 않았다.

그림 Ⅱ-4
로스가 관측한 성운(M51)
1845년 영국의 로스는 구경 183cm의 대형 반사 망원경을 제작하여 성운(M51; 나선 은하)의 모습과 별들을 관찰했다.

대형 망원경이 등장하면서 성운의 구조가 알려지고 또 그 속에 있는 밝은 별들이 관측되면서 성운은 단순한 성운 물질의 집단이 아니라 별의 집단인 은하로 밝혀졌다. 이로써 칸트의 섬우주가 은하의 세계로 확인되었다.

물론 당시에 성운이라고 불리던 것이 모두 은하인 것은 아니다. 섬우주의 은하는 당시까지 우리 은하계 속에 있는 것으로 믿어왔다. 그러나 커티스의 관측에 의해 이들은 우리 은하계 밖에 있는 외부 은하라는 사실이 알려지면서 우주의 크기는 확장되기 시작했다. 즉 우주는 수많은 은하들로 이루어졌기 때문에 멀리 있는 은하가 발견될수록 우주의 한계는 계속 확장된다.

그림 II-5는 허블 우주망원경으로 장기 노출해서 찍은 하늘의 일부분으로 수많은 은하들이 분포하고 있다는 사실을 잘 보여주고 있다.

2 | 은하의 형태

우리 은하계 밖에 있는 외부 은하들의 형태는 그림 II-6에서 보인 것처럼 그 모습이 매우 다양하다. 둥근 형태의 은하를 타원 은하, 나선 팔을 가진 것을 나선 은하, 일정한 모양이 없는 것을 불규칙 은하라고 한다. 나선 은하 중에서 가운데 빗장을 지른 듯한 것을 빗장 나선은하 또는 막대 나선은하라 하고 그렇지 않은 것을 정상 나선은하라 한다.

가을철 북반구에서 안드로메다자리에서 뿌연 작은 성운 같은 것이 희미하게 보이는데 이것이 230만 광년 떨어진 안드로메다 은하며, 우리 은하계처럼 나선 팔을 가진 정상 나선은하다. 그림 II-7 남반구에서 육안으로 보이는 것은 16만 광년 떨어진 대마젤란 은하다.

이것은 불규칙 은하로 우리에게 가장 가까운 외부 은하다.

은하들의 형태는 타원 은하, 나선 은하, 불규칙 은하 외에 특이한

그림 Ⅱ-5

허블 우주망원경으로 본 은하의 집단.

그림 Ⅱ-6

은하의 여러 형태(a) M87(NGC 4486)은 5,000만 광년 떨어진 처녀자리에 있는 타원 은하, NGC 2997은 3,500만 광년 떨어진 공기펌프자리에 있는 정상 나선은하, M109(NGC 3992)는 5,500만 광년 떨어진 큰곰자리에 있는 막대 나선은하, NGC 4414는 약 6,200만 광년 떨어진 머리털자리에 있는 정상 나선은하, NGC 1365는 약 6,000 광년 떨어진 화로자리에 있는 막대 나선은하, NGC 6822(버나드 은하)는 200만 광년 떨어진 불규칙 은하로 국부 은하군에 속한다.

그림 Ⅱ-6

은하의 여러 형태(b) 정상 나선은하의 여러 모습 / ESO 269-57 -1.6억 광년, 센타우루스자리; NGC 3310 - 5,000만 광년, 큰곰자리; M51(NGC 5194) - 3,100만 광년, 사냥개자리; M83(NGC 5236) - 1,000만 광년, 큰물뱀자리; NGC 4013 - 5,500만 광년, 큰곰자리; ESO 510-G13 - 1억 5천만 광년, 물뱀자리).

그림 Ⅱ-6

은하의 여러 형태(c) NGC 4622는 나선 팔이 감기는 방향과 반대로 회전하는 나선 은하로 약 1억 광년 떨어진 센타우루스자리에 있다. 나선 은하 NGC 7742의 중심부에서는 별들이 활발하게 생성되고 있다. 센타우루스 A는 1,300만 광년 떨어진 센타우루스자리에 있는 타원 은하로 강한 전파를 내는 전파 은하다. 가운데 검은 줄은 짙은 성간 물질에 의한 것이다. NGC 6782는 1억 8,300만 광년 떨어진 공작새자리에 있는 막대 나선 은하며 중심부에서는 활발한 별의 생성이 일어나고 있다

그림 Ⅱ-6

은하의 여러 형태(d) NGC 253은 1,300만 광년 떨어진 나선 은하며, M82(NGC 3034)는 1,200만 광년 떨어진 큰곰자리에 있는 불규칙 은하다. NGC 3079는 5,000만 광년 떨어진 큰곰자리에 있는 특이 은하다. 1억 1,700만 광년 떨어진 큰물뱀자리에 있는 NGC 3314a(앞쪽 나선 은하)는 1억 4천만 광년 떨어진 NGC 3314b(뒤쪽 나선 은하)와 중첩되어 특이한 모습으로 보인다.

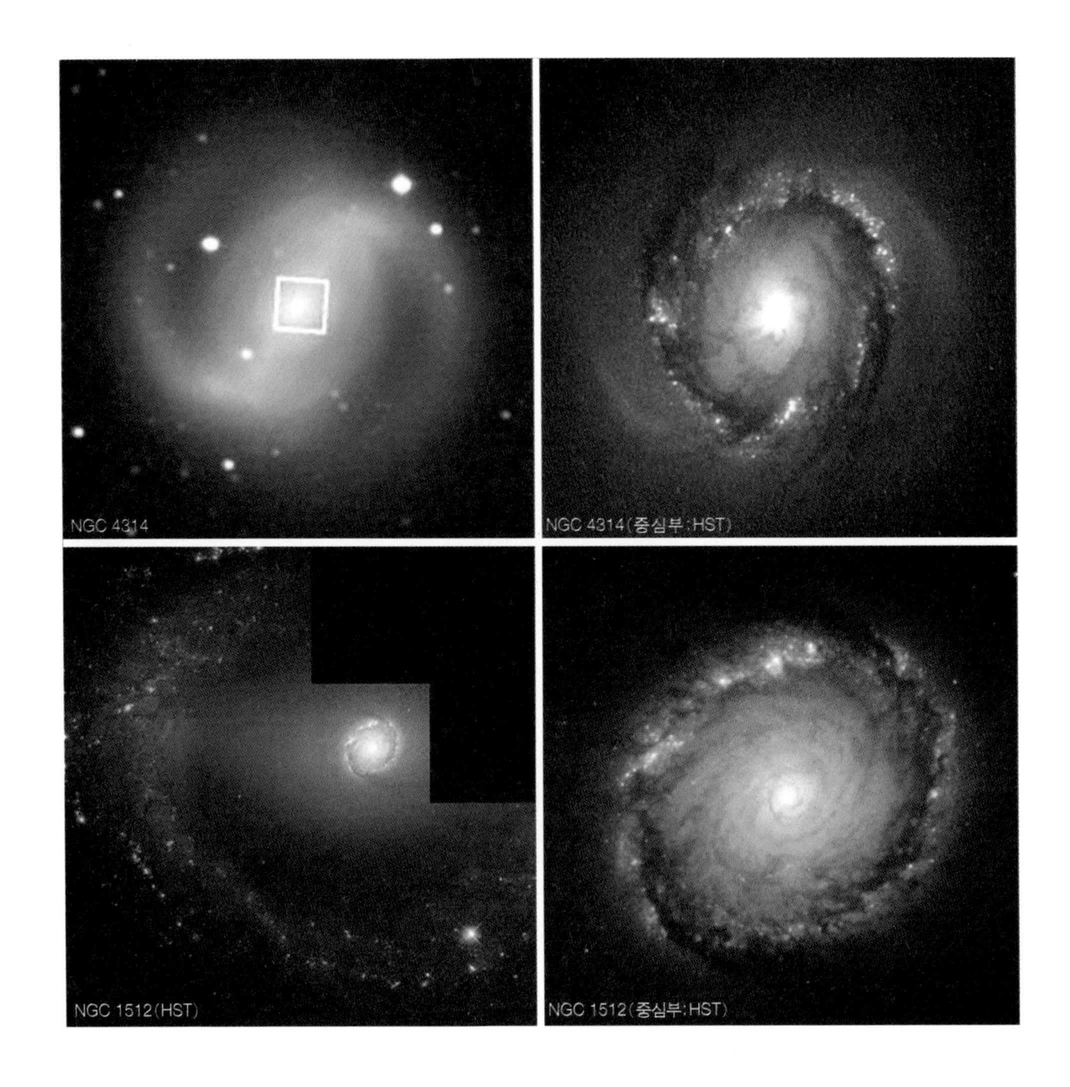

그림 Ⅱ-6

은하의 여러 형태(e) NGC 4314와 3,000만 광년 떨어진 시계자리에 있는 NGC 1512는 막대 나선은하며, 이들 은하의 중심부에는 별의 생성이 활발히 진행되고 있는 밝은 고리가 특징적이다.

그림 Ⅱ-7

안드로메다 은하 북반구에서 육안으로 보이는 230만 광년 떨어진 안드로메다자리에 있는 정상 나선은하로 우리 은하계보다 더 크다.

모습을 한 은하들도 많다. 그림 Ⅱ-6에서 센타우루스 A라는 은하는 은하 중앙을 가로지르는 검은 띠를 보이는 것으로 강한 전파를 방출하는 전파 은하다. 은하는 형태뿐만 아니라 크기도 다양하다. 아주 작은 것은 총 질량이 우리 은하계의 만분의 1이하로 아주 작고, 아주 큰 것은 은하계의 10배 이상이다. 타원 은하는 주로 나이 많은 별로 이루어졌기 때문에 새로운 별의 탄생이 거의 없다. 그러나 나선 은하나 불규칙 은하에서는 별들이 계속 태어나면서 활발한 진화를 보인다. 그래서 나이 많은 별들과 나이 적은 별들이 함께 모여 있다.

은하들의 형태는 왜 다른가?

이것에 대한 명확한 해답은 아직 없다. 이론적인 연구에 의하면

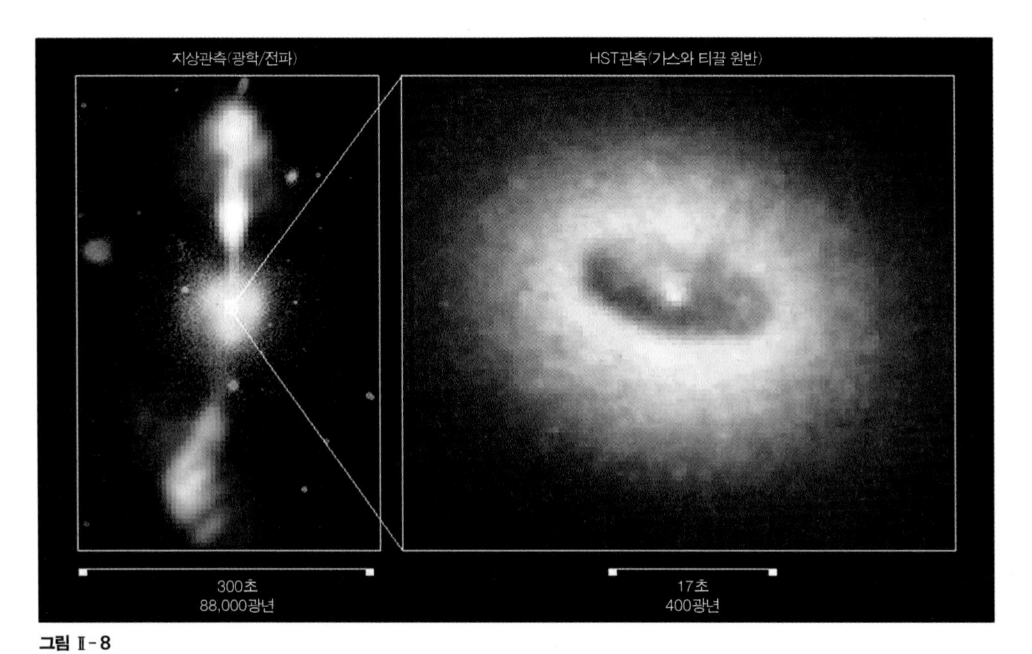

그림 Ⅱ-8

은하 중심부의 블랙홀 왼쪽 그림은 1억 광년 떨어진 처녀자리에 있는 타원 은하 NGC 4261을 지상에서 광학과 전파로 찍은 것을 합성한 은하핵 부분과 물질을 양쪽으로 분출하는 제트 모습이다. 오른쪽 그림은 허블 우주망원경으로 찍은 은하핵의 모습이다. 핵에서 양쪽으로 분출한 제트의 길이는 10만 광년이나 된다. 핵에는 태양질량의 1억 배 이상 되는 거대한 블랙홀이 존재하는 것으로 믿어진다.

은하들이 처음 태어날 때의 조건에 따라 형태가 대체로 결정된다고 본다. 원시 은하의 회전이 심한 경우는 나선 은하가 생길 가능성이 높고, 약할 경우는 성운 물질이 성운 중심부로 모여들면서 타원 은하를 생성시킬 가능성이 높다. 원시 은하성운의 물질이 밀집하지도 않고 또 회전도 거의 없을 때는 불규칙 은하가 생길 가능성이 높다. 한편 은하의 형태는 은하들 사이에 일어나는 조우나 충돌에 의해 심하게 바뀔 수 있으므로 형태를 간단히 규정할 수는 없다.

우리 은하계의 경우와 같이 외부 은하의 중심부에도 거대한 블랙홀이 들어 있다.그림 Ⅱ-8 이것의 존재는 은하 중심부에서 나타나는 고속 회전운동으로 알 수 있다. 이런 회전운동은 주변 물질이 블랙홀의 강한 인력에 끌려 안쪽으로 흘러들어가는 운동 때문에 생기는 현상이며, 블랙홀의 질량이 클수록 회전속도는 빨라진다.

빛은 X-선보다 훨씬 더 짧은 파장의 빛에서부터 전파보다 훨씬 더 긴 파장의 빛에 이르는 여러 가지 파장의 빛으로 이루어졌다. 이 중에서 우리 눈에 익숙한 것은 무지개 색깔의 빛으로 이루어진 가시광이다.

보통 망원경은 가시광을 받아 보는 광학 망원경이다. 그림 II-9에서 왼쪽 그림은 대마젤란 은하와 솜브레로 은하를 광학 망원경으로 본 것이다. 이들 은하 주위를 전파 망원경을 써서 전파로 조사해 보면, 오른쪽 그림처럼 눈에 보이지 않는 어두운 물질(주로 수소)이 밝은 은하 주위를 아주 넓게 둘러싸고 있는 것을 볼 수 있다. 이와 같은 현상은 다른 은하에서도 나타난다. 빛을 내지 못하는 어두운 물질의 양은 빛을 내는 물질보다 훨씬 많다. 이들은 거대한 원시 은하성운에서 빛을 내는 은하가 만들어진 후 남아 있는 잔해들이며, 이들의 일부는 은하 안쪽으로 들어와서 별의 생성을 촉진시킨다. 이러한 어두운 물질은 다음과 같은 흥미 있는 광학적 현상을 만들어낸다.

거대한 은하나 은하들이 많이 모인 은하의 집단(은하단) 뒤쪽에 있는 어두운 은하의 빛이 큰 은하 주위나 또는 은하단 주위를 지나오면 빛이 휘어 멀리 있는 은하의 상이 두 개 또는 그 이상으로 나타나는 것이 발견되었다. 이런 현상을 중력렌즈 효과라 한다. 그림 II-10에 보인 예는 멀리 있는 퀘이사에서 나온 빛이 퀘이사와 우리 사이에 있는 거대 은하 주위를 지나오면서 이 은하의 강력한 중력작용으로 빛의 진로가 휘어져 4개의 퀘이사 영상을 만들어 놓은 것으로 아인슈타인 십자라 부른다. 여기서 가운데 것은 빛을 휘게 한 거대 은하의 상이다.

그림 Ⅱ-9

은하와 어두운 물질 가시광으로 보이는 16만 광년 떨어진 대마젤란 불규칙 은하와 3,900만 광년 떨어진 솜브레로 나선은하(M104, NGC 4594) 주위에는 광학적으로 보이는 물질보다 가시광으로 보이지 않는 물질(주로 중성 수소)이 훨씬 더 많이 분포하고 있다.

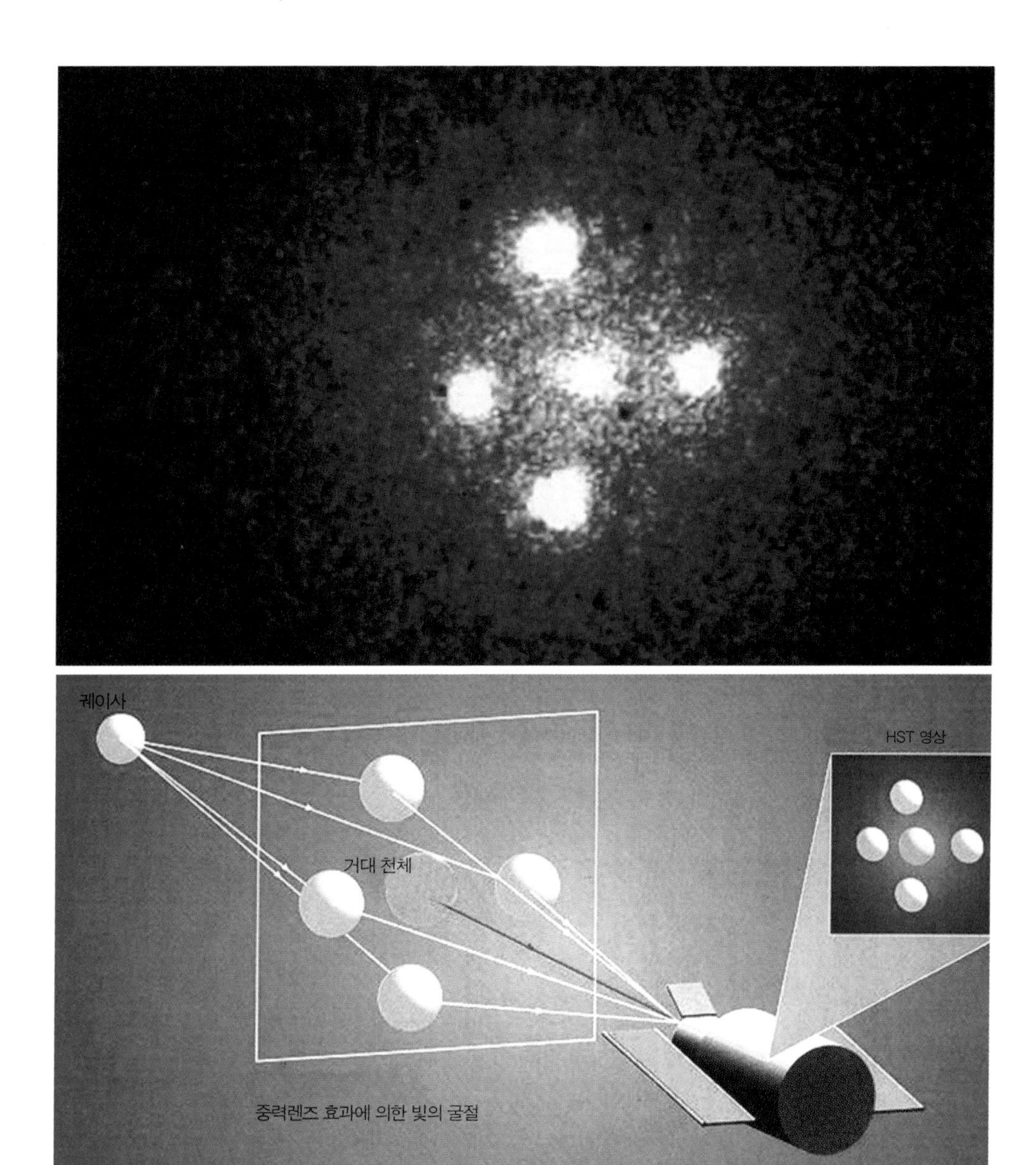

그림 Ⅱ-10

아인슈타인 십자 거대 은하나 은하단 주위를 지나오는 천체의 빛이 이들의 강한 중력 효과로 빛의 진로가 휘기 때문에 뒤쪽의 퀘이사가 4개의 상으로 나누어 보이는데 이를 아인슈타인 십자라 부른다. 십자 가운데 상은 강한 중력작용을 미치는 천체의 상이다.

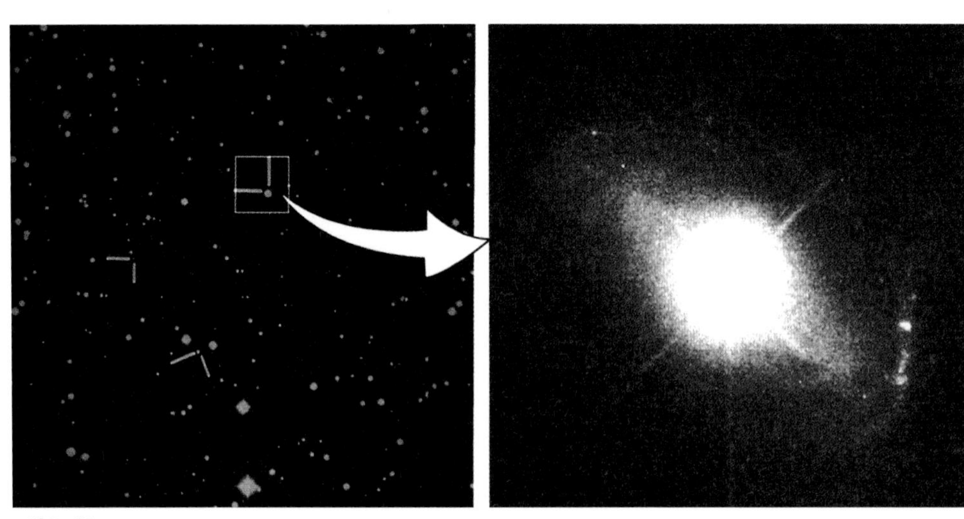

그림 Ⅱ-11
퀘이사 약 65억 광년 떨어져 있는 퀘이사 1229+204는 별처럼 작게 보인다. 그러나 오른쪽의 확대한 사진에서는 둥글게 보이는 별과 달리 은하의 모습을 띠고 있다.

3 | 퀘이사

망원경으로 보면 그림 Ⅱ-11과 같이 작은 별처럼 보인다. 그러나 이 천체에서 나오는 에너지의 양을 조사해 보면 보통 은하보다 훨씬 많은 양의 에너지를 방출하고 있다. 그리고 강한 청색을 띠며 또 매우 빠른 속도로 우리로부터 멀어지고 있다. 이런 천체를 퀘이사라고 하며 일반적으로 이들은 아주 멀리 떨어져 있다. 그래서 퀘이사는 그들의 초기 모습을 우리에게 보여주고 있는 셈이다. 그 이유를 살펴보자.

예를 들어 QSO 11229라는 퀘이사는 거리가 120억 광년이다. 현재 이 퀘이사를 보고 있는 순간에 우리 눈에 들어오는 이 천체의 빛은 과거 120억 년 전에 이 천체로부터 출발하여 초속 30만 km의 속도로 우주 공간을 달려와서 현재 우리 눈에 들어온 것이다. 그러므로 현재 우리가 보는 이 퀘이사는 과거 120억 년 전의 옛 모습이다. 그리고 현재 그 퀘이사는 이 시간만큼 늙어 있을 것이다. 우주의 나이를 150억 년으로 볼 때 이 퀘이사는 우주가 생긴 지 얼마 되지 않는 우주 초기 때의 모습을 현재 우리에게 보여주고 있는 셈이다. 따라서 퀘이사 연구는 우주의 초기 상태를 이해하는 데 매우 중요한 정보를 제공해 주고 있다.

빛은 유한한 속도를 가지므로 우주에서 우리가 보는 것은 모두 과거의 모습이다. 실은 우리 눈에 가장 가까운 콧등을 볼 때도 과거의 모습만 볼 수 있다. 왜냐하면 콧등에서 나온 빛이 눈에 들어오는 데 걸리는 시간은 매우 짧기는 하지만 유한하기 때문이다. 그러나 보통 일상 생활에서 아주 짧은 시간의 과거는 현재로 생각한다. 그렇지만 멀리 떨어진 별의 세계에서는 우리가 천체를 보는 순간 그 천체는 빛이 우리에게 도달하는 데 걸린 시간만큼 늙어 있다.

이런 점을 비추어 볼 때 우리가 보는 자연의 세계나 하늘의 별의 세계는 모두가 과거의 세계다.

그렇다고 해서 이 세계가 실체가 없는 허망한 허깨비라는 것은 아니다. 우리가 사물을 인식하는 자체가 모두 과거 세계에 대한 인식이며, 이것은 정보의 전달자인 빛이 유한한 속력을 가지는 속성 때문에 일어나는 필연적인 자연 현상이다.

우리가 대형 망원경을 이용하여 퀘이사를 열심히 연구하는 이유는 더 멀리 있는 퀘이사를 통해 더 먼 과거의 우주를 보기 위한 것이다. 먼 과거를 볼수록 대폭발 우주의 초기 모습을 볼 수 있고 이로부터 우주가 어떻게 탄생되었으며 또 은하가 어떻게 진화해 왔는가를 이해하는 데 중요한 열쇠가 되기 때문이다.

4 | 은하의 충돌

은하 사이의 거리는 평균 수십만 광년으로 멀기 때문에 이들이 충돌할 것으로는 생각되지 않을 것이다. 과연 그럴까?

예를 들어보자. 서울서 부산까지의 거리는 천 리가 넘기 때문에 양쪽에 있는 사람들이 서로 마주 부딪칠 가능성은 거의 없다. 그러나 지구 바깥 멀리서 보면 서울과 부산은 서로 붙어 보이므로 양쪽 사람이 함께 있는 것으로 보일 것이다. 마찬가지로 100억 광년 이상 되는 우주의 크기에 비하면 은하들 사이의 거리는 매우 좁아 보인다. 따라서 우주적 차원에서 보면 은하의 충돌은 빈번하게 일어날 것으로 짐작된다.

실제로 은하의 충돌은 많이 관측된다. 그림 II-12는 충돌 은하의 모습들이다. 두 은하의 충돌 때 흘러나온 물질이 은하들을 연결하기도 하고, 때로는 긴 꼬리를 만들기도 한다. 작은 은하가 큰 은하의 중심부를 통과하게 되면 큰 은하의 물질을 주변으로 방출시켜서 수레바퀴 같은 형태를 이루며 별의 생성이 촉진된다. 충돌 은하의 가장자리에서 보이는 푸른 별들은 충돌 후에 밀려나간 성간 물질에서 태어난 것들이다.

만약 팔을 가진 나선 은하가 충돌을 당하면 은하의 형태가 어떻게 변할까? 두 은하의 충돌 때 미치는 강한 섭동으로 나선 팔에 있던 성간 물질과 별들이 쉽게 밖으로 흩어져 팔이 없는 타원 은하로 형태가 바뀔 가능성이 높다. 이런 이유 때문에 은하들이 많이 모여 있는 은하단의 중앙부에서는 나선 은하보다 타원 은하가 더 많이 관측된다.

은하 충돌의 중요성은 은하의 형태 변화뿐만 아니라 충돌 때 성간 물질의 밀도 증가로 별의 생성이 촉진되고, 또한 은하 중심부 물질의

그림 Ⅱ-12

은하의 충돌(a) 1억 4,000만 광년 떨어진 큰개자리에 있는 큰 은하 NGC 2207(왼쪽)은 작은 은하 IC 2163(오른쪽)을 끌어들여 병합하고 있는 모습. 약 3억 광년 떨어진 황소자리에 있는 은하 NGC 1409는 아래쪽의 NGC 1410 은하와 서로간의 충돌로 성간 물질이 끌려나와 이들 사이에 긴 파이프라인을 이루고 있다. 약 2억 광년 떨어진 거문고자리에 있는 나선은하 NGC 6745는 아래쪽의 작은 은하와의 충돌로 은하의 모양이 기다란 새 눈처럼 변형되었다. 두 은하 IC 694와 NGC 3690(오른쪽)은 서로 충돌하고 있다. 1억 3,000만 광년 떨어진 센타우루스자리에 있는 NGC 4650A는 약 1억 년 전에 두 은하가 충돌 결합해서 생긴 특이한 모습을 보인다.

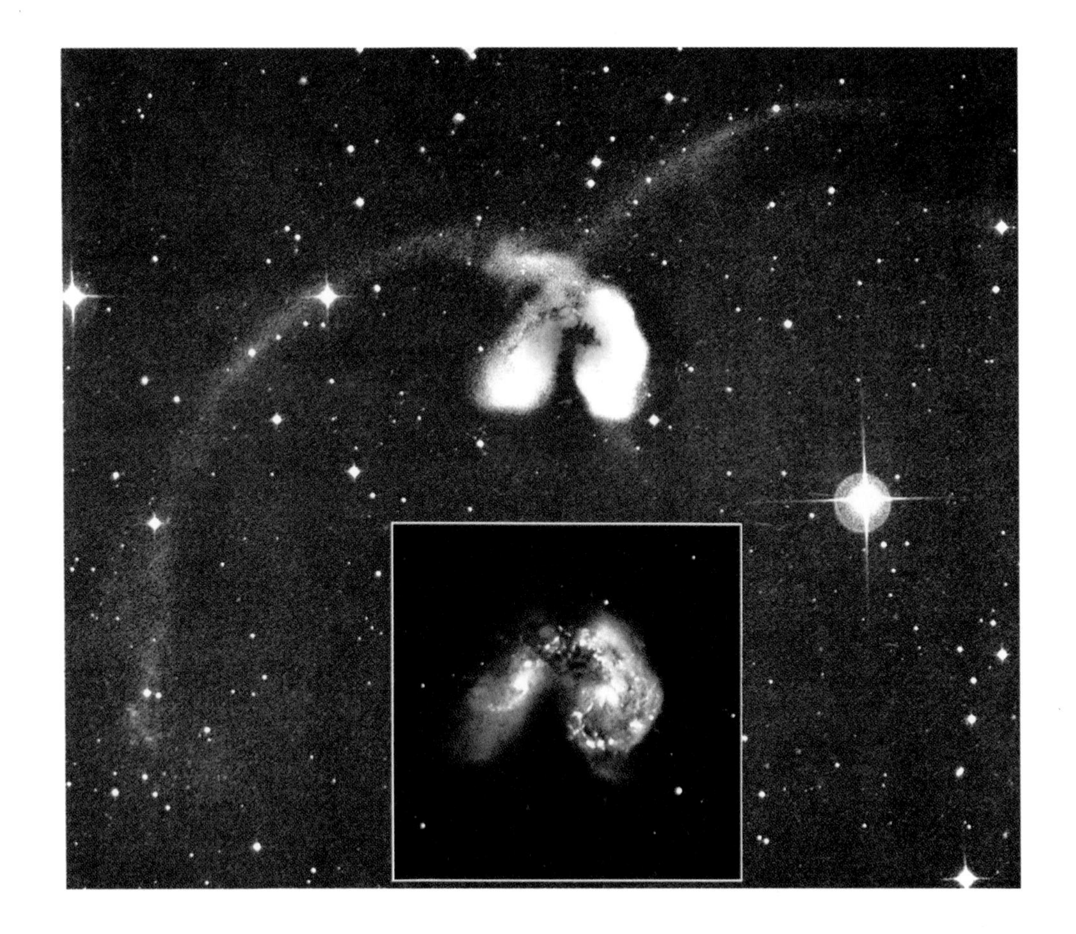

그림 Ⅱ-12

은하의 충돌(b-1) 두 은하 NGC 4038과 NGC 4039의 충돌에 의해 긴 꼬리를 보이는 이것을 안테나 은하라 하며 이들의 핵은 사진에서 보인 것처럼 서로 결합되어 있다.

그림 Ⅱ-12

은하의 충돌(b-2) 사냥개자리에서 3,100만 광년 떨어져 있는 소용돌이 나선은하(M51, NGC 5194)는 왼쪽에 있는 작은 나선은하(NGC 51945)와 충돌하면서 물질이 끌려나와 서로 연결되어 있으며 이들을 부자(아버지와 아들) 은하라 부른다.

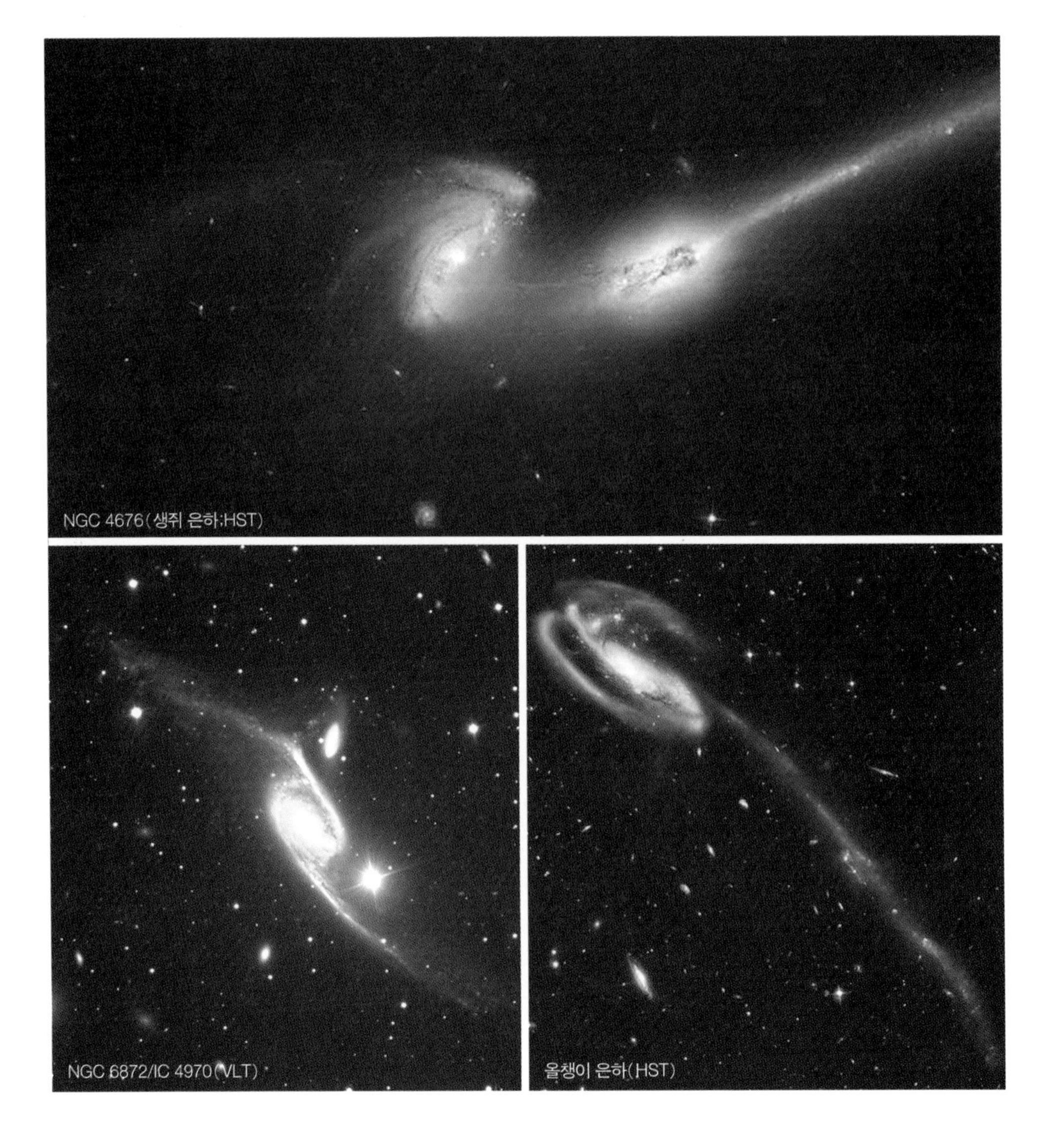

그림 Ⅱ-12

은하의 충돌(c-1) 약 3억 광년 떨어진 머리털자리에 위치한 NGC 4676은 두 은하가 상호 충돌에 의한 조석효과로 한 은하에서 긴 쥐꼬리 같은 모양으로 성간 물질이 끌려나왔다. 그래서 이들을 생쥐 은하라 부른다. 3억 광년 떨어진 공작자리에 있는 큰 막대 나선은하 NGC 6872는 위쪽의 작은 은하 IC 4970에 의한 조석 작용으로 기다란 줄기가 양쪽으로 나오면서 은하의 모습이 변형되었다. 4억 2천만 광년 떨어진 용자리에 위치한 아프(Arp) 188(UGC 10214)이란 은하는 수억년 전에 다른 은하와의 강한 충돌로 물질이 끌려 나와 길이가 약 28만 광년이나 되는 기다란 꼬리모양을 이루고 있으며 또 은하의 모양도 많이 변형되었다. 그래서 이 은하를 올챙이 은하라 부른다.

그림 Ⅱ - 12

은하의 충돌(c-2) 5억 광년 떨어진 조각가자리에 있는 수레바퀴 같이 생긴 차륜 은하는 약 2억 년 전에 작은 은하가 큰 은하와 정면으로 충돌하면서 생긴 것이다. 이 때 일부의 물질이 밖으로 밀려나가 별의 생성이 활발히 일어나는 푸른색의 고리를 이루며 중심에는 오래된 별들이 모여 있다. 작은 은하 IC 30이 큰 은하 IC 29의 중심부를 지나오면서 기다란 성간 물질의 줄기를 이루고 있다.

증가로 은하핵을 더욱 활동적으로 만든다. 그래서 은하의 충돌은 우주를 더욱 역동적으로 만들어간다. 사람도 서로 자주 만나야 정신적이든 물질적이든 주고받음의 인연관계가 더욱 돈독해지듯이 은하들의 잦은 충돌로 우주 법계는 보다 더 적극적으로 진행해 가고 있다.

5 | 은하의 집단

별들이 집단을 이루어가듯이 은하들도 모여 집단을 형성한다. 예를 들어 우리 은하계는 주위에 보이는 약 35개 은하들과 함께 작은 은하 집단을 이루고 있는데 이를 국부 은하군이라고 한다. 그림 Ⅱ-13 여기에는 나선 은하, 타원 은하, 불규칙 은하 등이 있으며, 이중에서 가장 큰 것은 안드로메다 은하다.

일반적으로 수십 개 은하들이 모인 집단을 은하군이라고 하고, 수백 개 은하가 모인 것을 은하단이라고 한다. 그림 Ⅱ-14 은하군의 크기는 수백만 광년이고, 은하단의 크기는 천만 광년 정도다. 수십 개의 은하단들이 모여 더 큰 규모의 초은하단을 이루는데 그 크기는 수천만 광년이다. 그림 Ⅱ-15 그리고 초은하단들이 모여 더 큰 초초은하단을 이루고 있다. 이처럼 우주에서 천체들은 서로 모여 집단을 형성해 가는데 집단이 클수록 외부 섭동에 대해 역학적으로 더 안정해지기 때문이다. 지상에서 생물들이 같은 종끼리 군집을 형성하는 것도 같은 이치다.

현재 우리가 알고 있는 우주에는 은하들이 얼마나 많이 있을까?

약 천억 개의 은하들이 있는 것으로 추정된다. 한 은하 내에 들어 있는 별의 수가 약 2,000억 개로 본다면 우주 내에 들어 있는 별의 전체 수는 2,000억의 1,000억 배에 해당하는 것으로 0이 22개나 붙는 수(2×10^{22})이다.[3]

3 사람이 일, 이, 삼, 사, …, 삼천오백사십구, 삼천오백오십, …, 일억팔천칠백사십오만이천사백육십구, ……, 하면서 숫자를 센다면 100년 사는 동안 1억도 셀 수 없다. 만약 계산기로 1초에 100개씩 센다면, 우주 내 별의 총 개수를 세는 데 걸리는 시간은 약 7조 년이 걸린다.

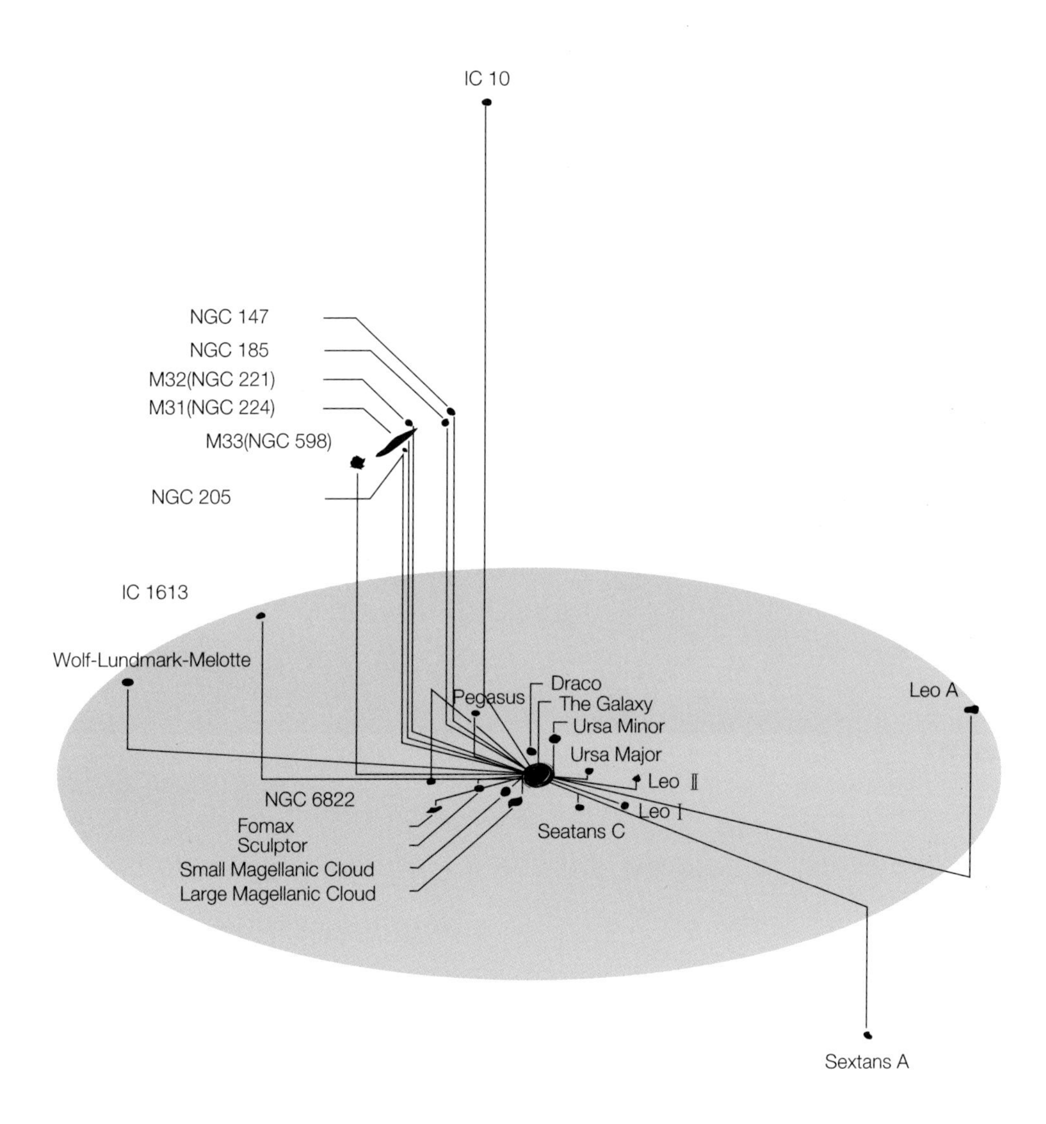

그림 Ⅱ- 13

국부 은하군 우리 은하계가 속해 있는 국부 은하군 내의 은하들의 분포.

그림 Ⅱ - 14
처녀자리 은하단의 중심지역 (ROE) 5,000만 광년 떨어진 처녀자리에 있는 처녀자리 은하단의 중심부 지역의 모습에서 여러 은하들이 보인다.

6 | 허블 법칙

멀리 있는 은하들의 관측에서 이들은 우리로부터 멀어지고 있음을 볼 수 있었다. 미국 천문학자 허블은 멀리 있는 이들 은하들의 속도와 거리의 상관 관계를 조사했으며 이로부터 은하의 거리(r)가 멀수록 더 빠른 속도로 멀어져 간다는 사실을 발견했다. 즉

$$V=Hr : H=50 \sim 75 km/s/Mpc$$ [4]

4 M은 백만의 약자고, pc는 파섹의 약자다. 1파섹은 3.26광년이므로 1Mpc은 3백 26만 광년이다.

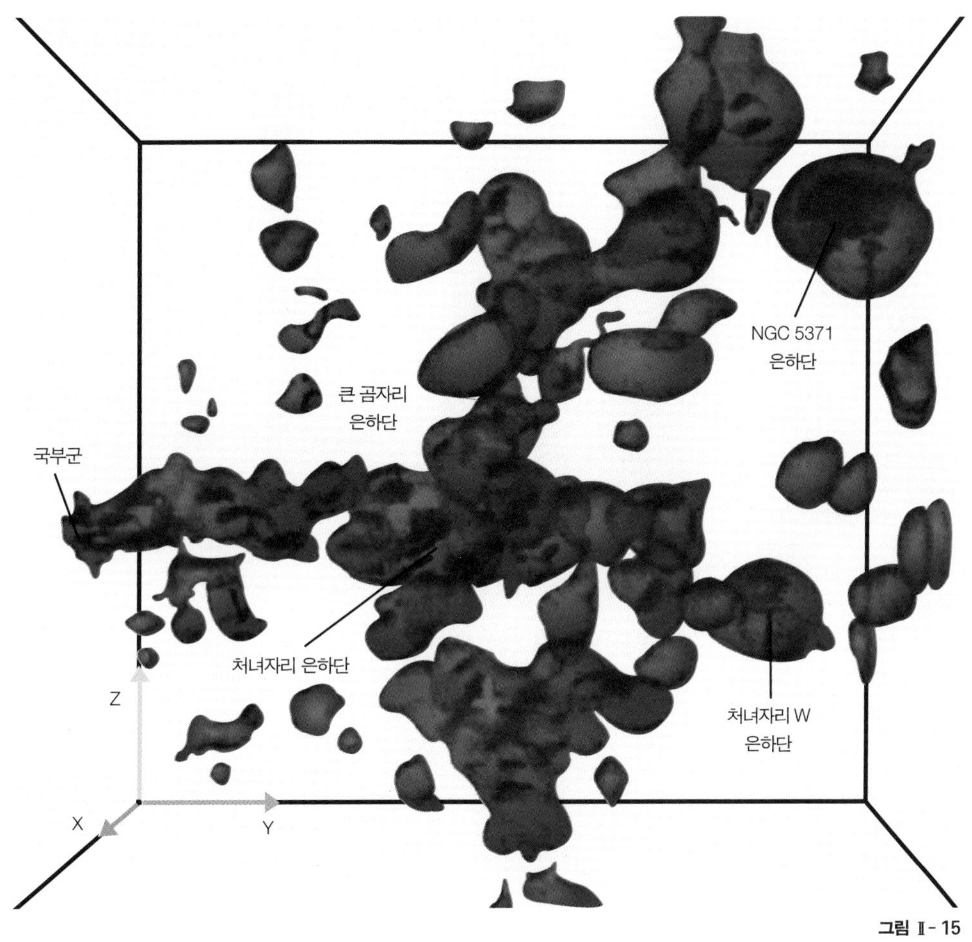

그림 Ⅱ - 15

국부 초은하단 국부 은하단들이 이루고 있는 국부 초은하단의 분포를 3차원으로 그린 모습.

이 관계를 허블 법칙이라고 한다. 여기서 V는 후퇴 속도며 H는 허블 상수다.

허블 법칙은 국부 은하군 밖에 있는 은하들에 적용되며 다음의 세 가지 중요성을 지닌다.

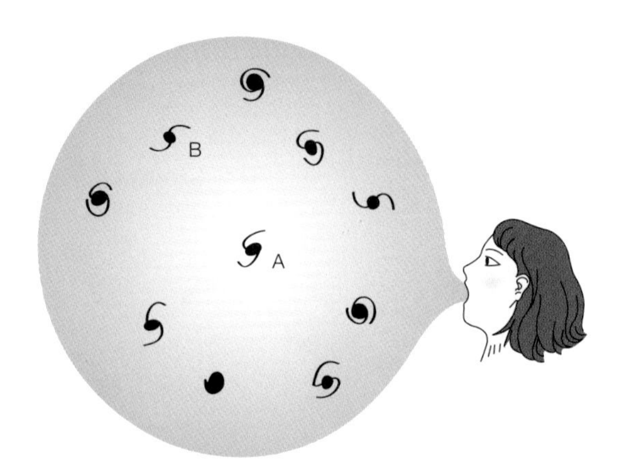

그림 Ⅱ-16

팽창 우주의 모형 팽창하는 고무풍선 위에 그린 은하 A에서 다른 은하를 보면 모두 자기로부터 멀어져 간다. 은하 B에서 다른 은하들을 보아도 같은 현상이 일어난다.

① 멀리 있는 은하의 후퇴 속도를 관측하면 그 은하의 거리를 알 수 있다. 수백만 광년 이상 멀리 떨어진 은하들의 거리는 허블 법칙을 이용해서 구한다.

② 은하들이 우리로부터 멀어지고 있다는 사실은 은하들을 포함한 우주가 팽창하고 있다는 것을 의미한다. 그러면 팽창 우주의 중심은 어디에 있는가? 이를 알아보기 위해 그림 Ⅱ-16을 살펴보자.

고무 풍선 위에 은하들을 그려 놓고 입으로 바람을 불어넣는다. 풍선이 팽창하면 풍선 위에 있는 은하들이 서로 멀어지게 된다. 이런 현상은 A은하에서 보거나 B은하에서 보거나 똑같이 나타난다. 이것은 허블 법칙은 우주 어디서나 만족된다는 뜻이며, 그리고 팽창 우주에서는 그 중심을 찾을 수 없다는 것을 보여준다.

③ 팽창 우주의 나이를 추정할 수 있다. 예를 들어 현재의 속도로 멀어지고 있는 은하를 같은 속도로 거꾸로 되돌리면 그 은하가 생긴 원점, 즉 대폭발 우주의 시발점에 도달하게 될 것이다. 이때 걸리는 시간이 곧 팽창 우주의 나이에 해당한다. 이 나이는 허블 법칙에서 거리를 속도로 나누면 얻어지는데 허블 상수의 역수 값과 같다. 즉 허블 상수를 알면 우주의 나이를 추정할 수 있다. 그런데 여기에 두 가지 문제가 있다.

첫째는 허블 상수의 값이 아직 정확하지 않다는 것이다.

알려진 값을 쓰면 우주의 나이는 120억 년에서 200억 년 사이다. 둘째는 우주가 일정한 속도로 팽창하지 않았다면 허블 상수로 우주의 나이를 추정할 수 없다. 대폭발 우주 모형에 의하면 우주 초기에 일어난 급팽창 이후에는 팽창 속도에 비교적 큰 변화가 없는 것으로 미루어 허블 상수에 의해 우주의 나이를 대략적으로 추정하고 있다.

지구는 무슨 일을 하며 살아갈까

– 지구의 여러 가지 운동

지상에서 늘 움직이며 살아가는 우리들은 지구가 정지해 있고 달이나 태양이 지구 주위를 돈다고 생각하기 쉽다. 그러나 지구 바깥 멀리 나가서 지구를 바라보면 지구가 여러 가지 운동을 하고 있다는 것을 알 수 있다. 그러면 몇 가지 운동을 하고 있을까? 그림 Ⅱ-R15-1

첫째, 지구는 24시간의 주기로 자전한다. 적도 쪽에 사는 사람은 초속 47m의 속도로 돌고 있지만 이것을 전연 느끼지 못한다. 마치 나는 비행기 안에서 걷는 사람은 비행기가 얼마나 빠르게 움직이는지를 모르는 것과 같다.

둘째, 지구는 달과 하나의 계를 이루고 있다. 이것은 마치 시소의 양끝에 지구와 달이 놓여 있는 것과 같다. 그림 Ⅱ-R15-2 이때 시소의 지렛목을 질량 중심이라고 한다. 이것의 위치가 지표면에서 지구 반경의 1/4인 곳에 위치한다. 지구는 이점을 중심으로 달과 같은 주기로 회전한다. 회전 속도는 초속 13m다.

셋째, 지구는 초속 30km(고속버스 속도의 1,080배)의 속도로 태양 주위를 돌고 있다. 이런 운동은 지구가 탄생할 때 원시 성운으로부터 생긴 것이다.

넷째, 태양 주위의 별들은 국부 항성계라는 무리를 이루고 있다. 이 무리 속에서 태양은 모든 행성들을 거느리고 헤르큘레스 별자리 쪽으로 초속 20km의 속도로 움직이고 있다. 이런 운동을 이웃 별들에 대한 태양운동이라고 부른다.

다섯째, 태양과 함께 지구는 우리 은하계 중심 주위를 초속 230km의 속도로 회전하고 있으며, 회전 주기는 약 2억 5천만 년이다.

여섯째, 우리 은하계는 35개 정도의 은하들이 모인 국부 은하군을 이루

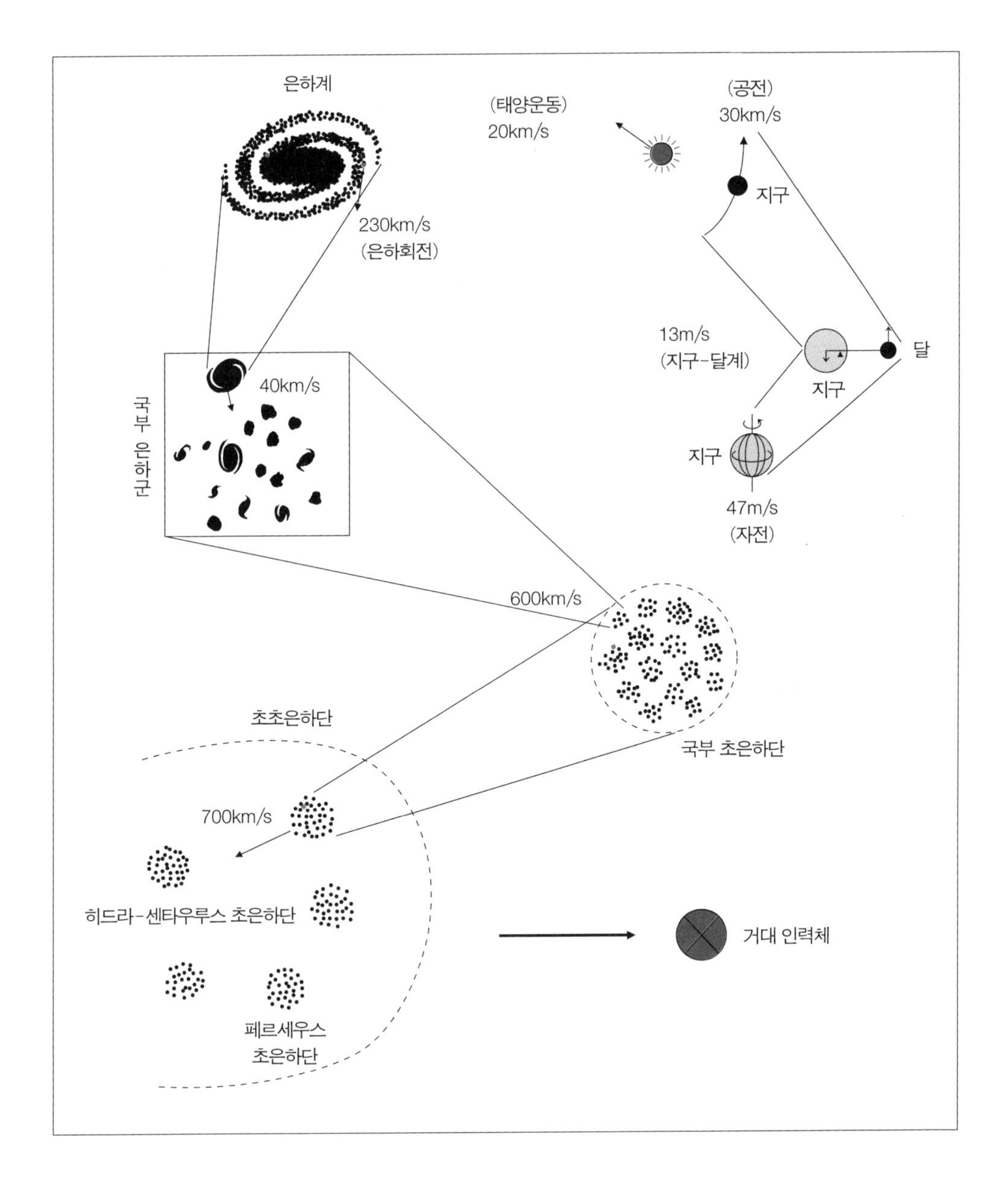

그림 Ⅱ-R15-1

지구의 여러 가지 운동 지구는 최소 8가지 운동을 동시에 하고 있다.

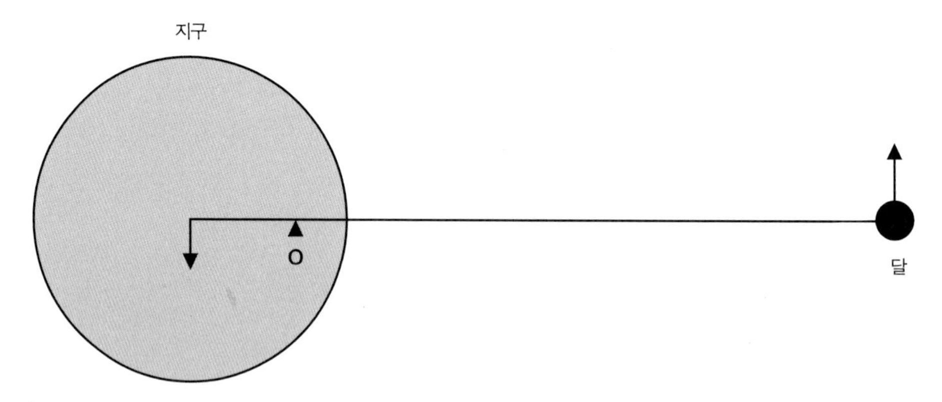

그림 Ⅱ-R15-2

지구-달의 계 지구와 달은 지표면에서 지구 반경의 1/4 되는 곳에 위치하는 질량 중심(O) 주위로 회전 운동을 하고 있다.

고 있다. 이 속에서 은하계는 초속 40km의 속도로 움직이고 있다.

일곱째, 국부 은하군은 다른 이웃 은하들과 서로 모여 더 큰 집단인 국부 초은하단을 이루고 있다. 이 초은하단 내에서 우리 은하는 초속 600km의 속도로 움직이고 있다.

여덟째, 국부 초은하단은 이웃의 다른 초은하단과 서로 모여 더 큰 집단인 국부 초초은하단을 이루고 있으며, 이 속에서 국부 초은하단은 초속 700km의 속도로 움직이고 있다.

결국 지구는 8가지의 운동을 동시에 하고 있다. 그러나 우리는 이러한 운동을 전연 느끼지 못하고 살아간다. 비록 피부로 느끼지는 못하지만 우주 속에서 우리는 이처럼 역동적이고 유기적인 연기관계 속에서 살아간다는 것은 잊지 말아야 한다. 왜냐하면 시공적으로 너무나 미묘하며 조화로운 이러한 질서를 모르면 우주 속에서 살아가는 우리의 삶이 마치 우물 안 개구리 식으로 전락되어 우주를 다스리는 우주 법신의 뜻을 거역할 수도 있기 때문이다.

허블 우주망원경과 대형 망원경

지상에서 별을 보면 별빛이 지구 대기를 지나오면서 대기 입자에 흡수되거나 산란되어 빛의 양이 줄어들고 또한 공기의 요동 때문에 별의 상이 흔들리게 된다. 이런 현상은 특히 상층의 대기가 불안정할 때 심하게 나타난다. 이를 시상(視相: seeing)이 나쁘다고 한다. 이러한 단점을 피해 가장 좋은 시상을 얻으려는 목적으로 지구 대기 바깥에 망원경을 올려놓은 것이 허블 우주망원경이다. 그림 Ⅱ-R16-1 이것은 1990년 4월 24일에 디스커버리 우주 셔틀에 탑재되어 발사되었다. 현재 고도 611km 상공에서 96분의 주기로 지구 주위를 돌면서 관측하고 있다. 망원경의 구경은 240cm고 길이는 1,310cm며, 무게는 11톤이다. 이 망원경으로 28등급의 어두운 천체를 볼 수 있다. 이 한계 등급은 육안의 한계 등급보다 6억 3천만 배나 더 어두운 것이며, 그리고 겨울철 밤하늘에서 가장 밝게 보이는 시리우스보다 약 1,000억 배 더 어두운 천체를 볼 수 있다.

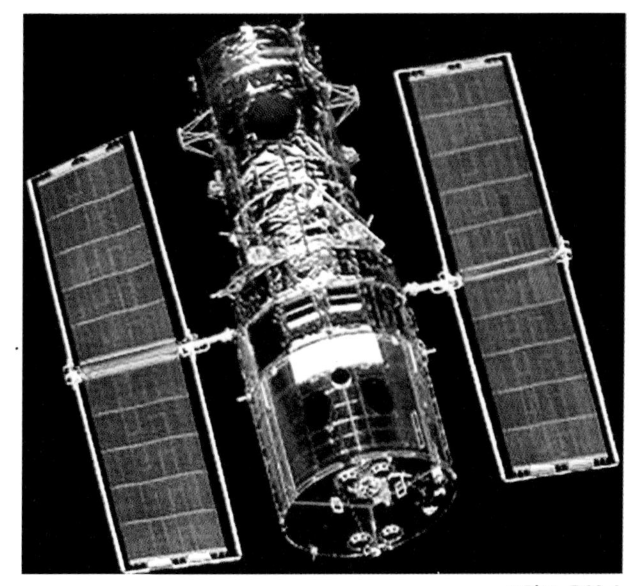

그림 Ⅱ-R16-1

허블 우주망원경 구경 240cm의 반사 망원경으로 28등급까지 어두운 천체를 관측할 수 있는 허블 우주망원경은 610km 상공에서 96분마다 한 번씩 지구 주위를 돌고 있다.

한편 지상에서는 대기에 의한 단점을 가능한 줄이기 위해 해발 고도가 높고 습기가 적은 곳을 택하며, 그리고 별빛을 한꺼번에 많이 받기 위해서 구경이 큰 대형 망원경을 필요로 한다. 오늘날 가장 큰 망원경은 구경 1,000cm

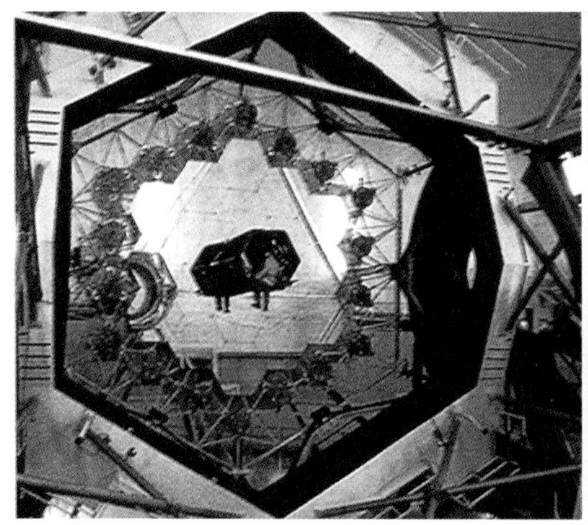

그림 Ⅱ- R16-2

켁 망원경 180cm 크기의 정육각형 거울 36개를 조합하여 만든 켁 망원경의 거울은 구경 1000cm의 망원경에 해당한다. 오른쪽 그림은 켁 망원경이 들어 있는 돔의 모습이다.

인 두 대의 켁(Keck) 망원경이다. 그림 Ⅱ-R16-2 이것은 크기가 180cm인 정육각형 거울 36개를 조합하여 만든 반사경이다. 이 망원경의 한계 등급은 28등급이다. 이들 망원경은 해발 고도가 4,200m 되는 하와이의 마우나 케아산 정상에 설치되어 있다. 이곳에는 두께가 20cm로 아주 얇고 구경이 830cm 되는 하나의 거울로 이루어진 일본의 수바르 망원경과 그리고 구경 810cm의 다국적 제미니 망원경 등 여러 개의 대형 망원경이 설치되어 있다.

지상의 대형 망원경이나 지구 주위를 도는 우주망원경이 수행하고 있는 주요한 천문학 과제는 주로 우주의 구조와 기원의 규명, 빈 터의 정체 확인, 허블 상수의 정밀한 결정, 암흑 물체의 정체 규명 등이며, 또한 별이나 은하의 생성과 진화 문제도 중요 과제로 삼고 있다.

3. 우주

1 | 우주의 종류

사람들은 우주라는 말만 들어도 호기심을 보이며 긴장한다. 이것은 인간 본래의 존재 목적이 우주의 근원을 찾는 데 있기 때문인지도 모른다. 그런데 보통 우주를 이야기할 때 자기가 말한 우주가 과연 어떤 종류의 우주인지 정확히 모르기 때문에 이야기를 잘 꾸려가기가 어려운 것이다.

먼저 우주의 정의를 보자.

동양에서 우주라고 할 때 우(宇)는 사방상하(四方上下)로 공간을, 주(宙)는 왕고래금(往古來今)으로 시간을 나타낸다. 그래서 우주가 공간과 시간을 뜻하는 것처럼 보인다. 그러나 실제는 자연계에 있는 모든 물질과 이것이 포함되어 있는 4차원적 시공간 전체를 우주라고 한다. 우주에는 내용적으로 크게 3종류가 있다.

① 전우주(全宇宙): 형이상학적 우주로 물리 법칙이나 관측 사실에 근거하지 않은 관념적 우주다. 주로 신화나 종교에서 언급

되는 우주가 이에 속한다. 또는 누구나 자기 마음대로 상상하는 우주가 있다면 그것은 전우주다.(지대방 17 · 18 참조)

② 물리적 우주: 우리가 알고 있는 모든 물리 법칙을 사용하여 수학적으로 기술할 수 있는 우주다. 여기에는 시공간의 4차원적 우주뿐만 아니라 그 이상의 다차원 우주도 기술되고 있다. 우리가 잘 알고 있는 대폭발 우주가 이에 속한다.

③ 관측 가능한 우주: 현재의 모든 관측 수단을 이용하여 관측할 수 있는 범위의 우주다. 여기서 우주 공간의 한계는 가장 멀리 있는 천체의 거리에 의해 결정된다. 이러한 우주는 관측 수단의 발전에 따라 우주의 한계는 더욱 확장된다. 현재 관측 가능한 우주의 크기는 약 140억 광년이다.

어떤 사람이 우주에 관해 알고자 한다면 위의 세 가지 우주 중에서 어떤 종류의 우주를 알고자 하는지 분명히 확인한 후에 논의를 계속해야 한다. 그렇지 않으면 서로 혼란에 빠지기 쉽다.

2 | 우주 기하학

우리는 자주 이런 질문을 한다.

우주는 둥글까?

우주는 한계가 없이 무한한 것일까?

이것은 물리적 우주에서 다루는 우주의 기하학에 관한 문제다. 여기에는 평탄한 우주, 열린 우주, 닫힌 우주 등 3가지의 4차원적 기하학이 있다. 이들을 알아보기 위해 간단한 3차원의 기하학을 살펴보자.

반고가 흘린 눈물이 강이 되었다

– 중국의 반고 신화

3세기경 중국의 서정(徐整)이 쓴『태평어람』의「삼오역기(三五歷記)」중에 나오는 신화로서 거인시체화생설(巨人屍體化生說) 신화 또는 우주거인 신화라 부르는 창조신화다.

거대한 달걀 속(혼돈상태)에서 반고(盤古)가 탄생하여 수면상태로 성장했다. 18,000년 후 잠에서 깨어난 반고는 칠흑 같은 사방이 답답하여 달걀을 깨고 나온다(혼돈과 암흑세계를 탈출함). 달걀이 깨지면서 가벼운 것은 하늘로, 무거운 것은 가라앉아 땅이 되면서 천지가 둘로 나뉘었다. 천지가 둘로 서로 붙지 않도록 반고는 머리로 하늘을 떠받치고, 발로는 땅을 버티고 선다(工자 모양. 여기서 위의 ㅡ 는 하늘, 아래의 ㅡ 는 땅을, 가운데 기둥 ㅣ 는 사람을 뜻함). 하늘은 하루 한 자씩 높아지고, 땅은 한 길씩 깊어져 천지는 서로 멀어져 간다. 이때 반고의 키도 하루에 9번씩 변하면서 두 길씩 커져갔다. 18,000년간 천지가 각각 늘어나면서 반고의 키는 9만 리나 되어 거인이 된다. 오랜 세월 후 천지가 굳어져 더 이상 반고가 버티고 서 있을 필요가 없게 되자 반고는 쓰러져 휴식하다 죽게 된다.

반고의 임종 때 입에서 내뿜은 입김은 바람과 구름이 되고, 목소리는 천둥이, 왼쪽 눈은 태양이, 오른쪽 눈은 달이, 두 팔과 두 다리는 지구의 네 극〔四極〕이, 두 손과 두 발 그리고 머리의 오체(五體)는 5곳의 명산〔태산(泰山)·화산(華山)·형산(衡山)·항산(恒山)·숭산(嵩山)〕이, 피는 강물로, 힘줄은 길로, 근육은 전토(田土)로, 머리카락과 수염은 하늘의 별로, 살갗의 털은 풀과 나무로, 이빨과 뼈는 빛나는 금속(쇠)이나 돌로, 정액(精液)은 진주와 구슬로 변했고, 땀은 비와 이슬로 되었다. 그리고 반고의 몸에서 나온 기생충에서 사람이 나왔다.

결국 반고의 몸에서 나온 것들이 풍요롭고 아름다운 세상을 이루었다. 반고가 흘린 눈물은 강물로, 토한 한숨은 바람으로, 외친 고함소리는 우레로, 노한 눈초리는 번갯불로 빛났고, 우울했을 때는 하늘이 흐렸고, 유쾌했을 때는 날씨가 맑았고, 낮과 밤은 그가 눈을 떴을 때와 감았을 때다. 이렇게 해서 세상이 생겼다.

희랍 신화

최초에 탄생된 것은 혼돈의 카오스(Chaos), 다음에 넓은 대지 가이아(Gaia)와 땅 밑의 암흑세계 탄탈로스(Tantalos), 그리고 영혼을 부드럽게 하는 사랑 에로스(Eros)가 탄생했다. 그뒤 카오스로부터 어둠인 에레보스(Erebos)와 밤인 닉스(Nyx)가 탄생했다. 여신 닉스는 에로스의 주선으로 형제인 에레보스와 결합하여 천상의 빛 아이테르와 낮 헤메라를 낳았다.

땅의 여신 가이아는 혼자 힘으로 거대한 몸을 뒤척여 천공 우라노스(Uranos)와 바람 폰토스(Pontos)를 낳는다. 그 뒤에 가이아는 우라노스와 결합하여 남녀 6쌍둥이를 낳아 12거신(巨神)을 만든다. 이들은 올림푸스 신들 이전에 세계의 지배자였던 티탄(Titan) 신족(神族)의 신들이다. 티탄 신족의 장자는 세계를 고리처럼 둘러싸고 지상의 모든 하천과 샘의 수원이 되는 대하(大河) 오세아누스(Oceanus: 대양)며, 막내는 크로노스(Cronos)였다. 가이아는 우라노스의 술수로 괴물인 키클롭스(Cyclops) 3형제와 헤카톤케이르(Hekatoncheir) 3형제를 낳는다. 키클롭스 형제는 이마 한가운데 둥근 눈이 하나뿐인 외눈의 거인이며, 헤카톤케이르 형제는 50개의 머리와 괴력을 지닌 100개의 팔을 가졌다(티탄, 키클롭스, 헤카톤케이르는 혼돈상태의 자연을 상징함).

우라노스는 이 괴물들의 언동이 좋지 않아 이들이 태어나자 즉시 가이아의 뱃속(무한 지옥)으로 다시 돌아가서 빛을 보지 못하게 했다. 이 때문에 뱃속에 무거운 짐을 지니고 신음하던 가이아는 아다마스라는 매우 튼튼한 금속으로 예리한 칼날을 가진 낫을 만들었다. 이것을 티탄들에게 주어 나쁜 행동을 한 우라노스에게 가혹한 벌을 주게 했다. 크로노스는 가이아가 일러준 대로 그 장소에 매복했다가 우라노스가 가이아와 교합하려고 내려와 그녀의 신체 전면을 폭 덮어 세계가 암흑이 될 때 왼손으로 우라노스의 성기를 꽉 잡고 오른손의 낫으로 잘라내어 등뒤로 던져버렸다. 상처에서 솟아나온

피는 대지로 숨어들었다. 가이아는 성기에서 나온 피의 정기로부터 복수의 3여신과 기간테스를 낳았다.

아버지를 거세한 크로노스는 아버지를 대신하여 천계의 왕위로 오르고 형제 티탄들과 함께 세계를 지배한다. 크로노스는 누이 레아(Rhea)와 결합하여 막내 제우스 외에 포세이돈(Poseidon)과 하데스(Hades)의 남자 형제와 헤라(Hera), 데메테르(Demeter), 헤스티아(Hestia) 3자매를 낳았다. 크로노스는 이들이 태어나는 순서대로 자신의 뱃속으로 삼켜버렸다. 왜냐하면 아비를 내쫓은 자는 그 자식으로부터 내쫓김을 당한다는 가이아의 예언 때문이었다. 그러나 레아는 가이아의 도움을 얻어 6번째 제우스가 태어날 때 돌을 싸서 어린아이라고 속여 남편이 삼키도록 했다. 가까스로 살아난 제우스는 크로노스의 뱃속에 있는 형제를 구해내고 함께 세계를 통치한다. 형제끼리 제비를 뽑아 제우스는 하늘, 포세이돈은 바다, 하데스는 지옥을 지배하게 되었다. 이들은 크로노스와 티탄들에 대항해 티타노마키아라 불리는 전쟁을 10년간 지속했다. 가이아의 지도를 받아 제우스는 우라노스에 의해 땅 밑에 갇혀 있던 키클롭스들과 헤카톤케이르들을 해방시켜 자기편으로 만들었다. 이들은 은혜에 보답하기 위해 번개와 우레를 만들어 제우스에게 선물했다. 올림푸스 신족의 시대를 연 제우스는 이 무기를 써서 무적의 왕자로 우주에 군림한다.

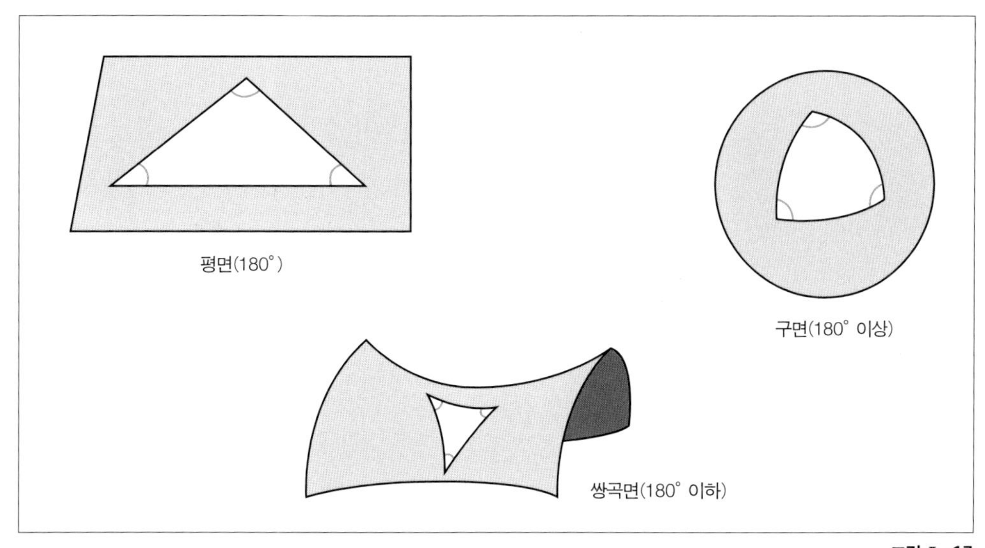

그림 Ⅱ-17
삼각형의 내각의 합 삼각형의 내각의 합은 평면의 종류에 따라 다르다.

우리가 학교에서 수학시간에 배운 기하학은 유클리드 기하학이다. 여기서는 평면 위의 삼각형의 내각의 합은 180도다. 그림 Ⅱ-17 말안장처럼 생긴 면을 쌍곡면이라고 하는데 이 위에 그린 삼각형의 내각의 합은 180도보다 작다. 구면 위에 그린 삼각형의 내각의 합은 180도보다 크다. 이처럼 면의 종류에 따라 삼각형의 내각의 합은 달라진다. 그러면 이것을 이용하여 우주의 공간이 어떤 모양을 하고 있는지를 아는 간단한 방법을 살펴보자.

그림 II-18처럼 1억 광년씩 떨어진 세 개의 은하가 있다고 하자. A은하에 있는 관측자가 B은하와 C은하를 보고 측정한 내각이 a다. B은하와 C은하에 있는 관측자들도 같은 방법으로 측정한 내각이 각각 b, c다. 이들 내각을 모두 합친 a+b+c의 값이 180도면 이들이 있는 우주는 평탄한 우주고, 180도 이하면 열린 쌍곡면체 우주며, 180도 이상이면 닫힌 구면체 우주다. 물론 이러한 관측을 실제로

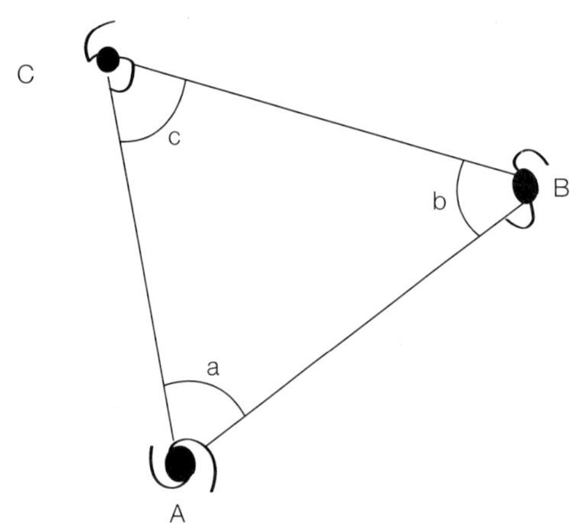

그림 Ⅱ-18
삼각형의 내각 측정 1억 광년씩 떨어진 3은하 A, B, C에서 각각 측정한 내각의 합을 구하면 이들 은하는 어떤 종류의 공간에 있는가를 알 수 있다.

수행할 수는 없다. 그러나 이론과 관측을 결합하여 우리가 어떠한 기하학적 우주에 있는가를 알 수 있다. 현재까지의 관측 자료로는 그림 II-19에서 보인 것처럼 명확한 답을 얻을 수 없다.

3 | 우주의 모형

울퉁불퉁한 돌을 그릇에 담고 뚜껑을 닫으려면 돌을 적당히 잘라내야만 그릇에 담을 수 있다. 이와 마찬가지로 복잡하고 다양한 천체들이 있는 우주를 잘 기술하려면 적당한 가정을 써야 한다. 우주론에서 쓰는 기본적인 가정은 아래와 같다.

① 균일성: 물질은 균일하게 분포한다.
② 등방성: 물리적 성질은 사방에서 동등하게 적용된다.
③ 비간섭성: 다른 지역 사이에 물리적 간섭은 없다.
④ 균질성: 물리적 성질은 균질하다.
⑤ 보편성: 언제, 어디서나 물리 법칙은 동일하게 적용된다.

이러한 가정을 통해 얻어진 몇 가지 우주 모형을 아래에서 살펴보기로 한다.

(1) 아인슈타인의 정적 구면 우주

아인슈타인의 일반 상대성 이론에 의하면 물질이 존재하면 그 주위에 공간이 형성된다. 물질들 사이에는 서로 끌어당기는 힘이 있기

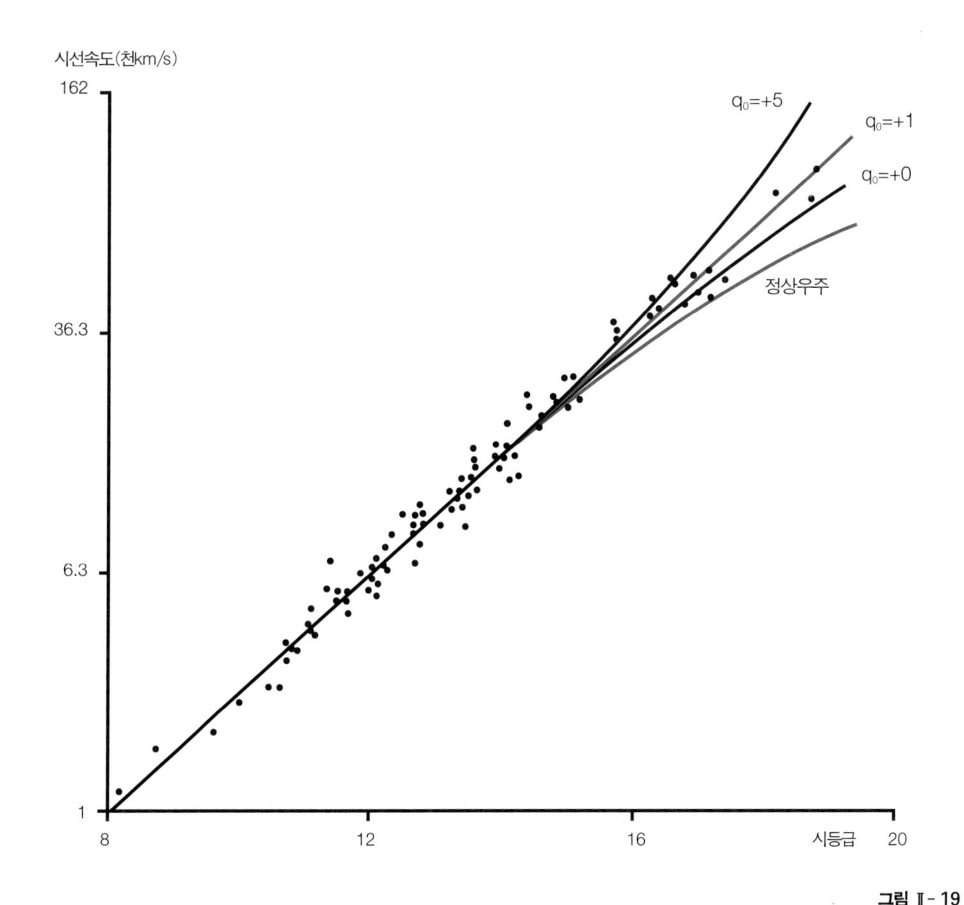

그림 Ⅱ-19

우주의 모형 결정 거리가 먼 은하일수록 적색편이가 더 크기 때문에 은하는 더 어두워진다. 우주가 현재는 팽창하고 있지만 팽창률이 감소하면 언젠가 우주가 팽창을 멈추고 다시 수축할 것이며 그렇지 않으면 우주는 계속 팽창할 것이다. 이러한 팽창률에 관련되는 감속인자(q_0)의 값에 따라 현재의 우주가 열린 우주인지 아니면 닫힌 우주인지 또는 처음과 끝도 없는 정상 우주인지를 결정

때문에 공간 속에 있는 물질은 모두 공간의 중심 쪽으로 모여들게 될 것이다. 그런데 우주에 있는 은하들에는 이런 현상이 생기지 않으므로 아인슈타인은 끌어당기는 인력에 대응하여 반대로 밀어내는 척력이 서로 균형을 맞추고 있다는 가정을 썼다. 그래서 일정한 크기를 가지고 정지해 있는 둥근 우주의 모형을 가정했는데 이를 아인슈타인의 정적(靜的) 구면 우주라 한다. 이 우주의 반경은 약 300

할 수 있지만 현재의 관측 자료로는 이에 대한 정확한 답을 알 수 없다.(q_0=0-0.5: 열린 우주, q_0>0.5: 닫힌 우주).

억 광년이다.

정적 구면 우주는 일정한 양의 물질을 가지므로 우주의 크기도 일정하다. 그러므로 이 우주는 유한하다. 그러나 우주 끝의 경계 안쪽과 바깥쪽 사이에 어떠한 물리적 장벽이 없기 때문에 우주는 무한하다. 그래서 아인슈타인의 정적 구면 우주는 유한하면서 무한하다고 한다.

정적 구면 우주 모형이 발표된 후 허블에 의해 우주의 팽창이 알려졌다. 그러나 이 사실을 알면서도 아인슈타인은 그의 정적 구면 우주 모형이 잘못된 것임을 시인하지 않고 끝까지 입을 다물었다고 한다.

(2) 대폭발 우주

오늘날 우주에 있는 모든 물체와 에너지는 아주 먼 과거에 모두 한 점에 모여 있었다. 어떠한 이유로 여기서 대폭발이 일어나면서 막대한 에너지가 방출되고, 이로부터 물질이 생성되면서 팽창하는 우주가 만들어졌다는 것이 대폭발 우주 모형이다. 여기서 모든 것이 한 점(특이점이라고 함)에 모여 있었다는 것이 가장 기본적인 가정이다. 체적도 없는 점에 어떻게 모든 것이 모일 수 있으며 또 한 점에 모이기 전에는 우주가 어떠했는가를 물을 수는 없다. 왜냐하면 모든 물리 법칙은 대폭발이 일어난 후에 적용되고, 그 이전에는 어떠한 물리 법칙도 성립하지 않기 때문이다.

위와 같은 대폭발 우주 모형은 1929년 벨기에의 과학자 르메트르에 의해 제안되었고, 1948년 구 소련의 물리학자 가모프에 의해 구체적으로 연구되었다. 대폭발 우주의 표준 모형의 결과를 간추려 보면 표 II-1과 같다.

여기서 우주 초기(10^{-35}~10^{-32}초)에 일어나는 급팽창은 구즈(Guth)에 의해 보완된 이론이다. 대폭발 우주 모형에 따르면 우주

표 Ⅱ-1 | 대폭발 우주

시 간	온 도	현 상
0	무한대	특이점에서 대폭발
10^{-43}초	$5x10^{30}$도	복사 시대, 우주 크기는 $2x10^{-33}$cm
10^{-35}~10^{-32}초	$5x10^{27}$~$2x10^{26}$도	급팽창으로 우주는 10^{-25}m에서 10^{25}m로 팽창
10^{-6}~1초	1.5조~150억 도	핵자(양성자, 전자)의 생성
10초~3분	20억~10억 도	헬륨 핵의 생성
2만 년	2만 도	물질 시대
50만 년	3,000도	원자 형성, 우주 크기는 26억 광년
3억 년	영하 173도	은하, 별, 행성 등 형성
150억 년	영하 270도	현재 우주

물질의 약 23%는 헬륨이며, 이것은 우주가 탄생되고 3분 이내에 만들어진 것이다. 이 값은 실제 별이나 성간 물질에서 관측된 값과 일치한다. 그리고 현재의 우주 온도(우주 배경 복사 온도라 부름)는 영하 270도로 대폭발 우주 모형에서 추정한 값과 일치한다. 이러한 이유로 여러 우주 모형 중에서 대폭발 우주 모형이 가장 많이 쓰이고 있다. 대폭발 우주는 유한한 질량을 가진 진화 우주로서 우주의 시작이 있고 또 우주의 팽창으로 물질 밀도가 감소하는 것이 특징이다.

우주가 현재는 팽창하고 있지만 이것이 영원히 계속될지 또는 어느 정도 지나면 팽창 속도가 줄어들면서 내부 물질의 강한 인력에 끌려 다시 안쪽으로 수축될지 모른다. 만약 우주가 수축한다면 모든 물질이 우주의 중심에 모여들어 대붕괴를 일으킬 것이고, 그러면 대폭발 우주가 다시 시작될 것이다. 이와 같이 팽창과 수축을 반복하

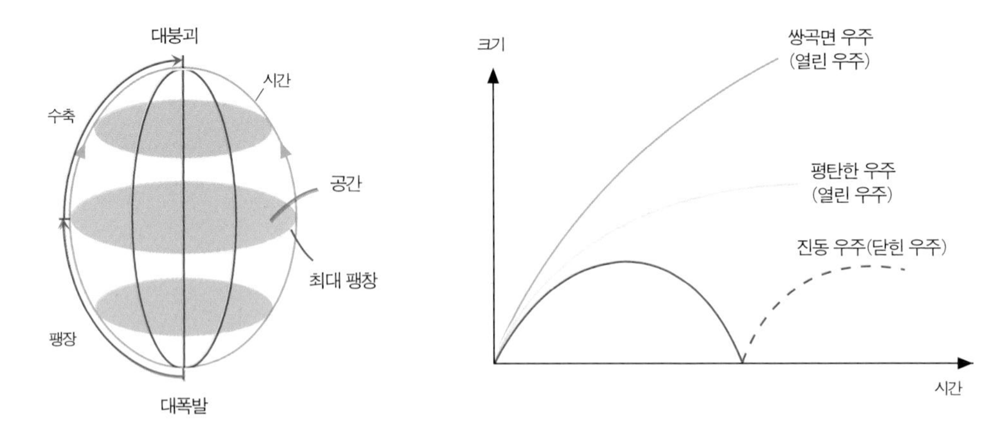

그림 Ⅱ-20

우주의 여러 모형 쌍곡면 우주와 평탄한 우주는 영원히 팽창하며, 진동 우주는 현재 팽창하고 있지만 언젠가는 다시 수축하여 모든 물질이 한곳으로 모이는 대붕괴가 발생할 수도 있다. 그러면 다시 대폭발이 일어나며 팽창할 것이며 이런 모형을 진동 우주라 한다.

는 우주를 진동 우주라 한다.그림 Ⅱ-20 실제로 현재의 우주가 앞으로 팽창을 멈추고 수축하게 될지는 의문이다.

대폭발 때 생긴 복사 에너지가 모두 물질로 바뀌지 않았다면 일부는 아직도 남아 있어야 한다. 그런데 이 복사 에너지는 우주의 팽창으로 점차 파장이 길어져 장파장 빛으로 변하게 된다. 이것이 현재 관측되는 우주 배경 복사 에너지다. 이 복사 에너지는 대폭발 때 생긴 빛의 화석에 해당한다.

노자의 생성설

노자의 『도덕경』 제42장 도화(道化) 편에 보면 이런 글이 있다.

"절대적 실체인 도에서 하나인 기가 나오고, 그 하나인 기가 다시 둘로 나뉘어져 음·양이 생기고, 그 둘인 음과 양이 서로 조화됨으로써 세 번째인 화합체가 생기고 이 세 번째의 화합체에서 만물이 나온다."[1] 이것을 정리하면

① 절대적 실체인 도(道)에서
② 기(氣)가 나오고,
③ 기가 음·양 둘로 나누어지고,
④ 음·양의 조화로운 결합으로 화합체가 생기고,
⑤ 화합체에서 만물이 나온다.

이 내용을 현대의 우주론과 비교하면 기는 에너지에, 음은 전자에, 양은 양성자에, 화합체는 원자에 해당한다. 그리고 도는 어떠한 모습으로 그릴 수 없는 것으로 자연의 생성 소멸과 운행 이치를 내포하는 우주의 섭리에 해당한다.

노자의 생성설을 대폭발 우주 모형과 직접 비교해 보면 도는 만물이 한 점에 모여 있다는 특이점에 해당하고, 기의 생성은 복사 에너지의 생성, 음양의 생성은 전자와 양성자의 생성, 화합체의 생성은 원자의 생성, 만물의 생성은 원자의 결합에 의한 다양한 물체의 생성에 해당한다. 이를 좀더 자세히 비교하면 그림 II-R19와 같다.

여기서, 2500여 년 전에 살았던 노자가 자연을 바라보면서 생각한 우주의 모습이 현대의 정교한 기기와 세련된 이론에서 나온 대폭발 우주 모형과 너무나도 잘 일치하고 있다는 것은 놀랍고도 신기할 뿐이다. 이것은 단적으로 노자의 무위자연(無爲自然) 사상이 자연의 조화를 얼마나 잘 설명하고 있는지를 대변해 주는 것으로 보인다.

1 "道生一, 一生二, 二生三, 三生萬物, 萬物負陰而抱陽, 沖氣以爲和"(『노자/장자』, 장기근·이석호 역, 삼성출판사, 1993, 131쪽).

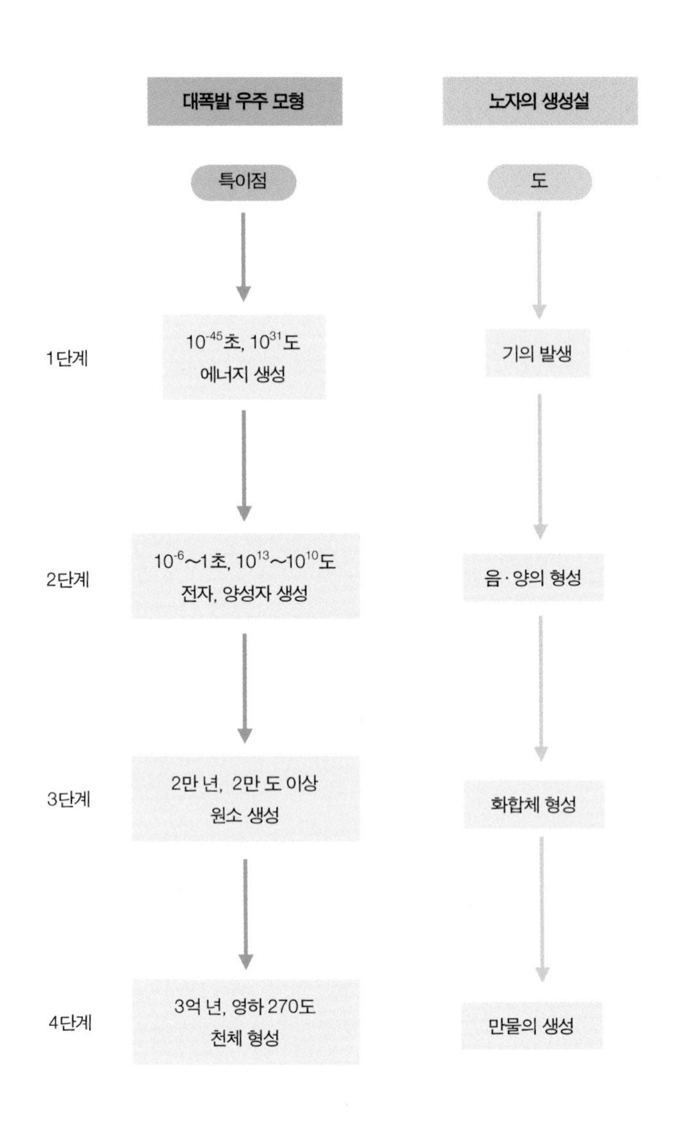

그림 Ⅱ-R19
노자의 생성설과 현대의 대폭발 우주 모형의 비교

4 | 정상 우주

1948년 영국의 본디, 골드, 호일 등은 우주론적 원리[1]를 보완하여 우주는 언제, 어디서 보든 똑같다는 완전 우주론적 원리를 가정했다. 이것은 시간과 공간에 대해 우주의 물질은 균일하며 어느 쪽을 보더라도 우주는 똑같다는 뜻이다. 이와 같은 가정에 따른 우주를 정상(定常) 우주라 한다.

정상 우주는 시작도 없고 끝도 없이 영원하며, 또 늙지도 않고 젊어지지도 않는다. 그리고 우주의 밀도는 언제나 일정하다. 그런데 우주의 팽창으로 감소되는 밀도를 일정하게 유지하기 위해서 아무것도 없는 무(無)에서 어떤 것이 생기는 유(有)의 창생을 가정한다. 그래서 정상 우주를 연속 물질창생 우주라고도 한다.

이 우주 모형에서는 우주 물질에 포함된 헬륨 함량이나 우주 배경 복사온도를 알 수 없다. 그래서 이를 설명하기 위해 최근 수정된 모형이 제시되고 있지만 앞으로 더 연구되어야 할 모형이다.

5 | 우주 법계

관측되는 우주에서는 약 천억 개의 은하가 반경 약 140억 광년의 범위 내에 분포하고 있다. 여기서 은하들은 은하단에서 초은하단, 초초은하단에 이르기까지 다양한 집단을 이루고 있다. 관측에 의하면 은하단들은 균일하게 분포하지 않고 마치 그물을 이루듯이 그림 II-21과 같이 분포하고 있다. 이것은 마치 은하단들이 인드라망[2]의 그물코에 달린 보석과 같은 분포를 이루고 있다. 그물 가운데는 물질이 없는 빈 공간으로 빈 터라 부른다. 우주 전체로 보면 물질이 분포하는 공간은 10%도 안 되며 나머지 90% 이상의 공간은 비어

1 우주는 어디에서 보든 똑같다는 가정.

2 인드라(Indra)신은 인도 만신(萬神)들 중의 왕이라고 불리는 힘의 상징의 신(天主, 天帝)이다. 이 신이 있는 제석궁을 둘러싸고 있는 보배구슬로 장식된 그물을 인드라망이라고 한다.

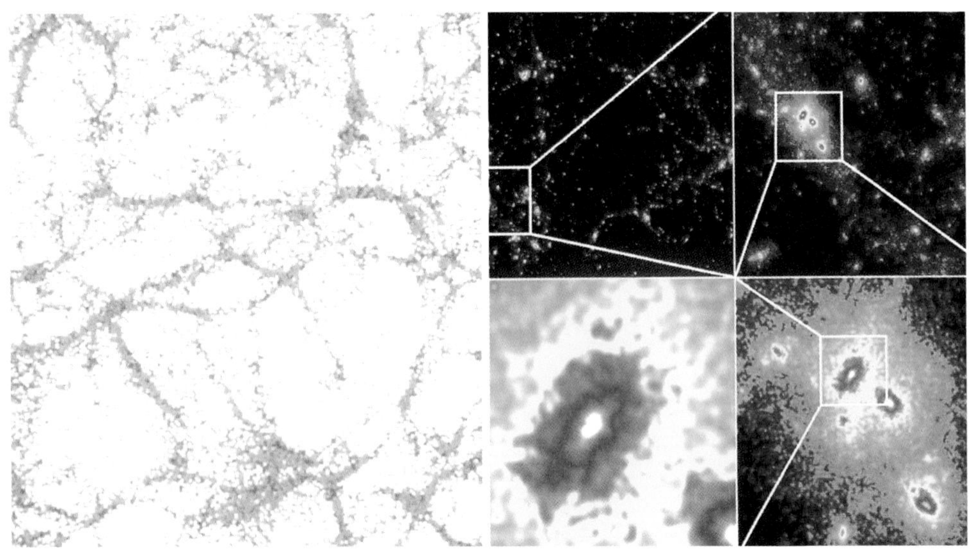

은하들의 거대 분포　　　　은하의 분포와 빈 터

그림 Ⅱ-21
은하의 분포와 빈 터 | 관측된 은하단들의 공간 분포를 보면 이들은 균일하게 분포하지 않고 필라멘트나 실타래처럼 가늘게 서로 연결되어 분포하며 이들이 차지하는 공간은 우주 전체의 10% 이하로 좁고, 90% 이상의 공간은 가시광으로 보이는 물질이 존재하지 않는 빈 터로 남아 있다. 그래서 거대 우주의 대부분 공간은 빈 터로 비어 있는 셈이다. 이 빈 터가 실제로 어떠한 물질도 없는 완전한 진공상태인지 아니면 우리가 아직 잘 모르는 어떠한 물질로 채워져 있는지에 대해서는 잘 모르고 있다.

있는 셈이다. 이 빈 터에는 정말로 물질이 존재하지 않는지, 아니면 우리가 잘 모르는 어떤 물질이 들어 있는지 아직 모른다. 이에 대한 연구는 여러 과학자들에 의해 계속 연구되고 있다.

거대한 우주의 그물을 따라 분포하는 은하들은 정지해 있는 것이 아니라 끊임없이 움직이며 서로 가까이서 조우할 때는 섭동을 주고받는다. 섭동을 받아 불안정해지면 다시 안정을 찾는 방향으로 진화해 간다.

두 은하가 충돌할 경우는 강한 인력으로 안쪽으로 끌려들어간 물질은 은하 핵을 증가시켜 핵을 더욱 활동적으로 만들고, 그리고 은하 주변으로 밀려나간 물질에서는 별의 생성이 촉진된다. 이처럼 우주에서는 모든 것이 멀리 떨어져 조용할 것 같지만 실은 그렇지 않고 역동적으로 진화해 가고 있다.

원효 대사는 그의 『화엄경소』에서 "이래서 진리는 크지도 않고 작지도 않으며 빠르지도 않고 느리지도 않다. 움직임도 고요함도 아니고, 하나인 것도 아니고 여럿인 것도 아니다"라고 했다.[3]

이것은 자연의 섭리란 시공적인 제한이 없으며 또 특정한 국부적인 것에 한정되지 않고 전 우주에 편재함을 뜻한다. 그리고 자연의 변화는 거시적으로는 서서히 진행하지만 어디서나 역동적인 우주의 특성이 들어 있다는 것이다. 그러면 이 모든 것들을 조정하고 규제하는 우주의 법계란 과연 어떤 것인가?

광대한 우주에서는 생성과 소멸이 끊임없이 일어나며 유전 변천한다. 생성은 소멸의 씨앗이 되고 다시 소멸은 생성의 씨앗이 되면서 우주는 살아 움직이는 것이다.

한편 우주에서는 홀로 독립적으로 존재하는 것은 없다. 모두가 서로 모여 집단을 이루고 있기 때문에 서로 멀리 떨어져 아무런 관계가 없어 보이는 이접관계가 시간이 지나다 보면 서로 가까이서 만나 연접관계로 바뀌면서 유기적이고 역동적인 상호간의 주고받음의 관계로 이어진다. 이 과정을 거치면서 만물은 최소작용의 원리에 따라 주어진 반응에 최소 에너지로 순응, 적응하면서 가능한 가장 낮은 에너지 상태를 유지하려는 방향으로 진화해 간다. 이러한 연기 과정을 통해서 모두가 평등하고 보편적인 안정한 이완상태, 즉 무위의 세계에 이르는 우주의 질서 체계가 성립한다.

결국 우주 법계에서는 "생(生)하지도 않고 멸(滅)하지도 않으며, 상주(常住)하지도 않고 단멸(斷滅)하지도 않으며, 하나로 같지도 않고 다르지도 않으며, 오지도 않고 가지도 않는다"는 중도(中道)의 팔불(八不)[4]이 성립한다. 이러한 법계는 얄팍한 유위적(有爲

3 원효의 晋譯華嚴經疏序: 『화엄의 사상』, 카타미사게오 지음·한영도 역, 고려원, 1991, 190쪽.

4 不生亦不滅, 不斷亦不常, 不一亦不異, 不來亦不去(불생불멸, 부단불상, 불일불이, 불래불거).

的) 지혜를 바탕으로 하는 인간의 법계와 근본적으로 다르다.

우주에서는 모두가 평등하므로 어떤 천체가 더 중요하고, 어떤 천체가 덜 중요하다는 차별이 있을 수 없다. 비록 작은 티끌이라도 거대한 은하와 동등한 존재의 가치를 지닌다. 즉 티끌이 없다면 별이 생길 수 없고, 별이 없다면 은하가 존재할 수 없다. 티끌은 별의 생성의 씨앗이며 그리고 은하는 별의 생성과 소멸의 과정이 일어나는 인연을 만들어주며 또 우주를 밝히는 등불이 되고 있다. 이런 점에서 가장 작은 것이 가장 큰 것이고, 가장 큰 것이 가장 작은 것이 되므로 우리는 어느 하나에 집착하는 산냐[5]를 가지지 말고 우주 전체를 있는 그대로 보는 여실지견(如實知見)[6]을 가져야 한다.

한편 차별 없는 우주는 서로의 만남에서 이루어진다. 은하들의 조우와 충돌은 일종의 만남의 과정이며 이를 통해 모든 은하들은 보편적 상태로 이어가게 된다. 우리가 보기에 우주에는 특별한 은하들이 있는 것처럼 보이지만 실은 은하들이 진화해 가는 상태의 차이에 불과하며 시간이 지나면 모두가 비슷한 상태로 변하게 된다. 이것이 우주 법계의 조화로움이다.

이러한 우주 법계는 원효 대사의 『화엄경소』에서도 볼 수 있다. 즉 "대(大)가 아닌 까닭에 극미(極微)라 하더라도 남김 없이 들어가고, 소(小)가 아닌 까닭에 태허(太虛)라 하더라도 오히려 남아도는 구석이 있다. 촉급(促急)하지 않은 까닭에 삼세겁(三世劫)을 안으며, 늘어지지 않는 탓에 전체를 통째로 한순간 속으로 밀어넣는다. 동(動)도 정(靜)도 아니므로 생사가 열반이고 열반이 생사며 일(一)도 다(多)인 까닭에 한 법이 일체법(一切法)이고, 일체법이 한 법이다."[7]

5 정형화된 상(相, 想)으로서 대상을 받아들여 개념작용을 일으키고 이름을 붙이는 작용. 즉 개념화, 이념화, 이상화, 관념화 등에 관련된 것이다. 예를 들면 아상, 인상, 중생상, 수자상 등이다.
6 있는 그대로 실제와 이치에 맞게 보고 아는 것.
7 원효의 晋譯華嚴經疏序: 『화엄의 사상』, 카타미사게오 지음, 한영도 역, 고려원, 1991, 190쪽.

우주 법계에서는 크고 작음이 없이 연속적으로 어디서나 또 언제나 평등하게 나타난다. 동적인 것 같으면서 정적인 우주에서 생성과 소멸은 단지 상(相)의 변화일 뿐이므로 상에 집착이 없다면 열반에 이르니 생사(生死)가 열반이고 열반이 생사다. 이런 생사는 상의 변화를 통해 계속 순환되며 우주 역사가 이어가므로 한 개체 속에 우주의 역사가 들어 있다. 그러므로 한 법 속에 일체법이 들어 있고, 일체법 속에 한 법이 들어 있게 된다.

붓다는 이렇게 말했다.

"발가리(跋迦梨)여, 법을 보는 사람은 나를 보며, 나를 보는 사람은 법을 보느니라. 발가리여, 법을 보아서 나를 보며, 나를 보아서 법을 보느니라." [8]

이것을 우주의 입장에서 보면 이렇게 말할 것이다.

"발가리여, 법을 보는 사람은 우주를 보며, 우주를 보는 사람은 법을 보느니라. 발가리여, 법을 보아서 우주를 보며 우주를 보아서 법을 보느니라."

8 『백일법문 上』: 퇴옹성철, 장경각, 불기 2357년, 155쪽.

티끌의 힘, 티끌의 세계

유형의 물체가 무형으로 변할 때 처음 일어나는 것이 티끌이다. 즉 유형의 물체가 외부로부터 변화를 받으면 티끌이 생기면서 점차 그 형태가 바뀌어 가다가 언젠가는 모두가 티끌로 변하면서 형체가 사라진다. 그래서 인간도 죽으면 한 줌의 티끌로 남게 된다. 방안에 있는 티끌도 유형의 물체에서 나온 것이다. 우리 몸에서도 나오고 신문지에서도 나온다.

티끌 하나를 손바닥 위에 올려놓고 티끌을 주시하면서 티끌이 원래는 어디에서 온 것인지 그 기원을 한번 깊이 생각해 보자. 만약 현재 보이는 이 티끌이 내 몸에서 나왔다면, 내 몸은 어디서 왔는가? 나는 부모로부터 나왔다. 그러면 부모는 어디서 나왔는가? 이런 식으로 반문하여 올라가면 궁극에는 지상에 탄생한 인간의 씨앗에 이른다.

그러면 인간의 씨앗은 어디서 왔는가? 이 씨앗은 태양계를 구성하는 물질에서 나왔다. 그렇다면 이 태양계의 원시 물질은 어디서 온 것인가? 초신성과 같은 별이 죽으면서 흩뿌린 잔해에서 나왔다. 이 별은 어디서 왔는가? 조상별로부터 나왔다. 그 조상별은 어디서 왔는가? 그는 윗대의 조상별에서 나왔다. 이 조상별은 또 어떤 조상별에서 왔는가? 우주가 탄생될 때 생긴 별에서 나왔다.

결국 내 손바닥 위에 있는 티끌은 멀고 먼 과거 우주가 탄생될 때 만들어진 티끌의 조상으로부터 대대로 이어져 내려온 것이다.

우리 나라 화엄종의 개조인 신라의 의상 대사(605~702)의 「법성게」[1] 중에서 다음의 글을 음미해보자.

일중일체다중일(一中一切多中一): 하나 속에 일체 있어

일즉일체다즉일(一卽一切多卽一): 하나가 곧 일체고 일체가 곧 하나다.

일미진중함시방(一微塵中含十方): 하나의 티끌 속에 우주가 포함되니

1 『일승법계도합시일인』: 의상 · 김지견 역, 도서출판 초롱, 1997, 45~46쪽.

일체진중역여시(一切塵中亦如是): 일체의 티끌 중에도 또한 그와 같다.
무량원겁즉일념(無量遠劫卽一念): 무한히 긴 겁이 한 찰나고
일념즉시무량겁(一念卽是無量劫): 한 찰나가 다름 아닌 무한 겁이다.

결국 내 손바닥에 있는 한 개의 티끌 속에 우주의 역사가 들어 있는 셈이다. 그러므로 내가 티끌을 바라보는 한 찰나는 무한히 긴 우주의 시간을 내포하고 있다. 티끌의 세계는 생멸에 연관된 관계의 세계며 인연의 세계다. 태어났기에 가는 것이고, 가기 때문에 다시 태어나는 것이다. 이런 생멸의 인연 줄이 이어오면서 오늘의 세계가 있는 것이다. 그러므로 오늘의 우주 법계를 잘 알고자 한다면 한 개의 티끌 속에 들어 있는 먼 과거의 법계를 알아야 한다.

한편 황벽단제 선사는 이렇게 말했다.

"한 이치〔理〕를 들면 모든 이치가 다 그러하므로, 한 현상〔事〕을 보아 모든 현상을 보며, 한 마음을 보아 모든 마음을 보며, 한 도(道)를 보아 모든 도를 보아서 모든 것이 도 아님이 없다. 또 한 티끌을 보아 시방세계의 산하대지를 보며, 한방울의 물을 보아 시방세계에 있는 모든 성품의 물을 보며, 또한 일체의 법을 보아 일체의 마음을 본다. 모든 법이 본래 공(空)해서 마음은 없지도 않다. 없지 않음이 바로 묘하게 있는 것〔妙有〕이고, 있음〔有〕 또한 없는 것이 아니어서 있지 않음이 바로 있는 것이니, 이것이 참으로 공하면서 오묘하게 있음〔眞空妙有〕[2]이니라."[3]

결국 우리는 가까이 있는 티끌의 세계를 봄으로써 별의 세계를 알고, 별의 세계를 앎으로써 우주를 안다. 이러한 우주를 이루어가는 일체법이 공해서 없는 것 같으면서 묘하게 있고, 있는 것 같으면서 변천하며 없어 보이니, 있음이 없음이고 없음이 있음으로써 서로 다른 두 변을 버리니 두 변이 하나로 원융무애(圓融無碍)한 쌍차쌍조(雙遮雙照)[4]가 된다. 이러한 일체법에 우리의 마음을 비추어 볼 수 있다면 참 마음(본성)을 알 수 있을 것이다.

2 예를 들면 색즉시공 공즉시색(색이 즉 공이고, 공이 즉 색이다)에서 뒤쪽의 공과 색이 모두 드러나고(有) 또한 앞쪽의 색과 공이 모두 숨어버린다(없어짐: 無). 이처럼 유·무가 거리낌없이 드러나고 숨었다 하면서 원융자재하게 한 뜻으로 통달하는 것이 진공묘유다. 이것의 근본 뜻은 쌍차쌍조다.

3 『고경(古鏡)』: 퇴옹성철 편역, 장경각, 불기 2538년, 505쪽.

4 양쪽의 상대 모순을 버리고 양쪽을 원융하는 것으로 중도사상을 나타낸다. 즉 원교(圓敎)의 중도설에 따르면 쌍차면은 공(空)이라 하고, 쌍조면은 혜(慧)라 하며, 쌍차쌍조는 중(中)이라고 한다.

천문학으로 본 불교의 우주관

태초 우주에는 중생들의 업력(業力)이 있었다. 그에 따라 허공에 바람이 불기 시작하여 풍륜(風輪; 두께는 160만 유순)[1] 이 생겼다. 풍륜 위에 구름이 일며 수륜(水輪; 두께는 80만 유순)이 생겼다. 수륜 위에 다시 바람이 일며 금륜(金輪; 두께는 32만 유순)이 생겼다. 금륜 위에 수미산(높이는 16만 유순)이 솟고, 이를 중심으로 그 주위에 7개의 산이 생겼다. 산과 산 사이에 물이 고여 8개의 바다가 생겼는데 수미산 부근의 7개 산 사이의 바다를 내해(內海), 그 바깥 세계와의 사이에 생긴 것을 외해(外海)라 한다. 이 외해 속에 사대주(四大洲)가 있고 이들이 수미산의 동서남북에 분포해 있다. 현재 우리가 살고 있는 세계(지구)는 수미산의 섬부주(贍部洲)다.

우주의 중심에 있는 수미산의 절반(8만 유순)은 물에 잠겨 있고, 나머지 부분이 지상으로 솟아 있으며, 해·달·별 등이 수미산을 둘러싸고 허공을 맴돈다. 중생들이 모여 사는 세계는 수미산의 남쪽 섬부주고 그 중턱에서 위쪽으로는 도리천, 도솔천, 범천 등이 있다.

수미산을 중심으로 한 세계를 수미세계라 하며 여기서 중생의 세계는 삼계(욕계·색계·무색계)[2] 로 이루어졌다. 1,000개의 수미세계를 소천(小千) 세계, 1,000개의 소천세계를 중천(中千) 세계, 1,000개의 중천세계를 대천(大千) 세계라 한다. 소천세계, 중천세계, 대천세계를 모두 합한 것을 삼천대천(三千大千) 세계라 한다. 이런 삼천대천세계가 무수히 많으며 이 전체를 통털어 시방미진(十方微塵) 세계 또는 시방항하사수(十方恒河沙數) 세계라 한다.

한 부처님이 다스리는 것이 삼천대천세계며 이런 세계를 다스리는 부처님이 백천만억이나 있다고 한다. 그래서 전체 세계는 헤아릴 수 없고 끝이 없으므로 무량무변(無量無邊)하다고 한다.

세계는 인과관계로 유지되며 삼라만상은 성주괴공(成住壞空)[3] 에 따라

1 유순(由旬)은 약 20리에 해당한다.
2 욕계(탐욕의 세계), 색계(탐욕은 여의었으나 물질을 완전히 여의지 못한 세계), 무색계(완전한 정신적 세계).

변화하며 순환한다고 본다. 여기서 세상이 생기는 단계는 성겁, 세상이 유지되는 단계는 주겁, 세상이 소멸하는 단계는 괴겁, 소멸한 상태가 지속되는 단계는 공겁으로 이들의 기간은 각각 20중겁[4] 이다. 세계는 80중겁(1대겁)을 주기로 다시 성주괴공이 되돌아오는 순환을 계속한다.

위에서 언급한 불교의 우주관을 현재의 천문학적 우주와 비교하기 위해 중생들이 살고 있는 수미산을 중심으로 한 수미세계를 하나의 은하로 보자. 그러면 소천세계는 1,000개의 은하로 이루어진 은하단에 해당하고, 중천세계는 1,000개의 은하단으로 이루어진 초은하단에, 그리고 대천세계는 1,000개의 초은하단으로 이루어진 초초은하단에 해당한다. 은하와 은하단, 초은하단, 초초은하단 등으로 이루어진 거대한 세계가 삼천대천세계고, 이런 세계를 한 부처님이 다스린다는 것이다. 그리고 한 부처님이 다스리는 초초은하단이 무수히 많은 것이 무량무변한 우주다.

한편 수미산은 은하의 중심에 해당하고, 우리가 살고 있는 남쪽 섬부주는 은하 중심에서 떨어진 위치에 해당한다. 이러한 우주관은 현대적인 은하의 모습과 일치하며, 중세까지 내려온 인간 중심적 우주관, 즉 신이 만든 인간이 우주의 중심에 있다는 천동설과는 근본적으로 다르다. 이런 점에서 불교의 우주관은 범세계적 우주관이며, 이에 따라 불법은 결코 인간 중심적인 것이 아니라 우주 법계를 근본으로 하고 있음을 알 수 있다.

다음은 순환적인 성주괴공에 따른 우주의 진화를 살펴보자.

현대의 대폭발 우주 모형과 비교해 본다면 순환하는 성주괴공에서 공의 상태는 대폭발에서 생기는 에너지로 가득 찬 복사 에너지 시대에 해당한다. 이런 복사 에너지에서부터 양성자, 전자 같은 소립자들이 생기면서 이들의 결합으로 가장 가벼운 수소를 비롯한 여러 종류의 기본 원소들이 생긴다. 이 시대가 무형에서 유형이 만들어지는 성(成)에 해당하며 다시 원소들의 결합으로 물질이 형성되어 진화해 가는 주(住)의 시대가 이어진다. 결국 성과 주는 물질 시대에 해당하며 오늘의 우주는 주의 상태에 놓여 있다.

현재 은하들은 서로 멀어지고 있기 때문에 이들 물질을 포함하는 우주 공간은 팽창하고 있다. 만약 은하들의 팽창 속도가 점차 줄어든다면 안쪽에 있는 은하들의 강한 인력 때문에 언젠가는 은하들의 팽창이 멈추어지면서 다

3 물질 세계에서 형체가 없는 것으로부터 형체가 있는 것으로 만들어지는 것을 성, 이런 형체의 물체가 유지되는 상태가 주, 시간이 지나면서 형체가 사라져가는 상태를 괴, 완전히 형체가 사라지고 없어진 것을 공이라고 한다.

4 한 변이 1유순인 입방체에 가득 담은 겨자 씨를 3년마다 하나씩 빼내어 모두를 다 들어내는데 걸리는 시간을 1소겁(小劫)이라고 하고, 20소겁을 1중겁, 80중겁을 1대겁이라고 한다.

시 안쪽으로 모두 끌려들어와 한 점에 모이는 대붕괴가 일어나게 될 것이다. 그러면 다시 대폭발이 일어나는 과정을 반복하게 된다. 이러한 우주 모형을 진동 우주라 한다. 결국 순환적 성주괴공을 근본으로 하는 불교의 우주관은 진동 우주에 해당된다고 볼 수 있다. 여기서 불교 우주관의 성주괴공에서 언급되는 각 단계의 시간이 진동 우주에서 제시하는 각 단계의 시간과는 물론 전연 다르다.

현재 관측되고 있는 우주가 영원히 팽창을 계속하는 열린 우주인지 아니면 대폭발과 대붕괴를 반복하는 진동 우주가 될 것인지는 아직까지 명확한 해답이 제시되지 못하고 있다.

화형을 당하면서도 지켜낸 지동설
-브루노와 갈릴레이

르네상스 철학자의 대표자 중 한 사람인 조르다노 브루노(Gordano Bruno, 1548~1600)는 신부면서 철학자다. 그는 인격신, 성모 마리아 예배, 삼위일체 등을 부정하면서 코페르니쿠스의 지동설을 믿었다. 이 때문에 1576년 그는 정식으로 이단자로 교회에 고발되면서 프랑스와 영국 등 해외로 나가 자유 사상가와 현대 문명의 선구자로서 연구하며 집필활동을 했다. 여기서 나온 것 중에 『원인과 무한자(無限者)』, 『무한자와 우주와 세계』, 『원인과 원리와 일자(一者)』 등의 저서에는 형이상학적 우주론이 기술되고 있다.

브루노는 그의 우주관에서 불완전한 지상계와 완전한 천상계에서 지구가 중심에 있다는 아리스토텔레스의 유한한 우주관과 프톨레마이오스의 수학적 천동설을 정면으로 반박했다. 뿐만 아니라 코페르니쿠스의 지동설에서도 태양계에 주로 국한하는 그의 우주관을 못마땅하게 생각했다. 브루노의 우주관을 간추려 보면 다음과 같다.

첫째, 지구는 태양 주위로 공전한다. 둘째, 태양과 같은 별이 무수히 많다. 그래서 우주 공간은 무한하다. 당시까지 아리스토텔레스로부터 코페르니쿠스에 이르기까지 별들은 토성 바깥쪽 천구에 붙박여 있는 유한한 정적 우주로 보았다. 즉 하늘은 변하지 않는 것으로 생각했다. 셋째, 지구 밖 외계에도 지구와 같은 행성들이 있다. 넷째, 생명체는 지구에만 있는 것이 아니라 다른 외계에도 존재한다. 다섯째, 모든 물체에 영혼이 들어 있다. 그래서 별들에도 영혼이 있다고 보았다.

브루노는 『원인과 원리와 일자』라는 책[1]에서 다음과 같이 말하고 있다.

"사물이 살아 있지 않다고 해도 영혼을 가지고 있습니다. 사물들이 현실에 따라서 영혼과 생명을 받아들이지 못한다 해도, 원리에 따라서 그리고 영

1 『무한자와 우주와 세계 외』: 조르다노 브루노 · 강영계 옮김, 한길사, 2000, 329~338쪽.

혼성과 생명에 관한 어떤 기본적인 활동에 따라 영혼을 가지고 있습니다."
"생명은 모든 것을 관통하고, 모든 것 안에 있으며, 물질 전체를 움직이고, 물질의 몸을 채우며, 물질을 압도하지만 물질에 의해 압도당하지는 않습니다."
"세계 영혼은 우주 및 우주가 포함하는 것의 구성적 형상 원리입니다. 즉 모든 사물들에 생명이 존재한다면 영혼은 모든 사물의 형상입니다. 영혼은 도처에서 질료(質料)를 위하여 질서를 부여하는 힘이며, 혼합된 것에서 지배적입니다. 영혼은 부분의 혼합과 결합을 생기게 합니다. 그렇기 때문에 이러한 영혼의 형상과 마찬가지로 질료의 지속적 존속이 성립하는 것으로 생각됩니다."

이상에서 본 것처럼 브루노는 살아 있는 유기체적인 무한성의 우주론을 주장하고 있다. 우주 내 만물은 유형을 가진다면 그것은 영혼에 의해 형상을 가지며, 그런 형상을 가진 물체는 생명이 존재한다는 것이다. 천체들의 운동도 천체의 내적 영혼에 의한 것으로 본다. 그리고 아리스토텔레스는 비물질적 존재를 인정하지 않았지만 브루노는 비물질적 존재도 인정하면서 물질적인 것과 비물질적인 것 모두에게 가장 기본적인 질료를 기체(基體)라고 했다. 이것을 오늘날의 견해로 본다면 유형과 무형은 질료의 유무일 뿐이지 근본은 에너지라는 것으로 동일하다고 볼 때 브루노의 기체는 에너지에 해당한다. 그리고 브루노는 실체와 존재는 무수히 많고 통일성을 지니므로 우주는 무한하며 이 무한한 우주가 무한한 전체며 이로부터 절대적 원인이며 원리에 해당하는 일자(一者)를 가정했다. 이 일자는 무한한 우주의 존재와 운동을 다스리는 이치 또는 섭리에 해당한다고 볼 수 있다.

현대의 유기체적 우주관과 유사한 사상을 주장하면서 외국을 돌아다니다가 이탈리아로 돌아와 지내면서도 이교도적인 생각을 바꾸지 않았기 때문에 이단재판소에 회부되어 1600년 2월 8일 많은 사람들이 지켜보는 가운데 화형을 당하며 생을 마감했다.

생명체가 가득한 우주를 주장하며 유일신을 배격한 브루노와 그보다 16살 연하인 갈릴레오 갈릴레이(1564~1642)의 생애는 매우 대조적이다. 물리학자로서 가속도의 개념을 도입한 갈릴레오는 코페르니쿠스와 케플러의 지동설을 지지하며 교회에서 신봉하는 아리스토텔레스의 천동설을 비난했다. 이 때문에 교회는 코페르니쿠스의 학설이 거짓이니 이것을 옹호하거나 지지하지 말 것을 갈릴레오에게 명령했다. 그는 이를 아무런 말없이 따랐다.

1632년 그는 『두 개의 주요한 우주 체계에 대한 대화』라는 책을 출간했다. 그런데 교회에서는 이 책이 코페르니쿠스의 학설을 지지하는 것으로 보고 1616년의 공고를 위반한 죄로 그를 종교재판소로 소환했다. 거기서 갈릴레오는 종신 자택감금을 선고받고 코페르니쿠스의 학설을 정식으로 비난하도록 하는 명령을 받았으며, 그는 이에 승복했다. 그는 법정을 나오면서 "그래도 지구는 돈다"고 중얼거렸다는 일화가 있다. 결국 갈릴레오는 신념보다 삶을 선택했고, 브루노는 삶을 포기하면서까지 진리에 대한 신념을 지켰다.

바로 이것이다

동산양개(洞山良介)는 스승과 헤어지면서 운암담성(雲巖曇晟) 선사에게 이렇게 물었다.

"스승께서 돌아가신 뒤 세상 사람들이 저더러 '당신 스승의 진면목(眞面目)이 무엇이지' 하고 묻는다면 무어라고 대답하면 좋을까요?"

스승은 한참 후에 "바로 이것이다"라고 대답했다.

이 뜻을 생각하면서 길을 가던 양개 선사는 냇물을 건널 때 물위에 비친 자기 모습을 보고 "바로 이것"의 참 뜻을 깨닫고 다음과 같은 시를 썼다.

다른 데서 그를 찾지 말라
오히려 그는 너를 떠나리.
이제 나 혼자 스스로 가니
어디서나 그를 만나리.
그는 바로 나지만
나는 바로 그가 아니다.
이것을 깨달아야
본래의 얼굴과 하나가 된다.

여기서 "그는 바로 나지만 나는 바로 그가 아니다"의 뜻을 우주 법계와 관련지어 생각해 보는 것도 좋을 것이다.

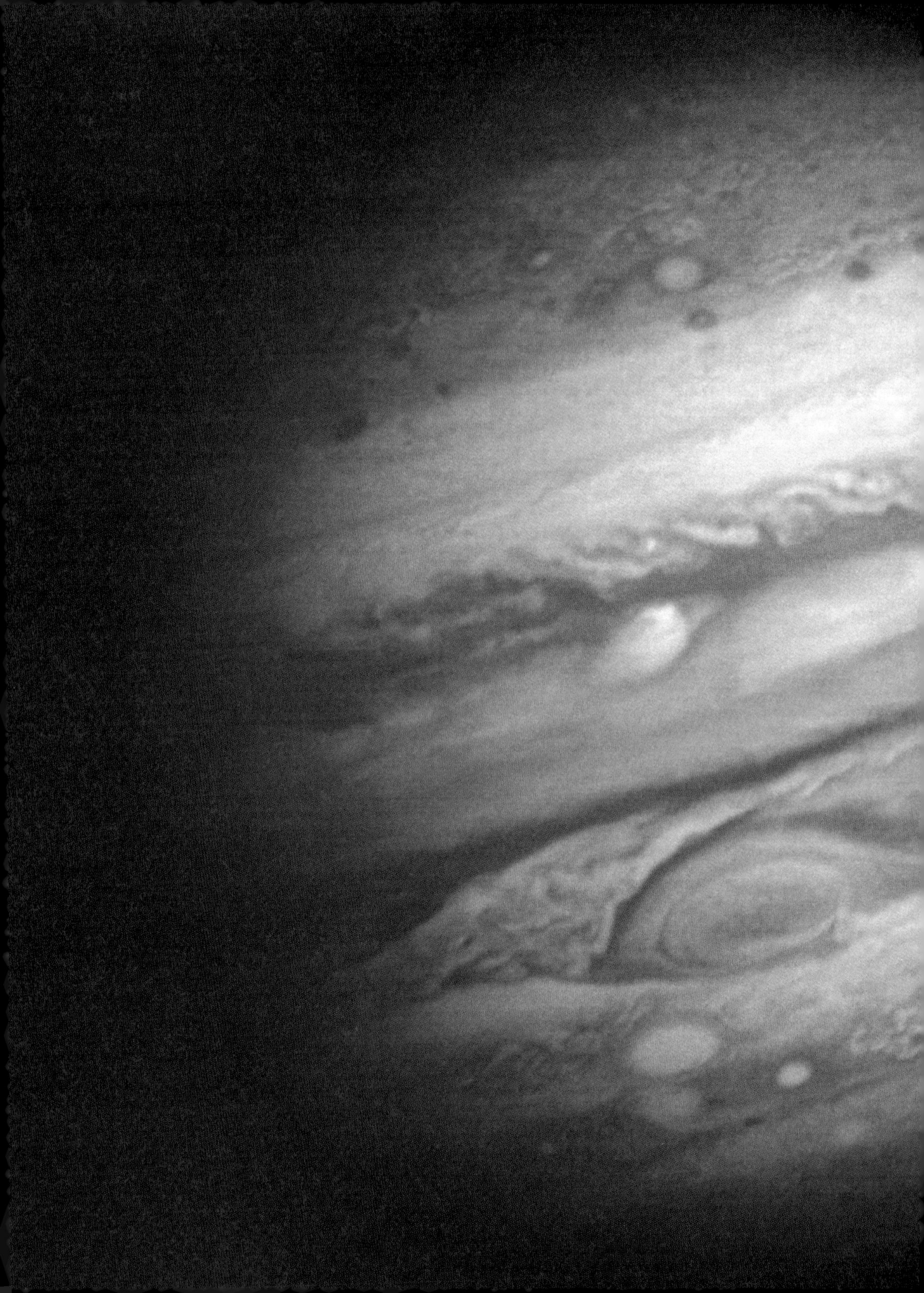

III

태양계의 세계

기원전 3세기 희랍의 철학자 아리스토텔레스는 지구를 중심으로 달의 안쪽은 흙·물·바람·불의 4원소로 이루어진 불완전한 세계고, 달 바깥쪽은 하늘의 원소로 이루어진 완전한 천상계로서 별들은 천구라는 고정된 구면 상에 붙박혀 있다는 우주관을 제창했다.

기원전 2세기경에 아리스타르쿠스는 태양 주위로 지구가 돈다고 제안했지만 이것은 일반에게 받아들여지지 않았다.

140년경 프톨레마이오스는 실제 관측을 통해서 태양이 지구 주위로 돈다는 아리스토텔레스와 같은 천동설을 다시 주장했다.

이러한 우주관은 1,800여 년 이상이 지난 15~16세기에 코페르니쿠스에 의한 지동설에 의해 바뀌기 시작했고, 다시 17세기에 들면서 케플러에 의해 지동설의 타당성이 관측으로 증명되었다.

이처럼 태양계의 모습은 2,000여 년에 걸쳐 논쟁의 대상이 되었고 또한 종교적 신앙의 대상이 되어왔다. 이탈리아의 철학자 브루노는 코페르니쿠스의 지동설을 주장하다가 종교재판에 회부되어 화형까지 당하는 역사적 비극의 주인공이 되었다. 오늘날 우리가 알고 있는 태양계의 참된 모습이나 우주관은 숱한 역사적 난관을 거치면서 얻어진 것이다.

우리는 하늘의 별을 바라보며 가장 친숙한 이웃으로 여긴다. 그러나 이들은 너무나 먼 이웃들이다. 그러면 가장 가까운 이웃은 어떤 천체인가? 이들은 지구가 속해 있는 태양계 가족들이다. 그럼에도 불구하고 우리는 이들 천체에 친숙하지 못하다. 왜냐하면 이들 모두가 별처럼 밝게 보이지 않으며 또 달처럼 특별한 형태의 변화도 보이지 않기 때문이다. 따라서 우리와 함께 태어나 운명을 함께 하는 이웃을 소원하게 대해 온 것은 부끄러운 일이다. 이에 보답하기 위해 이들 이웃이 어떤 천체인가를 제대로 알아보아야 한다.

그동안 태양계의 연구는 주로 지상의 관측으로 이루어졌다. 그러다가 1960년대부터 인공위성에 의한 현지탐사가 시작되어 현재까지 계속되고 있다. 현지탐사는 탐사선이 천체에 착륙해서 이루어지거나 또는 천체 부근 가까이 지나면서 관측이 이루어진다. 여기서는 다량의 정밀한 자료들이 수집되므로 태양계에 대한 우리의 인식을 근본적으로 바꾸어 놓았다.

우주에서 우리가 살고 있는 곳은 국부 초은하단 내의 국부 은하군 안에 있는 은하계에서 약 3만 광년 떨어진 은하면에 있는 태양이라는 별 주위를 돌고 있는 지구라는 행성이며, 지상의 모든 생물은 태양빛으로 양육되고 있다. 그러면 태양이란 어떠한 천체인가를 먼저 알아본 후에 이웃 행성들을 살펴보기로 한다.

지대방 24

니콜라스 코페르니쿠스

1473년 2월 9일 폴란드의 부유한 상인의 아들로 태어난 코페르니쿠스(Nicolas Copernicus)는 10살 때 부친을 잃고 신부인 외삼촌 밑에서 자랐다. 그는 대학에서 수학·미술 등을 공부했고, 10년간 이탈리아에 유학 가서는 천문학과 의학을 공부했으며 교회법으로 박사학위도 땄다. 귀국 후에는 의사로 일하면서 한편으로는 늘 의심해 오던 천동설의 부당성을 알아내기 위해 천체 관측을 계속했다. 당시의 천문학에는 교회력(教會歷)의 수정과 항해력의 개량이라는 과제가 있었다. 그때까지 믿어 왔던 천동설을 기준으로 한 율리우스력(歷)과 계절이 잘 맞지 않아 제례일(祭禮日)에 차이가 생겼고, 또 별을 보고 위치를 찾아가는 천문항법이 실제와 잘 맞지 않았다.

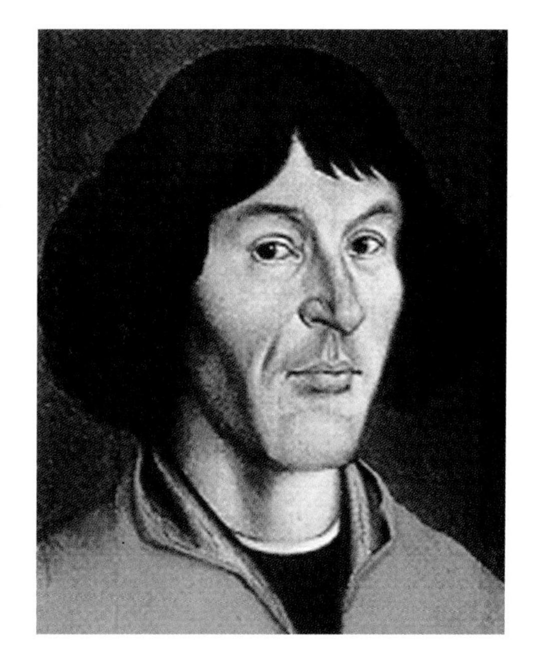

그림 Ⅲ-R24-1
코페르니쿠스

코페르니쿠스는 이런 점에 의심을 가지고 관측과 계산을 해온 결과 지구가 태양 주위로 돌아야만 한다는 지동설을 제안하게 되었다. 그러나 당시의 교회 권위에 위배되는 지동설을 공개적으로 알리지는 못했지만 1525년과 1530년 사이에 집필한 것으로 보이는 『천체의 회전에 관하여』라는 책에서 지동설의 이론을 전개했다. 이 책의 인쇄가 시작된 것은 1542년이었다. 6권으로 이루어진 초판이 저자의 손에 처음 들어온 것은 그가 뇌출혈로 병상에서 임종을 기다리고 있는 3월이었으며, 두 달 후 5월 24일에 그는 세상을 떠났다.

코페르니쿠스의 지동설은 거의 1800여 년을 지배해온 아리스토텔레스와

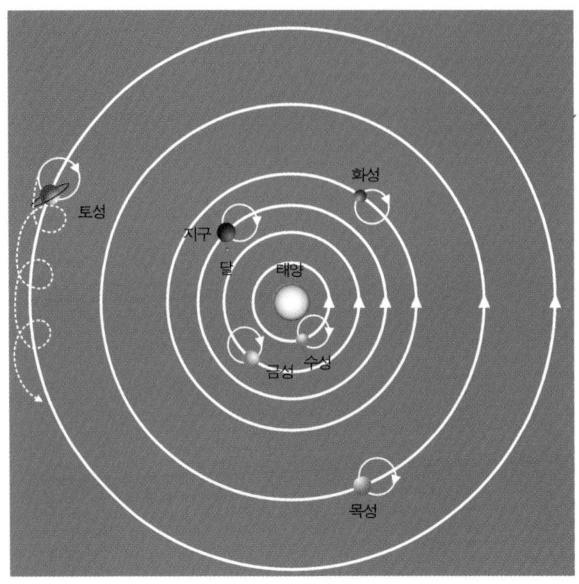

그림 Ⅲ-R24-2
코페르니쿠스의 지동설 행성들은 태양 주위로 돈다는 지동설에서 원궤도를 가정했으므로 불규칙한 행성들의 궤도 운동을 설명하기 위해 프톨레마이오스의 주전원 운동을 가정했다.

프톨레마이오스의 천동설을 바탕으로 한 신(神)의 우주관을 파기토록 하면서 과학혁명을 불러 일으켰다. 즉 절대 신의 권위를 버리고 지구는 태양 주위를 도는 하나의 작은 행성에 불과하다는 우주관을 내놓은 것이다. 결국 신의 지구를 버린 셈이다.

오늘날 현대 과학의 기초는 바로 코페르니쿠스의 과학 대변혁에서 시작한 것이다. 왜냐하면 그의 지동설은 후에 케플러가 행성 운동에 관한 3가지 경험법칙을 낳게 했고, 이것은 다시 뉴턴이 만유인력 법칙을 발견하고 또 3가지 운동법칙을 이끌어내는 기회를 제공하면서 고전 역학의 틀을 완성토록 했다.

그런데 코페르니쿠스는 지동설을 주장하면서도 지구가 태양 주위를 반드시 돌아야만 한다는 관측적 증거는 제시하지 못했다. 왜냐하면 그는 피타고라스의 원의 조화사상에 따라 지구를 비롯한 모든 행성들이 태양 주위로 원궤도를 따라 돈다고 했기 때문이다. 원 궤도를 따라 돌 경우는 공전 속도가 일정해야 하는데 실제는 그렇지 않다. 그래서 코페르니쿠스는 프톨레마이오스의 주전원(周轉圓)[1]에 따른 지구의 공전 운동을 가정했다.그림 Ⅲ-R24-2 실제로 행성의 궤도 운동이 타원 궤도를 따라 일어난다는 것은 후에 케플러에 의해 알려졌다.

1 행성의 공전 궤도를 따라 도는 작은 원. 주전원의 중심은 공전 원궤도를 따라 균일하게 돈다.

지대방 25

요하네스 케플러

1571년 12월 27일 독일에서 태어난 케플러(Johanes Kepler)의 아버지는 군인이었고 어머니는 술집 딸이었다. 아버지는 빚 보증을 잘못 서 교수형을 선고받았으나 나중에 면제되었고, 어머니는 천문 현상에 관심이 많아 마녀로 오인되어 화형선고를 받았다.

이런 상황에서 어렵게 자란 케플러는 교사 겸 달력을 만드는 역산자(曆算者)로 지내면서 천문연감도 편찬했다. 이때 그는 점성술에 따라 앞으로 큰 추위가 닥칠 것이고, 또 터키의 침입이 있을 것을 예언했는데 이것이 우연히 맞아떨어져 그는 일약 점성술사로 유명 인사가 되었다. 이 덕분에 그의 어머니를 화형에서 구해줄 수 있었다.

그림 Ⅲ - R25
케플러

코페르니쿠스의 지동설을 믿고 있던 케플러는 처음으로 『우주의 신비』란 책을 출판해서 유명한 천문학자로 알려지게 되었다. 이때 관측 천문가로 유명한 티코 브라헤(Tycho Brahe)가 천문 계산을 도와줄 조수를 구하고 있었는데 마침 수학 계산에 뛰어난 재능을 가진 케플러를 찾게 되었다.

이 두 사람이 만난 1년 후인 1601년에 티코 브라헤가 죽자 그의 방대한 천문 관측 자료를 넘겨 받게 된 케플러는 본격적으로 스승의 천동설을 검토하기 시작했다. 그는 1580년과 1604년 사이에 일어난 12개의 화성의 충(衝)[1]의 위치와 시간의 기록을 조사하고, 이를 프톨레마이오스의 천동설에 따라 이론적으로 충의 위치를 조사해 보았다. 여기서 그는 각으로 1분~13분(평균 8분) 정도의 차이를 발견했다. 그런데 스승의 관측 오차는 1분 이하임을 고려할 때 이런 차이는 관측에 기인한 오차가 아니라 실제적인 차이로

1 지구 바깥에 있는 행성이 지구에 가장 가까워지는 위치.

판단했다. 그렇다면 이런 차이를 어떻게 하면 없앨 수 있을까?

이를 알아내기 위해 프톨레마이오스의 천동설을 자세히 분석하면서 8년이란 긴 세월의 고생 끝에 1609년에 행성은 타원 운동을 해야 한다는 관측적인 결론을 도출했다. 그후 타원 운동에 관한 두 가지 경험법칙을 더 발견했다. 이중에서 특히 행성의 공전 주기의 제곱은 궤도의 긴 반지름의 3제곱에 비례한다는 조화의 법칙은 뉴턴이 만유인력의 법칙을 이론적으로 발견할 수 있는 중요한 기틀을 제공했다. 케플러는 그의 경험법칙의 내용을 담은 『우주의 조화』라는 책을 1619년에 출판했다.

1. 태양

태양의 강한 빛 때문에 태양을 직접 맨눈으로 보는 것은 매우 위험하다. 그러나 태양이 지평선 위로 뜰 때나 지평선 아래로 질 때는 붉은 색의 둥근 태양을 잠시나마 맨눈으로 볼 수 있다. 지구 크기의 약 110배인 태양은 약 30일 주기로 지구 자전 방향과 같은 방향으로 자전한다. 그리고 태양은 태양계 전체 질량의 거의 대부분인 99.8%를 차지하는 태양계의 주인이다. 이런 큰 질량에 의한 강한 인력 때문에 행성들은 태양의 중력권을 절대로 벗어나지 못한다.

태양 빛을 조사해 보면 태양은 어떠한 성분으로 이루어져 있는가를 알 수 있다. 관측에 의하면 가장 가벼운 원소인 수소가 전체 질량의 약 72%로 가장 많고, 두 번째로 가벼운 헬륨이 약 25%고, 나머지 약 3%는 주로 산소, 탄소, 질소 원소들로 이루어졌다. 여기서 태양의 대부분은 수소와 헬륨으로 이루어져 있음을 알 수 있다. 이러한 태양의 구성 성분은 별이나 성간 물질의 성분과 거의 같다.

1 | 구조

태양은 다른 별들과 마찬가지로 거대한 가스 덩어리다. 그래서 지구처럼 단단한 땅은 없다. 태양 안쪽으로 들어갈수록 가스의 밀도는 높아진다. 밀도가 가장 높고, 또 온도가 약 1,500만 도로 가장 높은 중심부에서 수소 핵융합 반응이 일어나고 있다. 즉 중심핵이라고 부르는 이곳에서 수소라는 재료로 음식을 만들고 있는 것이다. 그림 Ⅲ-1 여기서는 1초에 100억 개씩 수소 폭탄이 터지는 규모의 핵반응이 일어나고 있다. 이때 방출되는 핵에너지는 복사층을 지나 대류층으로 전달되어 밖으로 나오게 된다.

뜨거운 난로 앞에 앉아 있으면 따뜻한 열기를 느낀다. 이때 난로에서 나온 열은 복사전달 방법에 의해 우리에게 도달하는 것이며, 이러한 복사전달 영역을 복사층이라고 한다. 그리고 주전자에 물을 넣고 끓이면 아래쪽에서 더워진 물은 위쪽으로 올라가 열을 전달하는 대류의 모습을 볼 수 있는데 이런 열의 전달 방식을 대류전달이라고 하고, 이런 영역을 대류층이라고 한다. 결국 태양의 중심핵에서 생긴 에너지는 직접 밖으로 나오지 않고 복사층과 대류층에 차례로 전달된 후 밖으로 나와 우리가 태양을 볼 수 있게 되는 것이다.

우리가 고양이를 볼 때는 그 고양이의 표면에서 나온 빛이 우리 눈에 들어오는 것이다. 그래서 고양이의 겉모습만 볼 뿐 몸속은 전혀 볼 수 없다. 이와 마찬가지로 우리가 보는 태양은 대류층 위쪽 표면에서 직접 나오는 빛을 보고 있는 것이다. 그래서 태양 중심부에서 일어나는 요란한 핵융합 반응은 직접 볼 수가 없다. 빛이 직접 밖으로 나오는 태양의 표면을 광구라 하며, 온도는 약 6,000도다. 광구 위쪽 층을 태양 대기라 한다.

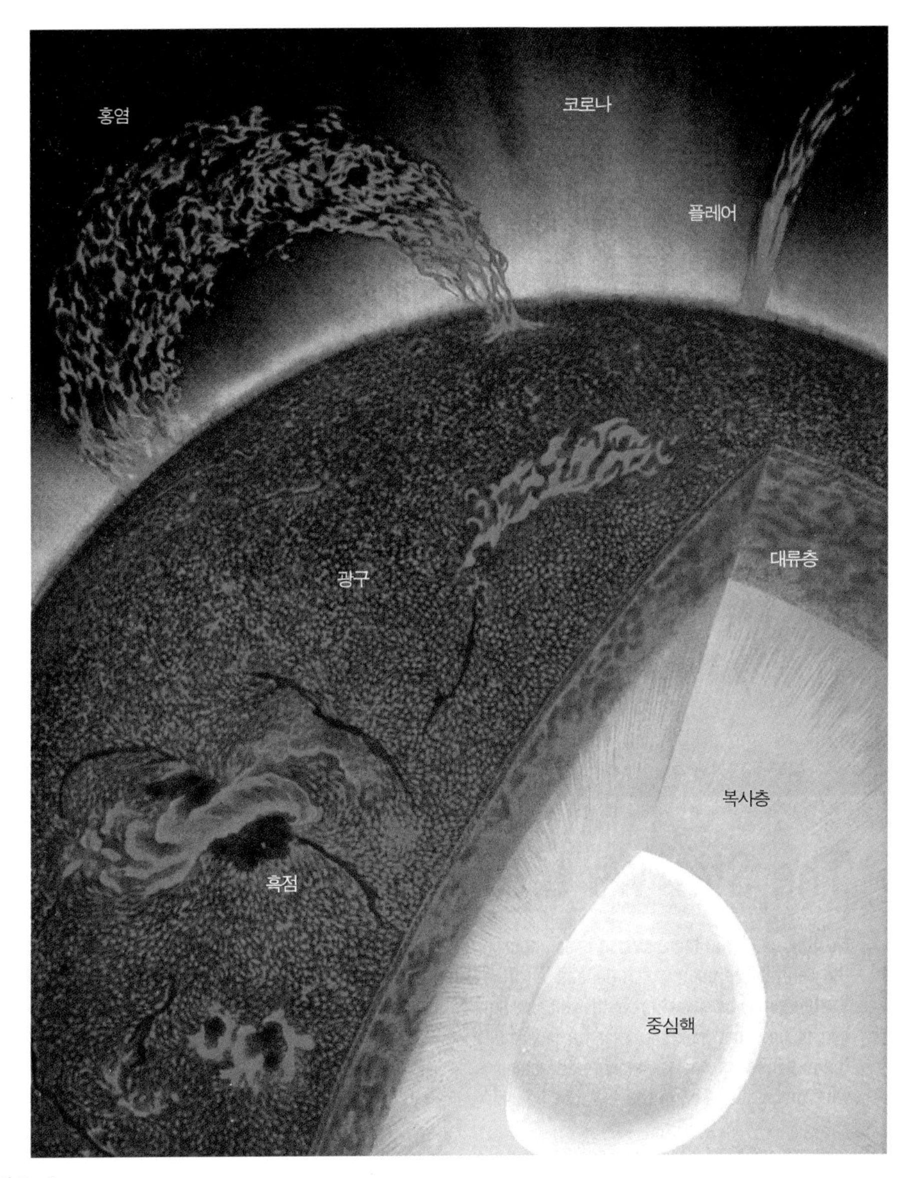

그림 Ⅲ - 1

태양의 구조 내부에는 핵융합 반응이 일어나는 중심핵과 핵에너지를 밖으로 전달하는 복사층과 대류층이 있고, 그 위쪽에 있는 광구에서는 빛이 직접 바깥으로 방출된다. 흑점은 광구에서 생기는 현상이다. 광구 위쪽은 태양의 대기며 여기서 홍염과 플레어 같은 폭발현상이 일어나며 코로나는 대기 상층부에 해당한다.

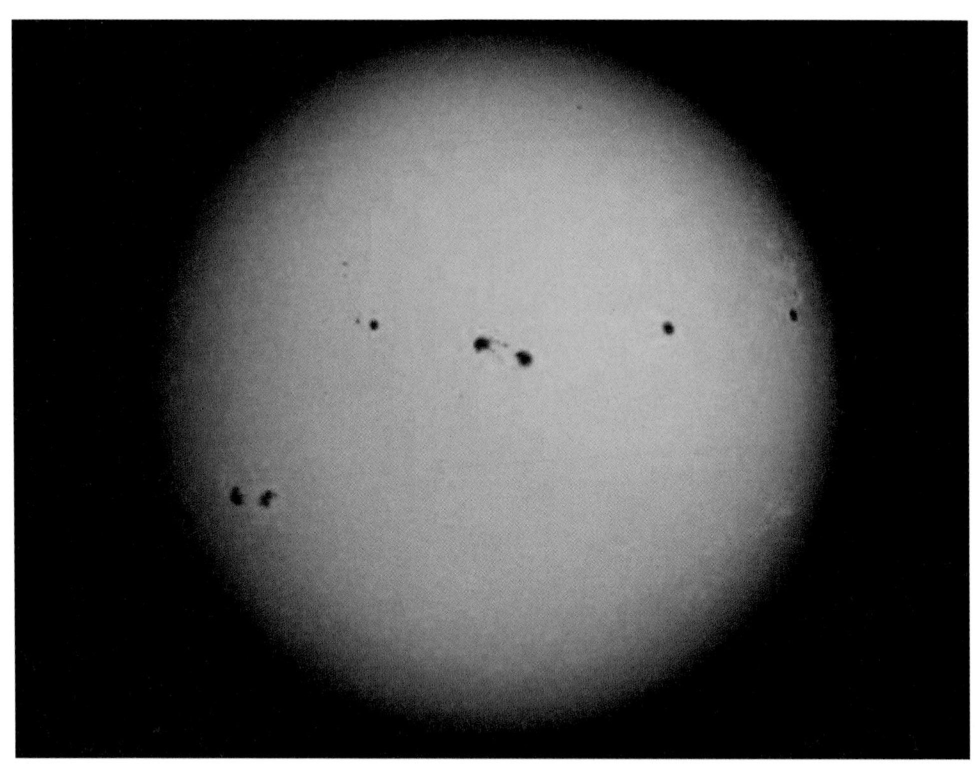

그림 Ⅲ-2

흑점 광구의 온도보다 약 2,000도 더 낮아 검게 보이는 부분이 흑점이며 강한 자기장을 띤다. 흑점은 단독으로 나타나기도 하지만 대체로 쌍이나 집단을 이루며 나타난다. 흑점은 대체로 고위도에서 나타나기 시작하여 저위도로 내려올수록 점차 출현하는 흑점 수가 많아지다가 적도 가까이 내려올수록 흑점의 출현이 줄어든다. 이러한 흑점 수의 변화는 약 11년의 주기로 변화한다.

2 | 여러 현상

태양이 질 때나 뜰 때 눈이 좋은 사람은 둥근 태양 표면의 검은 점들을 볼 수 있다.

이것을 흑점이라고 하는데 망원경이 없던 옛날에는 맨눈으로 흑점을 관측했다. 오늘날에는 망원경에 특수 필터를 써서 낮에도 태양 흑점을 볼 수 있다.

흑점은 태양 광구에서 나타나는 현상이다. 흑점의 온도는 광구보다 약 2,000도 더 낮기 때문에 상대적으로 검게 보이는 것이다.

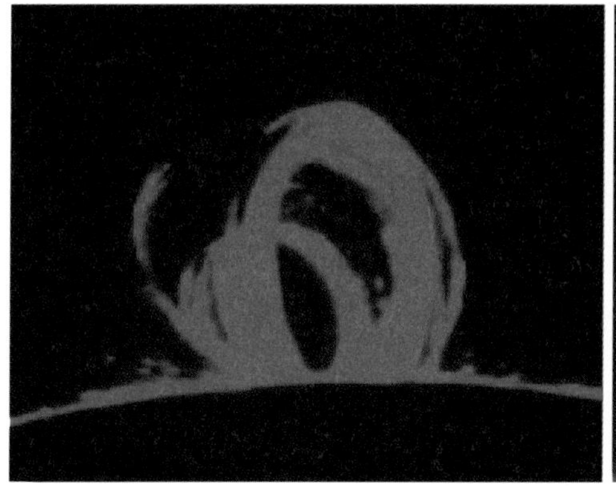

홍염

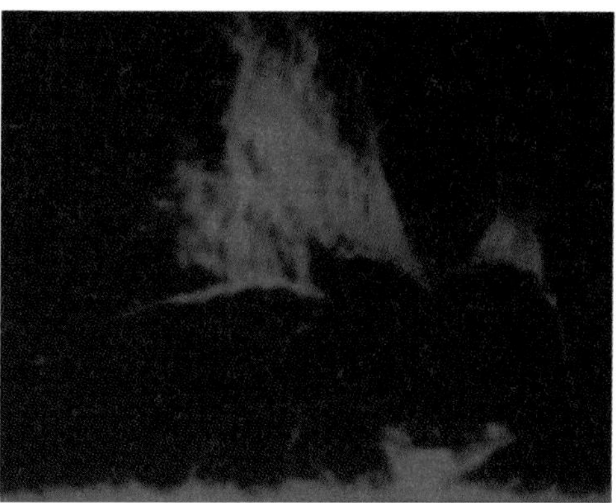

플레어

그림 Ⅲ-3

홍염과 플레어 태양 대기물질이 수만 km까지 분출한 루프 형태의 홍염은 수시간씩 지속된다. 급격한 대기물질의 분출을 플레어라 하며, 이때 상당한 양의 물질이 태양 밖으로 방출되어 태양풍을 이룬다.

그림 Ⅲ-2 그림에서는 흑점이 작아 보이지만 실제 크기는 수천 km에서 수만 km로 지구 크기의 몇 배나 된다. 흑점은 항상 있는 것이 아니라 한 번 생기면 수일(작은 것)에서 수개월(큰 것) 동안 보이다가 사라진다. 또한 태양 표면에 흑점이 많이 생기다가 점차 그 수가 줄어드는 현상이 약 11년의 주기로 나타나는데 이를 흑점 주기라 한다.

흑점을 사람에 비유하면 청소년기에 얼굴에 나는 여드름과 비유할 수 있다. 이런 현상은 활동적인 젊은 상태에서 나타나는 것이지 결코 늙은 노인의 얼굴에서 생기는 것은 아니다.

마찬가지로 흑점도 태양과 같이 활동적인 별에서 생기는 현상이다. 흑점은 하나씩 단독으로 생기기도 하지만 두 개가 가까이서 생기는 경우도 많다. 이를 쌍흑점이라고 한다.

흑점은 강한 자기를 띤다. 그래서 흑점 위쪽에는 태양 대기물질이 분출하는 홍염이나 플레어 같은 현상이 생긴다. 그림 Ⅲ-3 홍염은 수천 km까지 높이 치솟았다가 떨어진다. 급격히 분출되는 플레어 물

그림 Ⅲ - 4

코로나 개기 일식으로 밝은 태양이 가려질 때 대양 대기의 상층부에 있는 코로나가 흰 모습으로 나타난다. 흰빛이 양쪽으로 길게 뻗친 쪽이 태양의 적도면에 해당한다

질의 상당 부분은 태양 밖으로 방출되어 태양풍[1]을 만든다. 이것이 지구에 들어오면 지구의 자기를 교란시켜 전파 장애를 일으킴으로써 통신이 두절되는 현상이 생기기도 한다. 이와 같은 태양 활동은 광구에 흑점이 많을수록 더욱 심해진다.

달이 태양을 완전히 가리는 개기 일식 때는 그림 III-4와 같이 태양 주변이 밝아 보이는 영역이 있는데 이를 코로나라 한다. 이것은 태양 대기의 상층부에 해당하며 온도는 백만 도 이상이다.

1 태양에서 나오는 고속 하전입자의 흐름이다. 입자는 주로 전자와 양성자다.

3 | 태양권

별이 초신성으로 폭발할 때 초속 수천 km 이상의 고속 입자를 많이 방출한다. 이들은 주로 양성자, 헬륨, 전자와 같은 전기를 띠는 입자로서 우주선이라고 부른다. 수많은 별들이 죽고 다시 태어나는 과정을 거치면서 우주에는 무수한 우주선이 만들어졌다. 인공위성이 지구를 벗어나 우주로 나갈 때 가장 무서운 것이 우주선이다. 왜냐하면 우주선은 물체를 뚫고 안쪽으로 들어올 수 있기 때문이다.

이러한 우주선이 많은데도 불구하고 지상의 생물은 어째서 안전하게 지낼 수 있는가?

이유는 두 가지다. 첫째는 지구의 자기력선이 지구를 둘러싸고 있기 때문에 우주선이 자기력선에 포획되어 지상으로 잘 들어오지 못한다. 포획된 우주선과 태양풍의 입자는 지구의 자기극 쪽으로 가서 대기 입자와 충돌하면서 아름다운 오로라를 만들어낸다. 그림 Ⅲ-5

둘째는 태양의 강한 자기장이 만들어내는 자기력선이다. 이것은 행성 중에서 가장 먼 명왕성 바깥까지 뻗쳐 태양계 전체를 둘러싸고 있다. 이 영역을 태양권이라고 부른다. 그림 Ⅲ-6 태양계로 들어오는 강한 우주선의 대부분은 일차적으로 태양권에 있는 태양의 자기력선에 걸려 안쪽으로 들어오지 못한다. 이처럼 지상에서 우리가 잘 지내고 있는 것은 태양의 따뜻한 빛뿐만 아니라 외부 침입자를 막아주는 태양의 강한 자기장 때문이라는 것도 잊어서는 안 된다.

그림 Ⅲ-5

오로라 지구의 자기극 쪽으로 모여든 전기를 띤 입자가 대기의 질소나 산소 입자 등과 충돌하면서 여러 색깔의 밝은 빛을 내는데 이를 오로라라 한다. (www.thesky.co.kr, Copyright 2001, Sangu Kim)

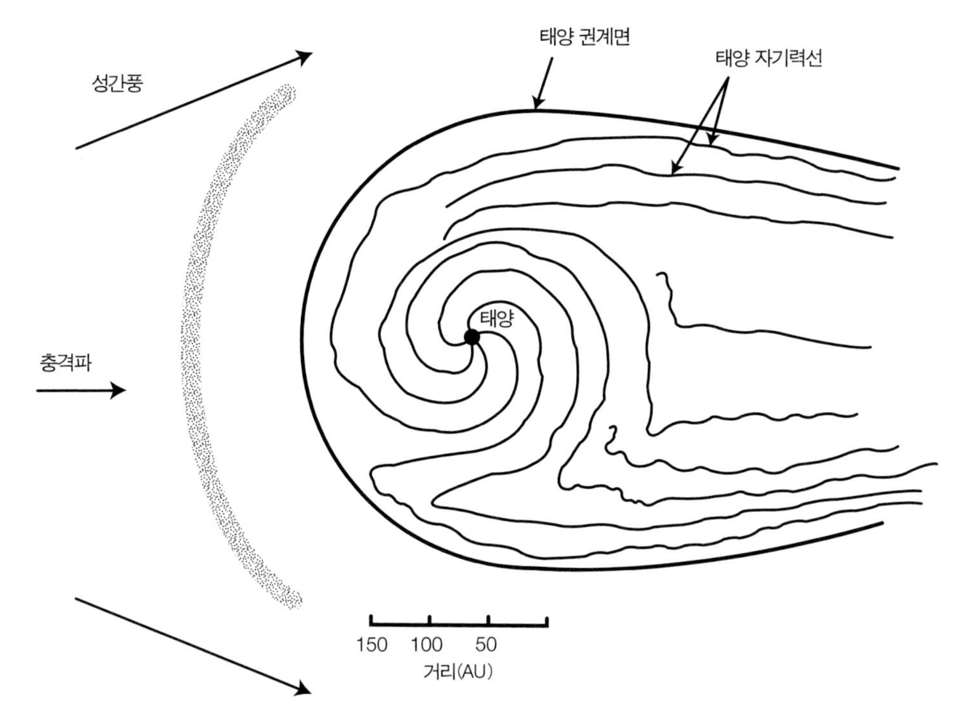

그림 Ⅲ-6

태양권 태양의 자기력선이 명왕성 바깥까지 뻗쳐 있는 것을 태양권이라 하며 이것에 의해 강한 우주선의 태양계 내부로의 침입이 저지된다.

2. 지구형 행성

태양계 안에는 9개의 행성이 있다. 행성을 별이라고 부르는 사람도 있는데 행성은 별이 아니다. 별이란 스스로 빛을 내는 것인데 행성은 별처럼 스스로 빛을 내는 것이 아니라 태양 빛을 받아 반사하기 때문에 밝게 보이는 것이다. 행성 중에서 태양에 가장 가까운 수성, 금성, 지구, 화성은 모두 지구처럼 단단한 땅을 가졌고 또 주로 암석으로 이루어졌기 때문에 지구형 행성 또는 암석 행성이라고 부른다.[1]

1 | 구덩이가 많은 수성

수성은 태양 가까이 돌고 있기 때문에 육안으로 직접 볼 수 있는 기회는 흔치 않다. 인공위성이 수성 부근을 지나면서 찍은 그림 III-7을 보면 표면에 수많은 운석 충돌 구덩이가 있다. 이들은 거의 40억 년 전에 생긴 것인데 수성에는 공기와 물이 없기 때문에 충돌 구덩이의 흔적이 거의 그대로 남아 있게 된 것이다.[2]

크기는 지구의 0.4배고, 질량은 지구의 0.06배인 수성은 행성들

1 우리 나라에서 행성(行星)이라고 부르는 것을 일본에서는 혹성(惑星)이라고 부른다. 앞으로 혹성(惑星)은 일본말임을 꼭 기억해야 한다.
2 수성에 정철과 윤선도의 이름이 붙은 충돌 구덩이가 있다.

그림 Ⅲ - 7

수성의 모습 마리너 10호 탐사선이 찍은 수성 표면의 모습으로 많은 운석 충돌 구덩이가 보인다. 대기와 물이 없는 수성에서는 이들 구덩이의 흔적이 30억 년 이상 지속되어 오고 있다.

중에서 두 번째로 작다. 수성은 약 59일의 주기로 자전하면서 88일의 주기로 태양 주위를 돈다. 그리고 수성의 하루[3]는 176일로 88일은 낮이고, 나머지 88일은 밤이다. 수성은 태양 가까이서 88일 동안은 태양 빛을 계속 받기 때문에 낮의 온도는 430도 이상까지 올라가고, 태양 빛을 못 받는 밤에는 온도가 영하로 떨어진다.

3 수성에서 태양이 머리 위에 왔다가 다시 머리 위에 올 때까지 걸리는 시간.

그림 Ⅲ-8

금성의 모습 두꺼운 구름으로 둘러싸인 금성의 모습. 금성은 달처럼 모양이 변화한다. 구름은 주로 황산 물방울로 이루어졌으며, 상층 구름은 4일 주기로 회전한다.

2 | 뜨거운 금성

초저녁 서쪽이나 새벽녘 동쪽 하늘에서 가장 밝게 보이는 천체가 금성[4]이다. 망원경으로 보거나 사진을 찍어보면 완전히 둥글지 않고 반달 비슷한 모습으로 보이는 경우가 있다. 이것은 금성이 지구 안쪽에서 태양 주위로 돌기 때문에 달처럼 모양이 변한다. 그림 Ⅲ-8

지구에 가장 가까운 금성은 크기나 질량이 지구와 비슷하다. 그러나 금성 대기의 성분은 지구와 달리 주로 이산화탄소로 이루어졌으며, 대기의 양은 지구보다 100배 정도로 많다. 따라서 금성 표면의 대기압은 지구의 100배로 매우 크기 때문에 금성에서는 걷기도 매우 힘들 것이다. 그리고 대기 상층에는 두께가 약 20km되는 두꺼운 구름 층[5]이 있다. 그래서 금성의 표면은 심한 온실효과[6]로 460도나 되는 고온이다. 따라서 표면에는 물이 존재하지 않는다.

금성은 항상 짙은 구름에 싸여 있기 때문에 밖에서 금성 표면을

4 붓다가 6년간 12인연을 연구하고 수행한 후 새벽에 명성을 보고 깨쳤다는 천체가 바로 금성이다.

5 금성의 구름은 주로 황산 물방울로 이루어졌다.

6 햇빛을 받아 지면이 더워지면 여기서 열이 발산되고, 이것은 공기 속에 있는 수증기나 이산화탄소 등에 흡수된 후 다시 지면으로 열을 방출하여 지면의 온도를 높인다. 이런 과정으로 지면의 온도가 높아지는 것을 온실효과라 한다.

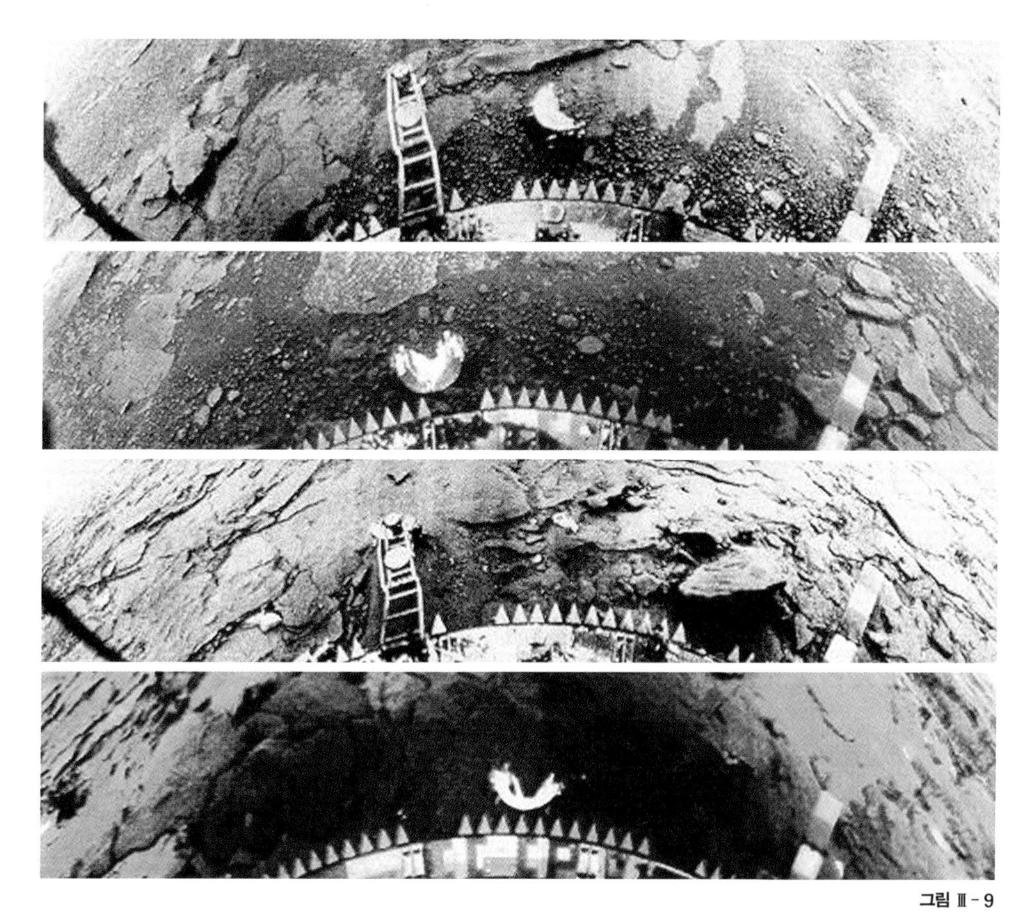

그림 Ⅲ-9

금성 표면 위쪽 두 사진은 1982년에 연착륙한 구 소련의 베네라 탐사선 13호가, 아래쪽 두 사진은 베네라 14호가 찍은 금성 표면의 모습이며 붉은 색은 표면의 높은 온도를 나타낸다.

직접 볼 수 없다. 그림 III-9는 구 소련의 베네라 탐사선이 표면에 착륙하여 찍은 황량해 보이는 전경이다. 높은 온도 때문에 땅은 매우 건조하며 단단하지 못하다. 그래서 지각 아래 있는 용암이 쉽게 땅을 뚫고 올라와서 작은 돔 형태의 화산을 형성한다. 그림 Ⅲ-10 그리고 화산에서 분출한 용암은 땅이 뜨겁기 때문에 쉽게 식지 않아 수백 km 이상 멀리까지 흘러간 모습을 보이고 있다. 그림 Ⅲ-11

일반적으로 행성들의 자전 주기는 공전 주기보다 짧다. 그런데 금성의 경우에 자전 주기(243일)는 공전 주기(235일)보다 더 길다.[7] 그 이유는 가까이 있는 지구가 금성에 큰 섭동을 미치기 때문이다. 금성의 하루는 117일로 낮이 약 60일, 밤이 약 60일이다. 비록 태양 빛을 못 받는 밤이라도 짙은 구름과 높은 표면 온도 때문에 온도는 460도로 고온이다.

미국의 마젤란 탐사선이 레이더로 관측한 자료에 의하면 금성에도 운석 충돌 구덩이가 많이 보인다.[8] 과거에는 현재보다 구덩이가 훨씬 더 많았지만 지각의 수직운동과 화산활동 등으로 그 흔적이 많이 사라졌다. 매이트너라는 충돌 구덩이의 크기는 150km나 되는 것으로 보아 과거에 엄청나게 큰 운석이 떨어진 것으로 추정된다. 그림 Ⅲ-12

금성은 태양으로부터 태양-지구 거리의 0.7배 되는 거리에 있기 때문에 지구보다 2배 정도 더 많은 태양 빛을 받는다. 따라서 금성은 처음 만들어질 때부터 지구보다 더 더웠으며 또 더 많은 자외선을 받아 왔다. 그 결과 비록 금성이 지구에 가장 가까운 행성이지만 그곳에 생명체가 존재하기는 매우 어려운 환경이었음을 짐작할 수 있다. 또한 식물이 존재할 수 없었기 때문에 식물의 광합성으로 산소가 만들어지지 않아 지구와 같은 대기 성분을 지니지 못하고 이산화탄소가 많은 원시 대기를 그대로 가지고 있게 된 것이다.

7 금성의 자전 방향은 지구와 반대이다. 이런 현상은 먼 과거에 큰 천체에 의한 심한 충돌로 자전축이 90도 이상 기울어진 결과로 짐작된다.

8 금성 표면의 지형에는 전부 여성의 이름을 붙인다. 사임당과 황진이의 이름이 붙은 충돌 구덩이도 있다. 금성 표면은 뜨거운 지옥과 같은데 여성의 이름을 붙이게 된 것은 예부터 금성을 미의 여신인 비너스(희랍 이름은 아프로디테)로 불렀기 때문이다.

3 | 생물이 사는 푸른 지구

많은 양의 대기와 바다가 있는 지구는 태양계 행성 중에서 생명체가 태어나 성장할 수 있는 가장 적합한 조건을 갖춘 유일한 행성이다. 그림 Ⅲ-13 대기는 약 75%의 질소와 약 25%의 산소로 이루어졌으

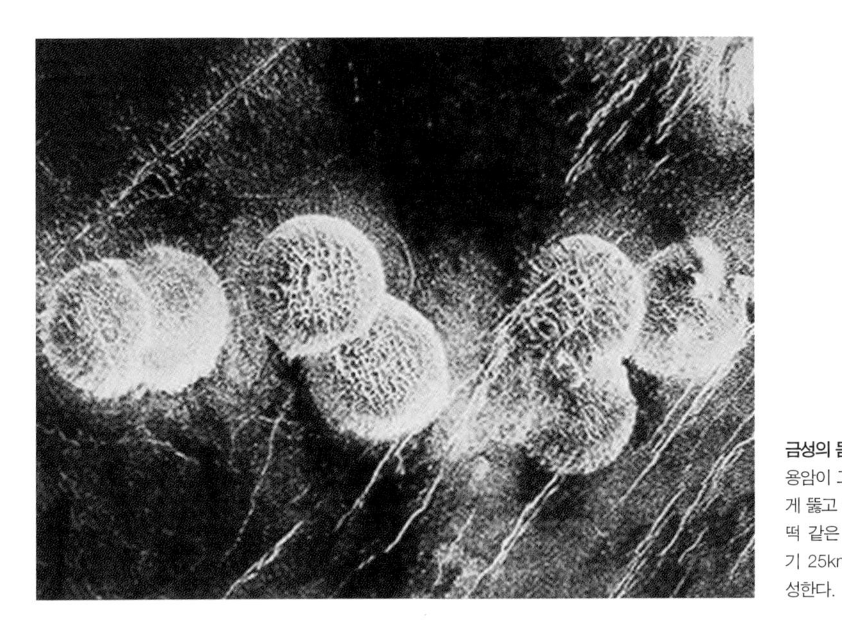

그림 Ⅲ - 10

금성의 돔형 화산 금성 내부의 용암이 고온의 건조한 땅을 쉽게 뚫고 수직으로 분출하여 호떡 같은 모양의 돔형 화산(크기 25km, 높이 750m)을 형성한다.

그림 Ⅲ - 11

금성의 마아트 화산 마젤란 탐사선의 레이더 관측으로 얻은 금성의 마아트 화산(높이 8km)의 모습. 화산에서 분출된 용암이 멀리까지 흘러나간 흔적이 보인다.

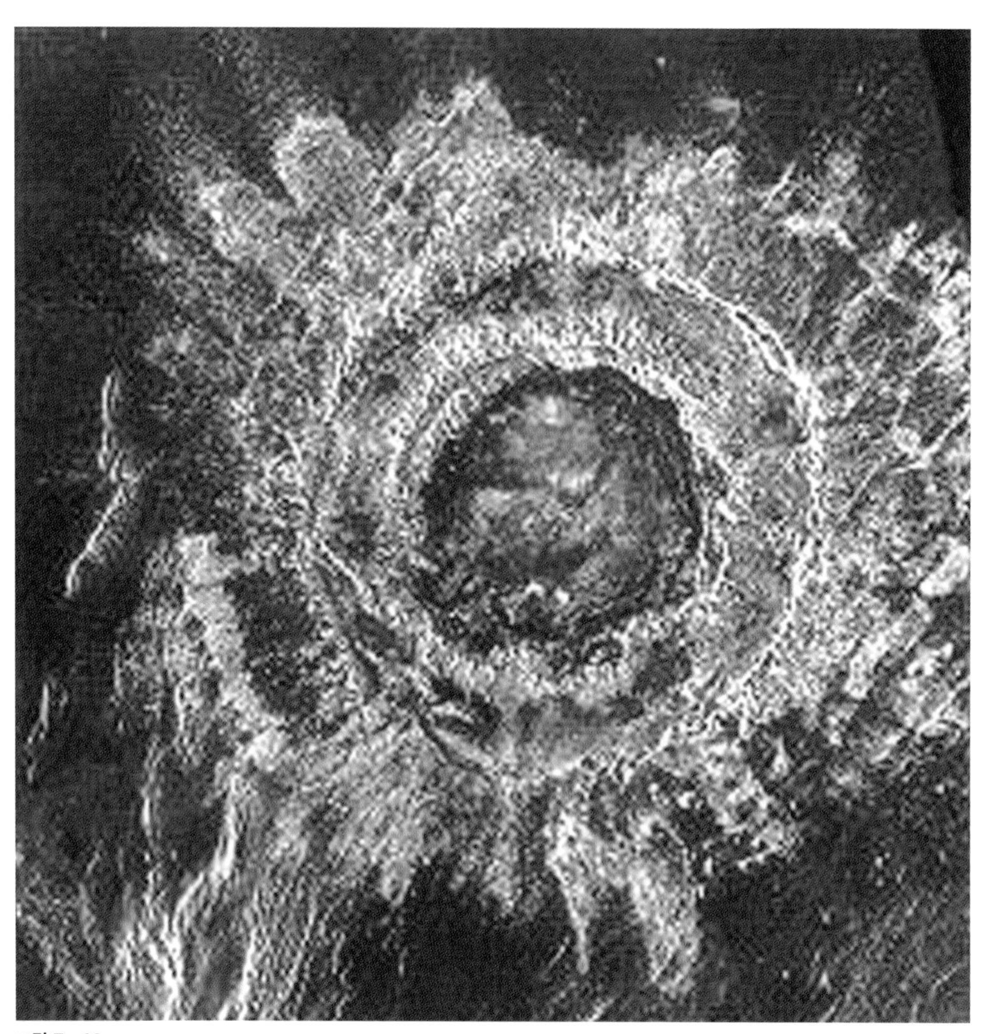

그림 Ⅲ-12

매이트너 충돌 구덩이 크기가 150m나 되는 다중환상 구덩이로 큰 운석 충돌에 의해 생긴 것이다.

며 많은 구름도 있다. 지각은 5개의 지판으로 이루어졌고 이들이 서로 만나는 지역에서는 심한 지각변동과 화산활동이 일어난다.

땅에는 여러 종류의 생물들이 살고 있으며, 그중에서 인간이란

그림 Ⅲ - 13
지구 인공위성에서 내려다 본 지구의 모습.

고등동물은 도구를 쓰면서 자연을 마음대로 조정한다. 그래서 인간들 때문에 다른 종의 생물들은 심각한 피해를 입고 있으며 종의 멸종 위기까지 맞고 있다. 뿐만 아니라 지구 자체도 중병에 걸려 신음하고 있다. 인간이 저지르고 있는 이러한 피해는 약 46억 년이란 지구 역사에 비해 극히 짧은 시간 내에 일어났다. 이를 알아보기 위해 지구가 어떻게 진화해 왔는가를 정리해 보면 아래와 같다.

지구의 진화

	47억 년	일반 은하 성운에서 원시 태양계 성운의 분리
1/1일 0시	45.7억 년	태양계 형성 시작
2/16	40억 년	잦은 미행성 충돌, 생명체 탄생
3/19	36억 년	무핵 세포 등장(스트로마톨라이트 화석에서)
5/7~7/25	30~20억 년	박테리아, 청록 해조 등장
7/25~10/12	20~10억 년	유핵 세포 등장, 산소대기 발달(식물의 광합성으로)
10/12~11/13	10~6억 년	현재의 대기 형성, 다핵 세포에서 수중 생물 등장
11/13~12/3	6~3.5억 년	곤충 등장, 수중 척추동물 등장
12/3	3.5억 년	양서류의 육상 등장
12/5	3.25억 년	파충류 시대 개막
12/15	2억 년	포유동물 등장
12/23	1억 년	공룡이 육상 지배(2.5억 년~6500만 년)
12/26	6500만 년	영장류 등장
12/31 18시 20분	300만 년	호미니드(원인) 등장
23시 31분	25만 년	호모사피엔스(현재의 인류) 등장
23시 56분	3만 5천 년	크로마뇽(현대인) 등장
23시 59분 25초	5천 년	인간의 역사적 기록 시작
23시 59분 44초	BC 380	아리스토텔레스의 지구 중심 우주관 제시
23시 59분 58초	1530	코페르니쿠스 지동설 제창
23시 59분 59.8초	1967	인류 최초 달 착륙

46억 년을 1년으로 두면 원시 태양계 성운에서 지구가 탄생하기 시작한 때는 1월 1일 0시이다. 지구가 형성된 후 수많은 원시 미행성의 충돌로 2월 16일(40억 년 전)에 지상에 생명체의 씨앗이 나타났다. 이것이 자라서 3월 19일(36억 년 전)에 무핵 단세포 생물이 최초로 등장했다(스트로마톨라이트 화석에서 발견된 무핵 세포의 나이는 약 36억 년: 그림 III-14). 7월 25일에서 10월 12일 사이

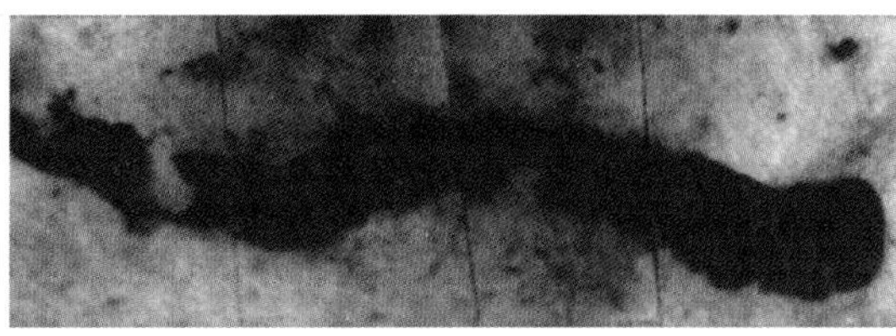
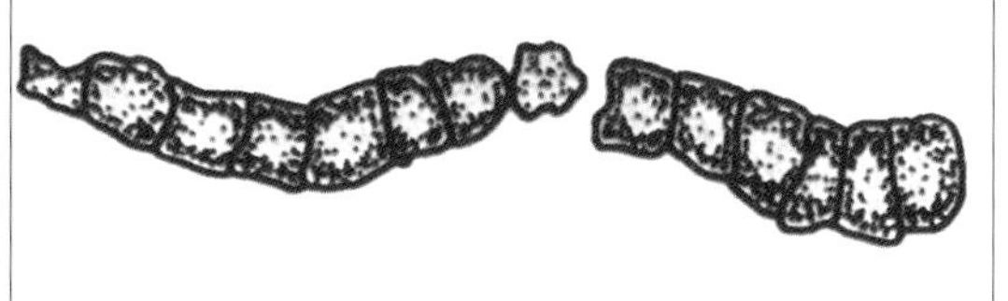

그림 Ⅲ - 14
스트로마톨라이트와 무핵 세포 화석 스트로마톨라이트에서 발견된 무핵 단세포 화석의 나이는 약 36억 년으로 추정된다. 이것은 지상에서 생명의 탄생이 적어도 36억 년 이상임을 뜻한다. 오른쪽 아래 그림은 위쪽 그림을 자세히 그린 것이다.

에는 유핵 세포 생물이 등장했다. 그리고 이산화탄소가 많았던 원시 대기에 식물의 광합성으로 산소가 공급되면서 대기의 성분이 바뀌기 시작하다가 10월 12일에서 11월 13일 사이에는 현재의 대기가 형성되었다. 이때 수중 생물이 등장했고, 11월 13일에서 12월 3일 사이에는 곤충이 등장했으며, 그리고 12월 3일에는 양서류가 육상에 나타났다. 12월 5일에 파충류가 나타나고 1억 년쯤 후인 12월 15일(2억 년 전)에 포유동물이 등장했다. 공룡이 육상을 지배하던 시기는 2억 5천만 년에서 6,500만 년 사이였다.

그 전성기는 12월 23일경이었다. 큰 뇌와 5손가락과 5발가락을 가진 영장류가 등장한 때는 12월 26일(6,500만 년 전)이며, 인류의 조상인 호미니드(原始人)는 300만 년 전인 12월 그믐날 저녁 6시 20분에 나타났다. 그리고 지혜를 가진 현재의 인류(호모사피엔스)는 그믐날 밤 11시 31분에 나타났고, 현대인 크로마뇽은 그믐날 밤 11시 56분에 등장했다. 인간이 역사를 기록하기 시작한 때는 그믐날 밤 11시 59분 25초였고, 그리고 밤 11시 59분 44초에는 아리스토텔레스가 달 안쪽은 흙·물·불·바람 등의 불완전한 원소로 이루어진 지상계, 달 바깥쪽은 완전한 하늘의 원소로 이루어진 천상계로 생각한 지구 중심의 우주관을 내놓았다. 코페르니쿠스가 이러한 우주관을 깨고 지구가 태양 주위를 돈다는 지동설을 제창한 것은 그믐날 밤 11시 59분 58초였다. 이러한 우주관을 바탕으로 인류가 최초로 지구를 떠나 달을 처음 밟은 시기는 그믐날 밤 11시 59분 59.8초였다.

결국 지구 역사를 1년으로 볼 때 지상에 손과 발을 쓰는 영장류가 등장한 것은 지금부터 5일 전이고, 현대의 인간 모습을 한 크로마뇽의 등장은 겨우 4분 전이다. 노자, 붓다, 공자, 예수 같은 성인의 등장은 약 25초 전이다. 기원전 6세기부터 시작한 희랍의 고대 문화를 거쳐 코페르니쿠스의 과학혁명, 산업혁명에 따른 과학기술의 발전 등은 모두 지금으로부터 겨우 20초 이내에 이루어진 것이다. 그리고 외계 탐사를 계기로 최첨단 과학의 발달은 지금부터 겨우 0.2초 사이에 이룩한 것이다. 이처럼 지구의 역사와 비교할 때 인간이 도구와 지혜를 쓰면서 인간의 역할을 해온 것은 지금으로부터 불과 30초 이내로 지구 역사의 100만 분의 1에 해당하는 찰나의 순간에 지나지 않는다.

뿐만 아니라 코페르니쿠스의 과학혁명 이후 1,600년부터 오늘에 이르기까지 인간이 이룩해온 문명시대의 기간은 지구 역사에 비해 약 1,000만 분의 1초보다 짧은 2초로 찰나에 해당한다.

이런 극히 짧은 기간 동안에 인간은 부의 창출이란 명목 아래 산업 쓰레기와 유해 가스 배출, 무차별적 개발에 의한 환경 파괴와 생물 종(種)의 멸종 등을 자행해 오면서 푸른 지구를 심각한 여러 종류의 암에 걸리도록 만들었다. 이러한 지구는 자연의 섭리에 따라 병을 스스로 잘 치유해 갈 것이다. 그러나 이 치유 과정에서 지구가 인간에게 되돌려주는 필연적인 과보(果報)로 말미암아 인간은 생존의 위협을 받으면서 언젠가는 지상에서 영원히 사라질지도 모른다. 그래도 오늘날의 인간들은 "더 빠르게 교신하며, 더 높이 쳐다보며, 더 편리하게 살고 싶을까?"

오늘날 현대 문명이 직면하고 있는 위험스러운 물질적 창조에 치우친 편협한 과학의 환상에서 벗어나 과거 우리 조상들이 해온 것처럼 우리도 자연의 조역자로서 자연을 잘 가꾸며 자연과 더불어 함께 살아가야 한다. 이러한 자연 친화적이고 범생태적인 불법의 정신과 노장사상을 하루 빨리 실현하는 것만이 앞으로 닥칠지도 모르는 인류의 재앙을 피하며 푸른 지구를 온전하게 유지해 갈 수 있는 유일한 방법이다.

자유 행로와 자동차 문화

자동차가 등장함으로써 인간이 달릴 수 있는 한계 거리뿐만 아니라 속도도 인간의 감각 세계를 훨씬 앞질러가기 시작했다. 특히 미국의 자본주의 산업은 자동차 문화에 의해 시작되었다 해도 과언이 아니다. 왜냐하면 원자재와 제품의 수송 능력과 속도가 향상됨에 따라 산업화가 가속되었고, 또 대중의 상품 구매 속도를 증가시킴으로써 자본의 순환이 빨라지고, 이에 따라 원활한 빠른 운송으로 구매 가격도 낮아지게 되었다.

자동차 문화와 산업 관계는 우리 나라에서도 마찬가지로 나타났다. 그러나 미국은 기초부터 자동차 산업이 시작된 것에 비해 우리는 기본 주요 부품의 수입을 통한 제품 생산과정을 거침으로써 자동차 문화가 국민 정신에 바탕을 두지 못했다는 것이다. 즉 우리 나라에서는 생활의 필요에 의해서라기보다는 오히려 부와 사치의 상징으로 나타나기 시작했다. 미국과 달리 우리 나라는 땅이 넓은 것도 아니고, 또 대중 교통 수단이 열악한 것도 아니다. 단지 자동차는 편리한 수단이고 또 좋은 차는 사람의 실제 인격을 초월하는 차별적 상징성을 띠고 있는 것도 사실이다. 소형차를 가지고 큰 호텔로 들어가면 호텔의 체면 유지에 장애가 되므로 진입이 금지되는 경우도 있다. 뿐만 아니라 잘사는 아파트에서는 소형차를 가지면 다른 곳으로 이사 가는 것이 편할 정도로 부유층 사람들의 따가운 눈총을 받는다.

그렇다면 일반적으로 자동차를 가짐으로써 삶에 어떠한 변화가 나타날까? 단순한 편리함일까?

그렇지 않다. 자동차의 소유는 곧 삶에 대한 철학의 변화를 가져온다. 물리학에서 자유 행로라는 말을 쓴다. 예를 들면 어떤 상자 속에 많은 분자들이 들어 있는데 한 분자가 다른 분자와 충돌할 때까지 진행한 거리를 자유 행로라 하고, 분자들이 서로 만나 충돌할 때까지 걸리는 평균 거리를 평균 자유 행로라 한다. 이런 경우를 사람에 적용해 보자.

한적한 시골에서는 밖에 나와 걸어갈 때 다른 사람을 만나려면 상당한 거리를 가야 한다. 그런데 서울에서는 문밖에만 나오면 사람을 쉽게 만날 수 있다. 따라서 서울에서 사람을 만나는 데 걸리는 평균 자유 행로는 시골의 경우보다 훨씬 짧다.

자동차를 가지지 않은 사람은 걸어나가 버스나 전철을 타야 한다. 그런데 자동차를 가진 사람은 빠른 시간 내에 목적지에 갈 수 있다. 뿐만 아니라 자동차를 가진 사람은 어디든지 쉽게 또 빨리 갈 수 있는데 비해 차가 없는 사람은 걸어가야 하기 때문에 운신이 자유롭지 못하다. 따라서 차를 가진 사람의 자유 행로는 짧고, 차가 없는 사람의 자유 행로는 길다.

자유 행로가 짧으면 어떠한 현상이 일어날까?

구속에서 벗어날 수 있다. 즉 걸어다녀야 하는 불편함에서 벗어나 어디든지 쉽게 갈 수 있기 때문에 차가 없는 사람에 비해 훨씬 자유롭다. 소위 불편함이란 구속에서 해방된다는 것이다. 그런데 해방이 공짜로 얻어지는 것이 아니다. 해방을 쟁취하고 또 유지하려면 자동차의 기름 값과 유지비의 지출이 필수적이다. 이것을 충족시키기 위해서는 기본적으로 운영 자금이라는 돈이 필요하다. 돈이 필요하기 때문에 그만큼 벌어야 하고 또 그만큼 남을 위해 쓸 수 있는 여유 돈이 없게 된다. 그래서 있는 자가 없는 자보다 더 인색해지는 성품의 변화가 일어난다. 이것은 편리함을 유지하기 위해 필수적인 대가며 변화다.

이런 점에서 자동차를 갖지 않았을 때는 순수한 마음의 소유자였지만 자동차를 가지면서부터 순수성을 잃어버리고 자본주의 정신에 얽매이는 일종의 각박한 자본가로 전락되는 셈이다. 그런데 차를 가진 사람들은 자신의 정신이 이처럼 변화했다는 것을 거의 느끼지 못하며 또 느끼려고 하지도 않는다. 오히려 편리함이 생활에 활력소를 불러일으켜 짧은 인생을 값지게 사는 것이라고 생각할지 모른다.

좁은 우리 나라에서 과연 자동차가 꼭 필요한 사람이 얼마나 될까? 남이 타니까 경쟁적으로 나도 차를 가져야 하고 또 남이 새 차를 가지면 나도 뒤지지 않게 새차를 사야 하는 경쟁적 삶은 자신의 참모습을 자동차 바퀴 밑에 깔고 다니는 것과 다를 바 없다. 특히 오늘날 젊은 세대들에서 발생하고 있는 여러 가지 문제들은 한국의 무절제한 자동차 문화와 연관되어 있으므로 이것이 국민 정서를 얼마나 훼손시키고 있는가를 한번쯤 깊이 생각해야 할 것이다.

인간은 작은 별이다

우리는 어디에서 왔는가? 어떤 신이 인간을 만들어 지구에 가져다 놓은 것인가? 아니면 땅에서 생긴 것인가?

이러한 의문을 알아보기 위해 우리 몸을 구성하고 있는 성분을 살펴보자. 표 III-1에 인간의 구성 성분을 태양의 구성 성분, 지구의 땅과 대기 그리고 박테리아의 구성 성분과 비교했다. 여기서 성분은 원소의 개수를 백분율(%)로 나타냈다.

태양에서 두 번째로 많은 헬륨 원소는 휘발성이 매우 높아 다른 원소와 잘 화합을 하지 못한다. 그래서 인간이나 박테리아에는 헬륨 원소가 없다. 헬륨 원소를 제외하면 태양과 인간 및 박테리아에서 함량이 가장 많은 원소는 수소, 산소, 탄소, 질소 등의 순서로 태양이나 인간 모두 똑같다. 비록 인간과 태양 사이에 이들 원소의 함량에 차이는 있지만 모두가 같은 원소로 이루어졌다는 사실을 암시하고 있다. 이런 결과는 태양이 형성된 물질과 같은 물질에서 인간이 태어났다는 것을 뜻한다.

그러면 그 물질은 지구에서 온 것인가?

표 Ⅲ-1 | 인간과 태양의 구성 성분(%)

태양		인간		박테리아		지구(땅)		지구(대기)	
수소	93.4	수소	63	수소	61	산소	50	질소	78
헬륨	6.5	산소	29	산소	26	철	17	산소	21
산소	0.06	탄소	6.4	탄소	10.5	규소	14	알곤	0.93
탄소	0.03	질소	1.4	질소	2.4	마그네슘	14	탄소	0.01
질소	0.01	인	0.1	칼슘	0.23	황	1.6	네온	0.002

인간이나 박테리아의 구성 성분은 지구의 땅(주로 산소, 철, 규소 등)이나 대기(주로 질소, 산소)의 구성 성분과는 전연 다르다. 이 사실은 인간의 씨앗이 지구의 흙이나 공기에서 온 것이 아니라는 것을 암시한다.

혜성의 성분을 조사해 보면 태양의 성분과 같다.그림 Ⅲ -R36-2 참조 혜성의 본체는 태양계가 형성될 때 생긴 작은 미행성이다. 그리고 행성이나 위성의 표면에는 먼 과거에 미행성들에 의한 충돌 흔적이 무수히 많다. 지구에도 먼 과거에 수많은 혜성 충돌이 있었고 이때 지상에 흩어진 혜성의 잔해 물질에서 생명이 탄생되었다. 즉 원시 태양계 물질에서 태양과 행성, 위성, 혜성들이 생기고 또 이 물질 속에 이미 들어 있던 생명의 씨앗이 혜성을 통해 지구에 들어와서 지상에 생명체가 태어나도록 했다는 것이다.

원시 태양계 물질의 성분은 별이나 성간 물질의 성분과 같기 때문에 결국 우리 인간도 우주 내에서 하나의 작은 별에 해당한다고 볼 수 있다. 즉 제4세대의 성간 물질에서 4세대의 별, 태양, 인간이 모두 탄생했다는 것이다. 그러므로 우리 인간은 우주에서 제4세대의 별인 셈이다.

태양계가 태어난 원시 성운은 제1세대에서 제3세대에 이르는 먼 조상별들이 죽고 또 태어나면서 흩뿌린 물질로 이루어진 것이다. 따라서 우리 마음속에는 먼 조상별들의 오온[1]이 전수되어 들어 있음이 틀림없다. 여기서 색수상행식의 오온에서 색은 물질이고 수상행식은 정신 작용이다. 정신이란 마음의 작용이고 마음은 물질의 유기적이고 체계적인 조직 기능이라고 본다면, 별에도 마음이 있을지도 모른다. 이러한 별들의 순수한 원초적 마음이 인간의 마음속에 들어 있기에 우리 모두는 작은 우주로서 별과 동등하다. 그렇다면 붓다의 불법은 인간만을 위한 것이 아니라 별들을 포함한 우주 만물을 위한 불법임이 틀림없다. 그래서 우리는 인간 법계라고 하지 않고 우주 법계라고 말하는 것이다.

1 색(물체), 수(느낌), 상(표상), 행(의지, 결행), 식(의식). 예를 들어 우리는 오온으로 이루어졌다고 할 때 색은 몸이고 나머지 수상행식은 외부 대상에 대한 인식에 관련된 정신 작용을 뜻한다. 예를 들어 꽃을 바라볼 때 나와 꽃은 색, 꽃의 향기를 맡고 색깔을 보는 것은 수, 이 꽃은 장미꽃이라고 분별하는 것은 상, 예쁜 꽃을 꺾고 싶은 것은 행, 이 꽃을 봄으로써 옛날 어릴 때 생각이 나는 것은 식이다.

물은 얼마나 중요한가

지구에서 바다는 전체 면적의 3/4을 차지한다. 그래서 물이 많아 여러 종류의 생물이 살고 있는 푸른 지구가 된 것이다. 또 태양계에서 현재 물을 가진 유일한 행성이기도 하다. 그런데 우리는 물이 없으면 생물이 살 수 없다는 정도의 심각성 이외는 물의 중요성을 잘 모르고 있다. 일반적으로 생명이 합성되어 성장 진화하는 데 물과 같은 용매가 꼭 필요하다. 그러면 이런 목적으로 쓰이는 용매는 어떠한 조건을 갖추어야 하는지 살펴보자.

① 액체 상태로 온도 범위가 넓어야 한다. 만약 온도 범위가 좁으면 외부 온도 변화에 따라 쉽게 고체나 기체상태로 되어 화학 반응이 일어나지 못하게 된다.
② 쉽게 온도가 오르지 않고 또 증발이 잘 일어나지 않아야 한다. 만약 외부 온도가 높아짐에 따라 빨리 더워져서 쉽게 증발되면 용매가 밖으로 빠져나가서 화학 반응을 일으킬 수 없다.
③ 표면 장력이 클수록 화합물이 잘 결속되어 외부 영향을 적게 받으면서 안전하게 화학 반응이 잘 진행될 수 있다.
④ 얼면 팽창하는 것이 좋다. 팽창하면 밀도 감소로 고체는 위로 떠오른다. 그래서 아래쪽에는 액체 상태를 유지할 수 있다.

표 Ⅲ-2 용매의 특성[1]

용매	액체 상태 온도	열용량	증발용량	표면장력	고체상태
물	0～100도	1	1	1	팽창
암모니아	영하 78～영하 33도	1.23	0.5	0.5	불변

1 물의 열 용량, 증발 용량, 표면 장력을 모두 1로 두었다.

이상의 조건을 고려할 때 표 III-2에서 보인 것처럼 물과 암모니아 중에서 물이 훨씬 좋은 용매임을 알 수 있다. 즉 물은 0도에서 100도 사이에 액체 상태로 있다. 암모니아는 온도가 영하 33도보다 높으면 기체로 변한다. 그래서 지상에서는 좋은 용매로 쓸 수 없다. 암모니아는 쉽게 증발하는데 비해서 물은 쉽게 뜨거워지지 않고 또 쉽게 증발하지도 않는다. 따라서 생물 내부의 수분이 밖으로 쉽게 빠져나가지 못한다. 물은 표면 장력이 크기 때문에 내부에서 여러 종류의 화합물을 만들어낼 수 있다. 그리고 추운 겨울에 강물이 얼어도 그 아래 물속에서는 물고기가 살아갈 수 있다. 이에 비해 암모니아는 얼면 팽창하지 않으면서 전체가 얼어버린다. 뿐만 아니라 물은 태양의 강한 자외선을 차단시킨다. 그래서 바다 깊이 자외선이 들어가지 못하기 때문에 바다 속의 생물이 안전하게 살 수 있는 것이다. 이러한 물을 늘 마시고 사용하면서도 물의 고마움을 모른다. 더욱이 물을 오염시켜 다른 생물의 생존까지 위협하고 있는 것이 오늘의 지구인이다.

우리가 쓰는 시간은 평균 태양시

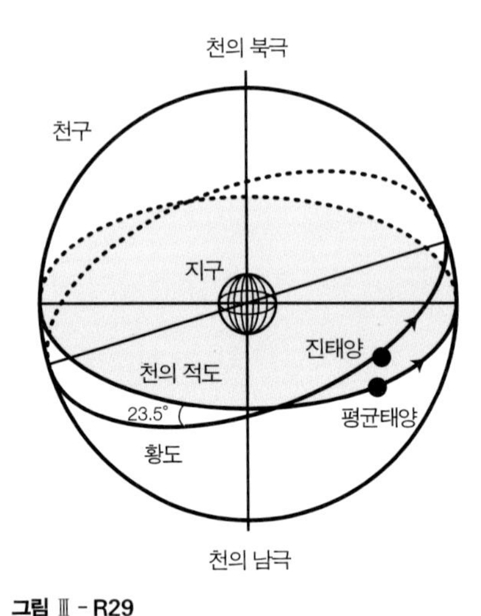

그림 Ⅲ - R29

진태양과 평균 태양 진태양은 황도를 따라 불규칙하게 도는 실제로 보이는 태양이고, 평균 태양은 천의 적도를 따라 균일한 속도로 일 년에 한 번씩 도는 가상적인 태양이다. 우리가 사용하는 시간은 평균 태양에 의해 정의된 평균 태양시다.

우리가 보는 태양을 진태양이라고 하고, 진태양이 머리 위의 자오선 상에 올 때를 남중이라고 한다. 태양이 남중해서 다시 남중할 때까지 걸리는 시간을 1진태양일(眞太陽日)이라고 한다. 그런데 우리가 보는 태양은 그림에서 보인 것처럼 지구 적도를 천구에 투영시킨 천의 적도에 대해 23.5도 기울어진 황도를 따라 돌고 있다.그림 Ⅲ-R29 그리고 태양이 황도를 따라 일정한 속도로 도는 것이 아니라 북반구의 겨울철에 가장 빠르게 돌고 여름철에는 가장 느리게 돈다. 따라서 우리가 실제로 보는 태양으로 정의되는 진태양시는 계절에 따라 시간의 길이가 달라지게 된다. 이런 불편을 없애고 언제나 일정한 속도로 가면서 일정한 시간의 길이를 가지는 시간을 정의할 필요가 있다.

그래서 천의 적도를 따라 일정한 속도로 일 년에 한 번씩 공전하는 가상적인 태양을 정의하고 이를 평균 태양이라고 한다. 이런 평균 태양에 의해 정의되는 시간을 평균 태양시라 하며, 평균 태양이 두 번 연속 남중하는 데 걸리는 시간을 1평균 태양일이라고 한다. 우리가 일상 생활에서 쓰고 있는 시간이 바로 평균 태양시다. 예를 들어 우리가 손목시계를 보고 2시 30분이라고 할 때 정확히 말하면 2시 30분 평균 태양시라고 해야 한다. 그러나 보통 우리는 평균 태양시라는 말을 붙이지 않을 뿐이다.

땅에 수직으로 세운 막대의 그림자의 길이가 가장 짧을 때가 진태양시로 정오다. 그러나 손목시계를 보면 정오를 지날 때(특히 2월경에)도 있고, 혹은 아직 정오가 아닐 때(특히 11월경)도 있다. 이런 차이는 바로 진태양시와 평균 태양시의 차이 때문에 생긴다.

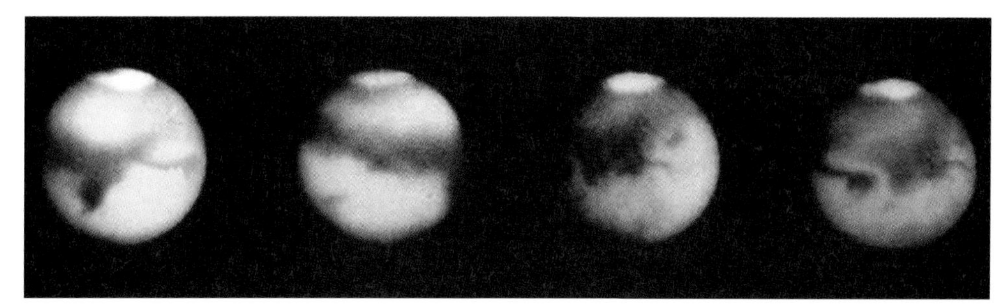

그림 Ⅲ - 15

화성의 모습 위쪽의 흰 부분은 남극관이며 왼쪽 사진에서 검은 삼각형 지형은 사르티스 메이저(Sartis Major) 평원이고, 그 위쪽의 밝은 지역이 유명한 헬라스 분지다. 화성은 약 25시간의 주기로 자전하기 때문에 우리에게 보이는 화성 표면의 모습이 달라진다.

4 | 볼거리가 많은 화성

하늘에서 붉게 보이면서 별들 사이를 움직이는 것이 화성이다. 밤중에 머리 위쪽 부근에서 화성이 보일 때는 화성이 지구에 가장 가까울 때다. 크기가 지구의 반 정도고, 질량은 지구의 1/10인 화성은 예로부터 고등한 지적 생명체가 살고 있을 가능성이 높다고 보고 많이 연구되어 왔으며, 특히 미국의 인공위성에 의해 자세히 탐사되어 왔고 현재도 탐사중이다.

화성은 아주 적은 양의 대기를 가졌기 때문에 지구에서도 화성의 표면을 볼 수 있다. 화성의 대기는 금성처럼 주로 이산화탄소로 이루어졌다. 이러한 대기를 환원 대기라 하고, 지구 대기와 같이 질소와 산소를 많이 가진 대기를 산화 대기라 한다. 화성의 대기가 산화 대기가 되지 못한 이유는 많은 식물에 의한 광합성 작용이 부족한 결과로 보여진다. 지상에서 볼 때 화성의 모습이 그림 III-15처럼 달라 보이는 것은 약 25시간의 주기로 화성이 자전하기 때문이다. 화성 표면에는 붉은 색의 산화철이 섞인 모래와 먼지가 많아 행성 중에서 화성이 가장 붉게 보인다.

화성 표면에는 물이 없다. 그러나 과거에는 상당히 많은 물이 흘

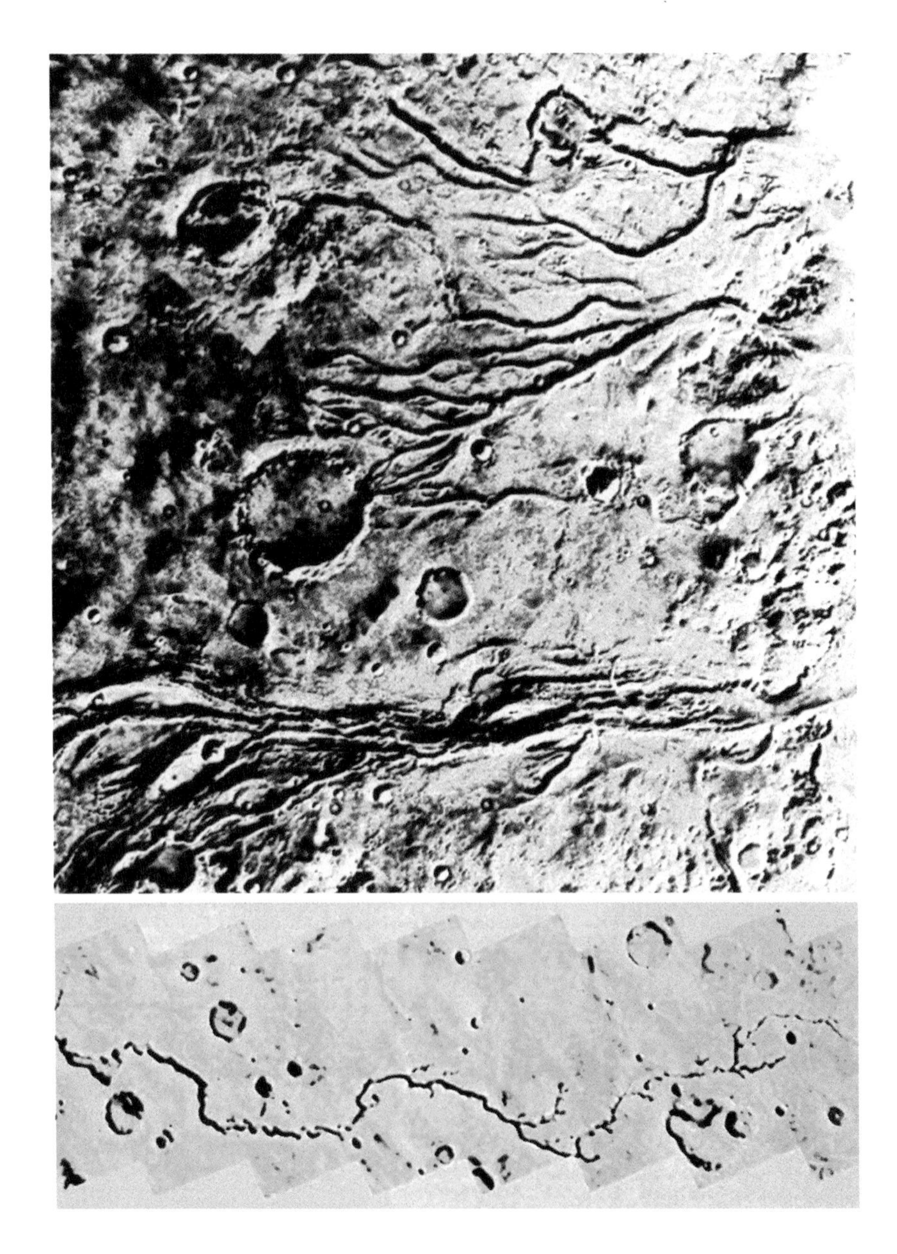

그림 Ⅲ - 16

화성의 수로 화성에서 먼 과거(30억 년 전)에 물이 많이 흘렀던 흔적을 보이는 강과 수로의 모습.

렀던 흔적들이 많다. 그림 Ⅲ-16 그러면 이 물은 다 어디로 갔는가? 화성의 표면 온도는 평균 영하 60도 정도로 매우 낮기 때문에 물이 쉽게 얼고, 또 공기 중으로 올라간 수증기도 곧 응결되어 비나 눈으로 떨어진다. 따라서 과거에 많았던 물이 모두 땅속으로 스며들어가 얼어버린 영구 동토층을 만들었다고 본다. 실제로 가장 추운 극 지역에서는 동토층의 두께가 4km고, 적도 지역에서는 1km로 추정된다. 따라서 앞으로 화성에 간다면 물 걱정은 없다. 땅을 파서 녹이면 적어도 20억 년 내지 30억 년 전의 오염되지 않은 깨끗한 물을 얻을 수 있다. 언젠가 화성을 다녀오는 날이 오게 되면 이러한 물을 지구에 가져와서 비싸게 팔아 돈벌이를 하는 경우가 생길 날도 멀지 않다.

앞으로 2020년 내에 사람이 화성을 다녀올 계획이다. 그렇다면 화성을 여행하는 날도 그렇게 멀지만은 않다. 화성의 하루는 지구처럼 1일 정도이므로 화성에서 보면 지구가 하루에 한 번씩 뜨고 지는 모습을 볼 것이며, 또 하늘의 엷은 구름도 볼 수 있으며 아침에는 하얀 서리로 덮여 있는 평원도 보게 될 것이다. 그림 Ⅲ-17, 18 그러

그림 Ⅲ-17

화성의 구름 바이킹 탐사선이 찍은 화성의 구름 모습.

그림 Ⅲ - 18

화성의 아침 서리 연평균 온도가 영하 60도인 화성의 밤은 매우 추우므로 쉽게 공기 중의 수분이 얼어 흰 서리 낀 전경을 보인다.(1977년 바이킹 2호 착륙 지역)

나 무엇보다 화성에서만 볼 수 있는 다음 4곳은 꼭 구경하는 것이 좋다.[9] 그림 Ⅲ-19

① 극관: 그림 Ⅲ-20에서 희게 보이는 것이 극관이라고 부르는 것으로 화성의 남극과 북극에 있다. 이것은 주로 얼음과 드라이아이스로 이루어졌으며 두께가 50~100m 되는 여러 층들이 겹쳐서 이루어졌다. 극관의 크기는 60km 정도다. 극관은 화성의

9 화성에 낙동강, 장성, 진주, 대진, 나주와 같은 한국의 지명이 붙은 계곡과 충돌 구덩이가 있다.

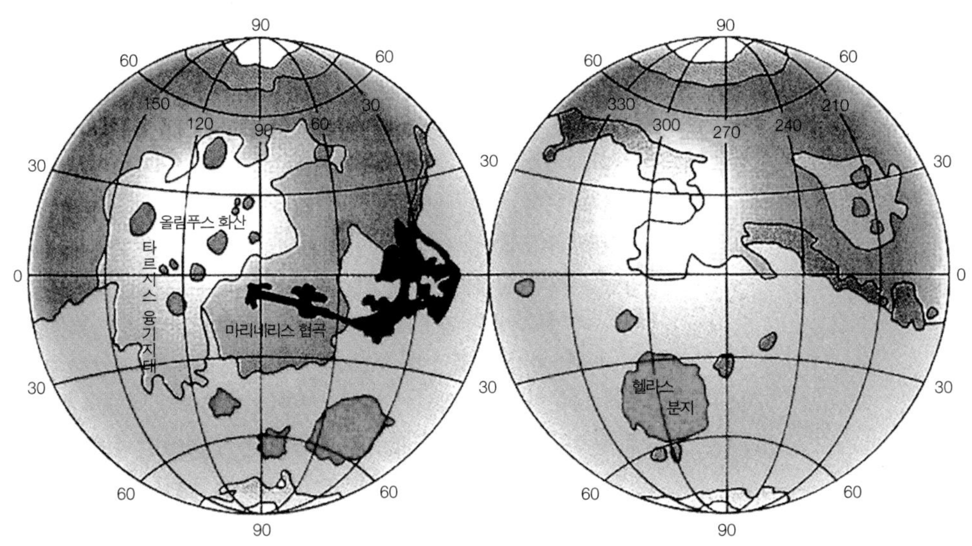

그림 Ⅲ-19

화성의 지형 화성을 적도에 대해 약 30도로 가르면 위쪽에는 젊은 고지대가 있고 아래쪽에는 저지대의 오래된 지형이 나타난다. 왼쪽 그림에서는 올림푸스 화산이 있는 타르시스 융기지대와 적도 바로 아래에 있는 마리네리스 협곡이 특징적이다. 오른쪽 그림에서는 남반구에 있는 거대한 헬라스 분지가 특징적이다.

계절에 따라 크기가 변화한다. 화성의 여름철에 극관이 녹으면 수증기와 이산화탄소가 공기 중으로 방출되어 대기의 양을 30% 정도 증가시킨다. 그러다가 겨울이 되면 이들이 다시 얼어 극관을 이룬다. 화성에서 가장 쉽게 얼음과 물을 얻을 수 있는 곳이 바로 거대한 빙산처럼 생긴 극관이다.

② 올림푸스 화산: 화성 북반구의 타르시스 융기지대에는 여러 개의 화산들이 있다. 이중에서 올림푸스 화산은 그 규모가 태양계에서 가장 크다.그림 Ⅲ-21 화산의 폭은 600~700km고, 높이는 26km며, 화산 정상에 있는 화구의 폭은 90km고, 깊이는 9km다. 지구에서 가장 큰 화산은 하와이에 있는 마우나 로아 화산으로 폭은 120km, 높이는 9km 정도다. 지구 크기의 반 정도 되는 작은 화성에서 이렇게 거대한 규모의 화산이 생길

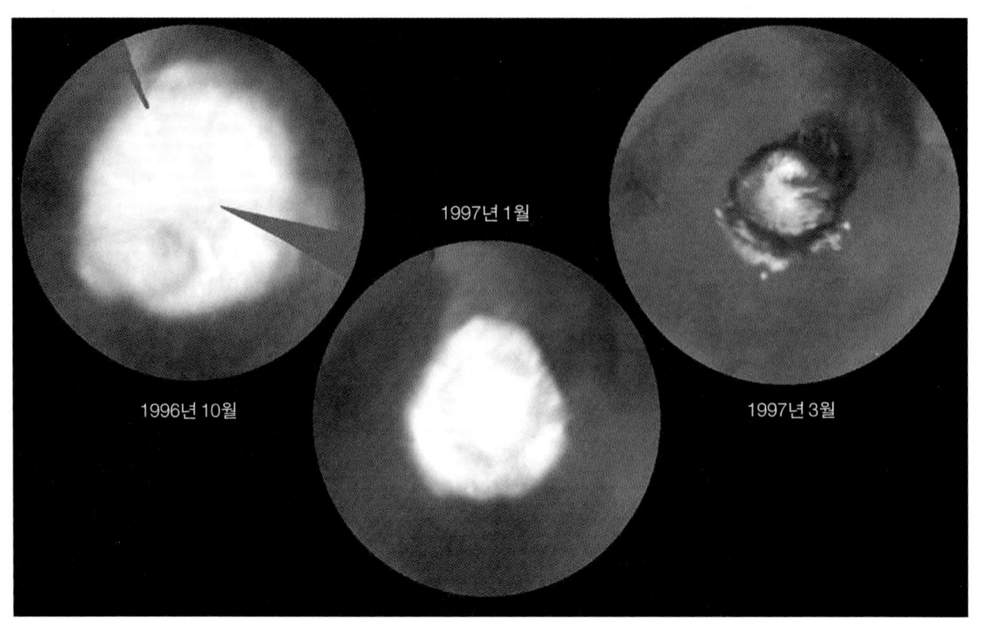

그림 Ⅲ - 20

화성 극관 허블 우주망원경이 찍은 화성 북극관의 계절에 따른 변화의 모습. 극관은 두께 50~100m의 여러 층을 이루는 얼음과 드라이아이스로 구성되었다. 화성의 계절에 따라 극관은 녹고 또 얼면서 대기의 양을 30% 정도나 변화시킨다. 겨울에는 극관이 커지면서 위도 60도 아래까지 확장된다.

수 있는 이유는 화성의 지각이 거의 움직이지 않고 또 지각의 두께가 150~200km로 지구의 지각(20km)보다 훨씬 두껍기 때문으로 본다.

③ 마리네리스 대협곡: 타르시스 융기지대에서 동쪽으로 길게 뻗어 있는 거대한 협곡지대가 마리네리스 대협곡으로 태양계에서 가장 큰 규모의 협곡이다. 그림 Ⅲ-22 이 협곡의 길이는 약 4,000km고, 폭은 수십~200km, 깊이는 3~7km다. 이것은 지상에서 가장 큰 미국의 그랜드 캐니언 협곡과는 비교도 안 되는 거대한 규모다. 이 협곡은 과거에 많은 물이 흐르면서 만들어진 것으로 짐작된다. 그래서 협곡을 따라 과거에 물이 흘렀던 흔적인 유출 수로의 지형들도 많이 보인다.

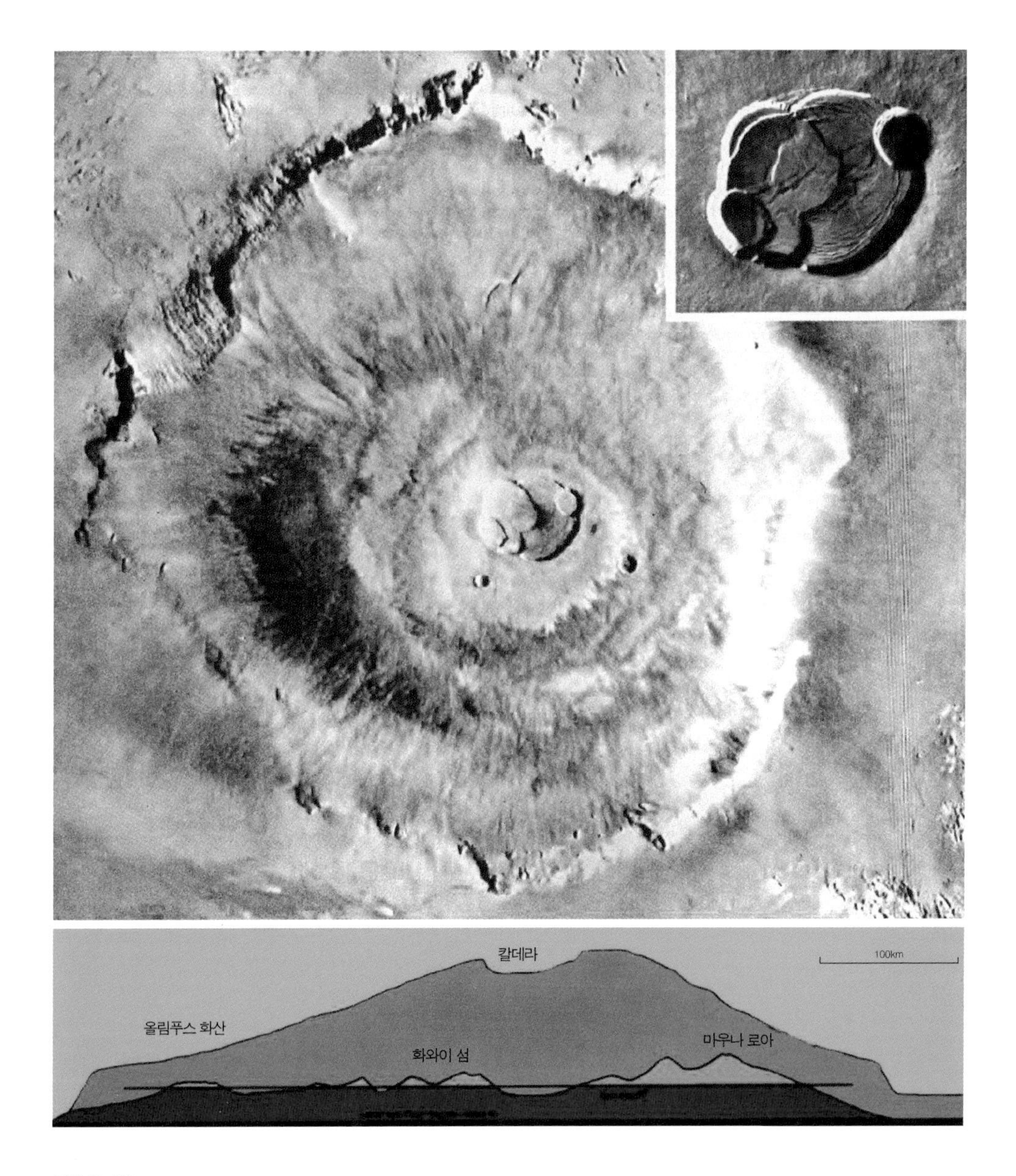

그림 Ⅲ-21

올림푸스 화산 태양계에서 가장 큰 올림푸스 화산의 높이는 26km, 아래 폭은 600~700km고, 화구의 폭은 약 90km, 화구의 깊이는 약 9km나 된다. 그림 아래에서는 지구에서 가장 큰 하와이에 있는 마우나 로아 화산과 비교했다.

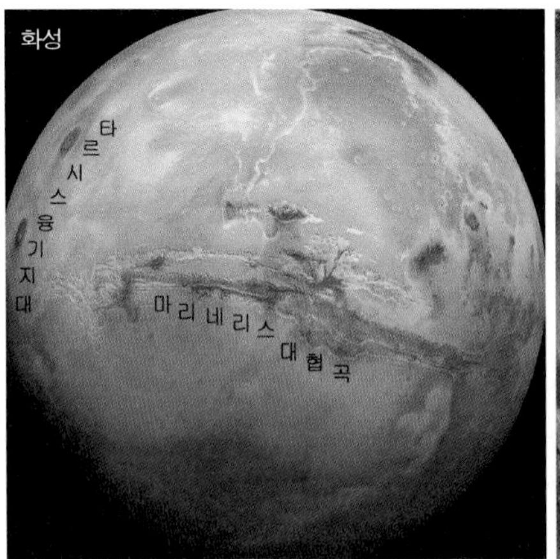

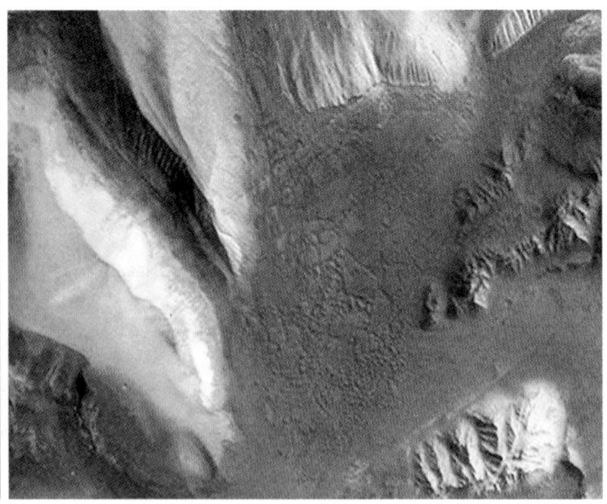

그림 Ⅲ-22
마리네리스 대협곡과 칸도르 협곡 태양계에서 가장 큰 마리네리스 협곡은 여러 개의 협곡들이 모여 이루진 것으로 총 길이는 약 4,000km고, 폭은 약 200km, 깊이는 3~7km나 된다. 이 협곡의 왼쪽 끝부분은 타르시스 융기지대와 연결되어 있다. 오른쪽 그림은 칸도르 협곡(170x110km)의 일부 모습이다.

④ 헬라스 분지: 화성 남반구 약 40도에 위치하는 헬라스 분지는 태양계에서 가장 큰 운석 충돌 구덩이다. 그림 Ⅲ-19 참조 이것의 크기는 1,600×2,000km며, 그리고 분지 가장자리의 벽두께는 50~400km나 된다. 분지의 바닥은 충돌 때 생긴 화산의 용암으로 덮여 있다.

이상에서 언급한 화성의 특이한 큰 규모의 지형들은 지구에서는 볼 수 없는 희귀한 것이다. 그런데 화성에는 모래 바람이 심하게 불기 때문에 외출 때는 각별히 조심해야 한다.

화성과 생명체

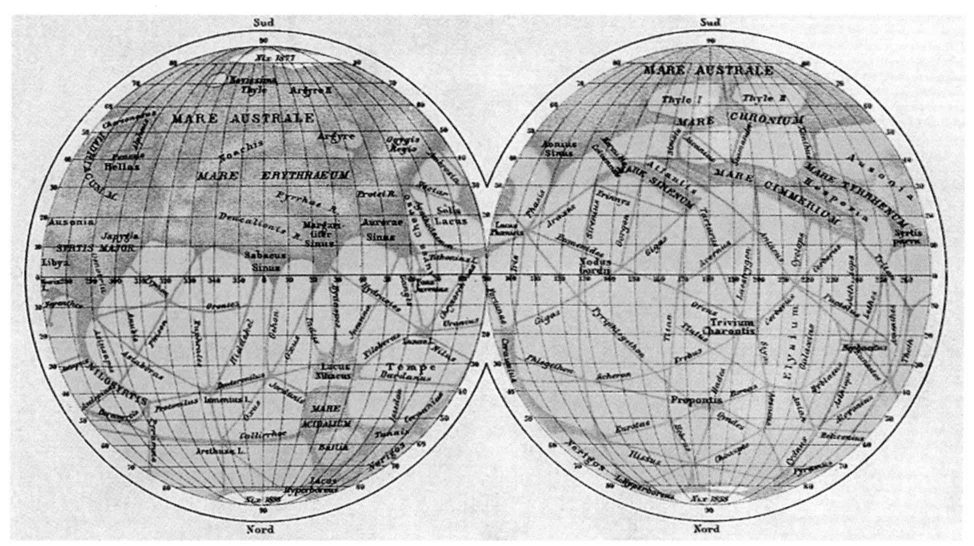

그림 Ⅲ-R30-1

스키아파렐리의 카날 스키아파렐리가 화성 관측에서 얻은 긴 줄무늬의 카날이 보인다. 오늘날 이러한 카날의 존재는 없는 것으로 판명되었다.

과거에 화성에 물이 많았다면 공기의 양도 지금보다 훨씬 많았기 때문에 틀림없이 생물이 성장, 진화할 수 있는 좋은 조건을 가졌을 것이다.

그렇다면 어떠한 이유로 현재와 같은 열악한 조건으로 변해 버렸는가? 그리고 화성에는 생물이 존재하는지?

이것이 화성 탐사의 중요한 과제다.

19세기 말경 이탈리아 천문학자 스키아파렐리는 그림 III-R30-1과 같이 화성 표면에 여러 개의 긴 줄무늬가 있다고 주장하며 이를 카날(canal)이라고 불렀고, 이것은 물이 귀한 화성에서 극 쪽의 물을 적도 쪽으로 끌어들여 농사를 짓기 위한 관개수로라고 생각했다. 수백 내지 수천 km 길이의 카날

그림 Ⅲ - R30-2

화성의 표면 전경 바이킹 1호가 찍은 유토피아 평원의 모습.

을 만들려면 적어도 화성인은 지구인보다 훨씬 진화된 생명체라고 생각했다. 1900년경 미국의 로웰(P. Lowell)도 화성 관측에서 이러한 카날이 존재한다고 주장했다. 한편 1898년 영국의 웰스(H.G. Wells)는 이러한 화성인에 대한 소재로 '우주 전쟁(*The War of the World*)' 이란 소설을 썼고, 1938년 미국에서는 이를 화성인의 지구 침공으로 극화하여 라디오에서 실감나게 방송함으로써 화성인과 같은 외계인에 대한 관심은 더욱 높아졌다.

1976년 미국의 바이킹 탐사선 1, 2호와 1997년 패스파인더가 화성을 자세히 탐사하면서 표면에 카날이 존재하지 않는다는 것이 밝혀졌고, 또 화성인이라는 고등 생명체의 존재도 발견하지 못했다. 지상의 남극에 떨어진 화성의 운석에서 약 35억 년 전의 단세포 화석을 발견했다고 미항공우주국(NASA)이 발표한 바 있었으나 이에 대한 결론은 아직 미정이다. 그러나 과거에 살았던 생물의 흔적을 찾으려는 노력은 계속되고 있다. 적어도 지구 바깥 외계에서 생물의 존재나 그 흔적을 찾는 이유는 지구에만 생명체가 국한된 것이 아니라 생명 현상은 우주에서 보편적 현상이라는 것을 확인하는 것이 오늘날 과학의 한 목적이기 때문이다. 이런 점에서 화성은 매우 중요한 연구 대상이 되고 있다.

한편 살기 좋은 환경을 가지고 있던 화성이 왜 지금은 생물도 보이지 않는 황량한 벌판과 먼지와 모래 바람이 지면을 덮고 있는 열악한 환경으로 변했는가? 그림 Ⅲ-R30-2 이것은 자연적인 변화였는지 아니면 지적 생명체에 의한 인위적인 변화였는지? 지구에도 미래에는 이러한 변화가 자연적으로 일어나는 것인지? 아니면 인간에 의해 병든 지구를 그대로 둔다면 대기의 온도가 높아져 물의 증발로 바다가 사라지며 대기의 양도 줄어들면서 언젠가는 화성처럼 지구도 황폐화되는 것인지? 결국 지구의 미래를 예측해서 지구를 온전하게 보존하려면 화성의 현재와 과거를 철저하게 연구하는 것이 매우 중요하다는 것을 알 수 있다.

3. 목성형 행성

화성 바깥에 있는 목성, 토성, 천왕성, 해왕성을 목성형 행성이라고 하며, 이들은 모두 지구보다 훨씬 크다. 특히 목성과 토성은 아주 밝기 때문에 하늘에서 맨눈으로 쉽게 찾을 수 있다. 특히 망원경으로 토성을 관측하면 토성 주위를 둘러싸고 있는 예쁜 고리를 볼 수 있다. 천왕성과 해왕성은 너무 멀기 때문에 관측이 쉽지 않다. 이들 행성은 짙은 대기를 가졌기 때문에 우리에게 보이는 부분은 이들 대기의 상층부에 해당한다. 목성형 행성은 지구처럼 단단한 땅이 없이 주로 가스와 액체 상태로 이루어졌고, 중심부에는 작은 고체 상태의 핵이 들어 있다고 본다. 이들 행성들은 모두 고리를 가졌으며, 평균 밀도는 지구의 1/8~1/3배로 매우 낮다.

목성과 토성은 주로 가벼운 수소와 헬륨으로 이루어졌기 때문에 가스 행성이라고 부르고, 천왕성과 해왕성은 주로 아이스라 부르는 메탄, 암모니아, 물분자(H_2O)로 이루어졌기 때문에 아이스 행성이라고 부르기도 한다. 이들 행성의 특징을 살펴보면 아래와 같다.

그림 Ⅲ-23

목성 왼쪽 사진은 보이저 1호가, 오른쪽 사진은 허블 우주망원경으로 찍은 지구 크기의 11.2배로 태양계의 행성 중에서 가장 큰 목성의 모습. 적도에 나란한 밝고 어두운 띠들이 보인다. 밝은 띠(zone)는 상승하는 더운 공기며, 어두운 띠(belt)는 차가워진 공기가 하강하는 지역이다. 남반구에서 보이는 큰 붉은 대적점이 특징적이다.

1 | 가스 행성

목성과 토성은 태양계 행성 중에서 가장 크지만 밀도는 가장 낮고 또 10시간 정도로 가장 빠르게 자전하는 것이 특징이다.

① 목성: 행성 중에서 가장 큰 목성은 태양질량의 1/1,000을 가졌고, 행성들 전체 질량의 71%를 차지한다. 목성의 크기는 지구의 11배고, 질량은 지구의 318배다. 그림 III-23에서 보인 것처럼 적도에 나란한 밝고 어두운 띠들이 특징적이다. 작은 망원경으로도 이들 띠를 볼 수 있다. 밝은 띠는 더운 공기가 위로 올라오는 지역이고, 어두운 띠는 차가워진 공기가 아래로 내려가는 지역이다. 적도 부근에서는 초속 150m의 강한 서풍이 적도에 나란하게 불고 있다.

목성에서 가장 특징적인 것은 남위 23도에서 붉게 보이는 대

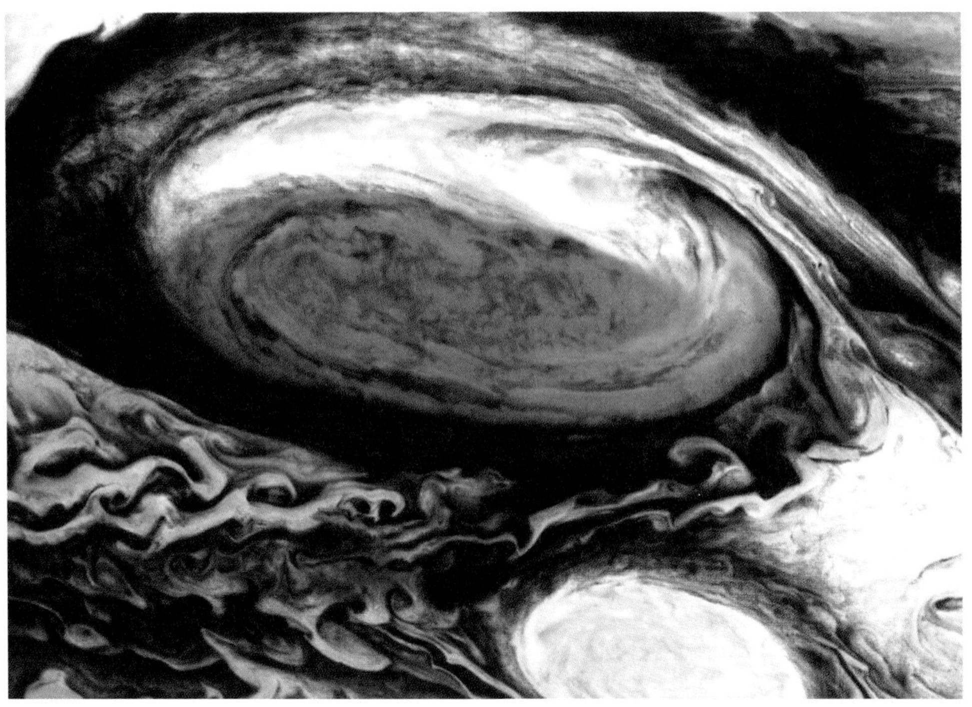

그림 Ⅲ-24
대적점 목성의 남위 23도에 위치하는 지구 크기의 3배 정도 되는 붉은 색의 대적점은 1665년 카시니가 발견한 이후 340여 년 동안 일정한 위치에 있는 거대한 용바람 기둥으로 6일의 주기로 시계 반대 방향으로 회전한다.

적점이다. 그림 Ⅲ-24 이것은 지구 크기의 약 3배 되는 붉은 타원 모양으로 약 6일의 주기로 시계 반대 방향으로 돌고 있다. 1665년 카시니가 처음 발견한 이래로 대적점은 같은 장소에 머물러 있으며 단지 모양만 바뀔 뿐이다. 이 대적점은 대기를 뚫고 솟아 있는 거대한 용바람에 해당한다.

만약 목성에 생물이 존재한다면 어떠한 형태일까? 지구에서는 단단한 땅이 있고 물이 있으며 또 조용한 늪과 같은 습지대가 많다. 따라서 생물이 태어나 조용한 조건에서 성장할 수 있다. 그리고 땅으로부터 광물질을 흡수하여 다원자 분자를 형성

그림 Ⅲ - 25

토성 1996년에서 2000년까지 허블 우주망원경으로 찍은 토성과 고리의 다양한 모습. 고리에서 검게 보이는 영역은 카시니 간극이다.

함으로써 고등한 생물로 진화할 수도 있다. 그러나 목성에는 아래위로 대류를 하면서 움직이는 유체만 있을 뿐 단단하고 조용한 땅이 없기 때문에 비록 생물이 존재하더라도 날아다니는 하등 생물 정도나 있을 것으로 짐작된다.

② 토성: 목성 다음으로 큰 행성이지만 평균 밀도는 물보다 낮다. 그래서 만약 토성을 거대한 바다에 넣는다면 가라앉지 않고 뜰 것이다. 목성처럼 토성에도 밝고 어두운 띠들이 있다. 적도 부근

그림 Ⅲ-26

고리의 미세 구조 보이저 탐사선이 관측한 토성의 밝은 고리의 미세 구조. 가장 바깥의 가는 F 고리 다음이 A고리, B고리, C고리 순서다. 레코드판처럼 보이는 이들 고리는 수많은 작은 고리들로 이루어졌다. 이 중에서 가장 넓은 B고리가 가장 밝으며 안쪽의 C고리가 가장 어둡다. A고리와 B고리 사이의 좁은 검은 지역이 카시니 간극이다. 이 간극 속에도 여러 개의 작은 고리들이 존재한다는 것이 알려졌다.

에서는 초속 500m의 강한 서풍이 적도에 나란하게 불고 있다.

토성에서 가장 특징적인 것은 예쁜 고리다. 그림 Ⅲ-25 지상에서 보면 폭이 60,000km(토성의 반경에 해당함) 되는 3개의 밝은 고리만 보이지만 보이저 탐사선의 관측에서는 어두운 고리들도 발견되었다. 인공위성에 의한 태양계 탐사에서 발견된 가장 중요한 사실 중의 하나는 고리가 판처럼 된 것이 아니라 수많은 아주 작은 고리들로 이루어졌다는 것이다. 그림 Ⅲ-26 토성의 고리는 주로 작은 암석이 섞인 얼음 덩어리로 이루어졌다. 그래서 얼음이 태양 빛을 잘 반사하기 때문에 토성 고리가 밝게 잘 보이는 것이다.

2 | 아이스 행성

토성의 반보다 작은 천왕성과 해왕성은 질량이 지구의 15~17배며,

천왕성(HST)

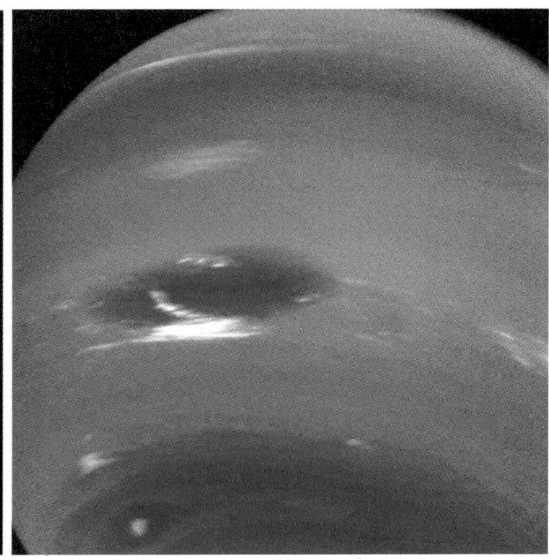
해왕성(보이저)

그림 Ⅲ-27

천왕성과 해왕성 1997년 허블 우주망원경에 의해 촬영된 천왕성과 1989년 보이저 2호가 관측한 해왕성의 모습. 해왕성의 남위 20도에 위치한 검은 대흑점은 지구 크기 정도며 시계 반대 방향으로 회전했다. 그러나 최근의 허블 우주망원경으로 관측한 사진에서는 이 대흑점이 나타나지 않는다. 이들 아이스 행성의 대기에는 메탄과 암모니아 성분의 기체가 많기 때문에 푸르게 보인다.

평균 밀도는 지구의 0.2~0.3배로 낮다. 해왕성은 천왕성보다 약간 작지만 질량은 더 많다. 이들 행성의 자전 주기는 17시간 정도로 가스 행성보다 길다. 1989년 보이저 2호 탐사선이 해왕성을 관측했을 때 그림 III-27에서 지구 크기만한 대흑점이 남위 20도 부근에서 관측되었다. 그러나 그후 허블 우주망원경으로 관측했을 때는 대흑점이 사라지고 없었다.

지구-태양 거리의 30배 정도 멀리 떨어져 있는 해왕성은 평균 온도가 영하 217도로 매우 춥기 때문에 대기에는 아무런 현상도 없는 죽은 대기로 생각했다. 그런데 보이저에 의한 현지 탐사에서 해왕성의 대기는 살아 있다는 것이 확인된 것이다. 이것은 너무도 놀라운 발견이었다. 이런 사실은 우주에서는 온도가 절대 영도(영하 273도)에 가까울 정도로 매우 낮아도 만물은 정지되지 않고 활발하게 살아 움직인다는 것을 보여준 셈이다. 그러기에 자연에서는

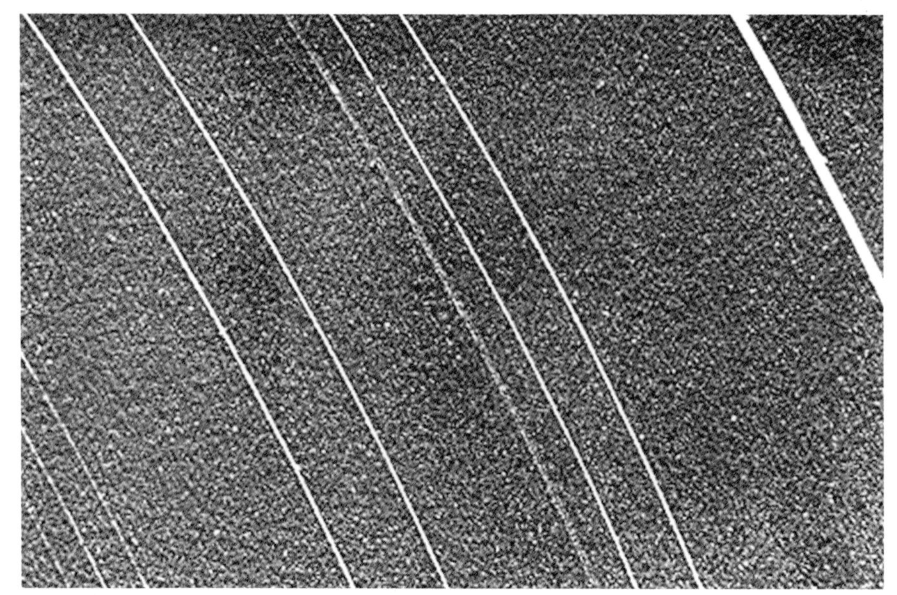

천왕성의 고리(보이저 2호)

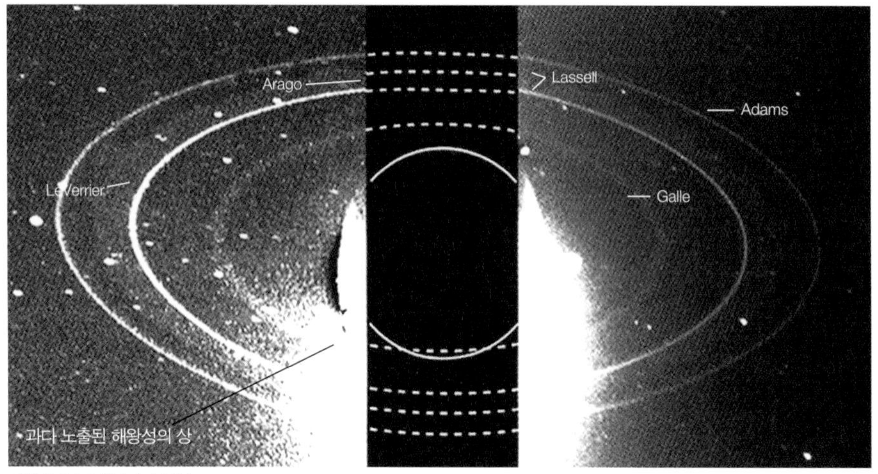

해왕성의 고리(보이저 2호)

그림 Ⅲ - 28

아이스 행성의 고리 보이저 2호가 찍은 천왕성의 9개 고리 중에서 오른쪽의 가장 밝은 고리가 엡실론 고리다. 보이저 2호가 찍은 해왕성의 4개의 고리 중에서 가장 밝은 것은 르베리에 고리고, 그 다음은 가장 바깥에 있는 아담스 고리다.

완전한 정지는 존재하지 않으므로 정(靜)이면서 동(動)이고 동이 면서 정이라고 말할 수 있는 것이다.

아이스 행성도 고리를 가지고 있다. 그러나 토성의 고리에 비해 매우 가늘며, 고리는 주로 티끌과 작은 암석 조각들로 이루어졌기 때문에 어둡게 보인다. 그림 Ⅲ-28

행성과 갈색왜성

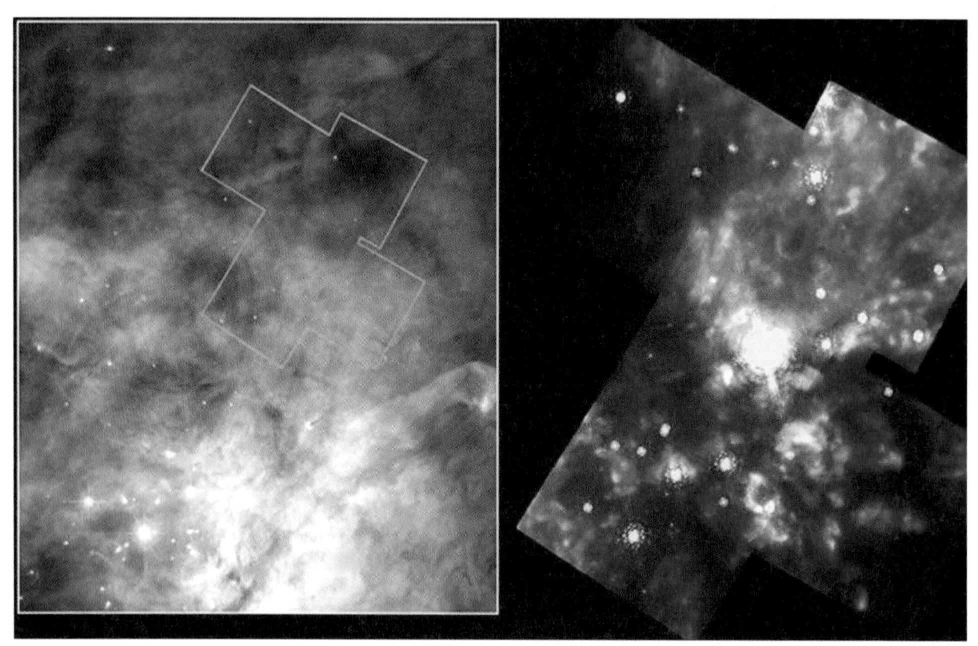

그림 Ⅲ - R31

갈색왜성 오리온 성운의 중심부 위쪽의 일부분을 적외선으로 자세히 관측해 보면 오른쪽 그림처럼 새로 탄생된 별(가장 노란 큰 점)뿐만 아니라 많은 갈색왜성(작은 노란 점)들도 보인다.(허블 우주망원경으로 찍은 사진)

원시 성운의 중력 수축으로 별이 탄생될 수 있는 한계는 자체의 질량에 의한 중력 수축에 의한 중력 에너지의 발생으로 중심 온도를 천만 도 이상 높여야 한다. 왜냐하면 수소핵 융합반응은 천만 도 이상에서 일어나기 때문이다. 이러한 한계 질량이 태양질량의 0.08배다. 따라서 수소핵 융합반응으로 빛을 낼 수 있는 별은 질량이 태양의 0.08배 이상 되어야 한다.

천체의 초기 질량이 태양의 0.08배보다 적은 경우는 모두 빛을 내지 못하는 암체가 되는 것인가?

20세기 후반에 들어오면서 적외선 관측을 통해 갈색왜성(brown dwarf)이라는 존재가 알려지기 시작했다. 이 천체는 어두운 갈색을 띠기 때문에 붙여진 이름이며, 이 천체가 내는 빛은 수소핵 융합반응에 의해 방출되는 핵에너지가 아니라 중력 수축으로 생긴 중력 에너지의 일부가 장파장의 적갈색의 빛으로 나오는 것이다. 그림 III-R31에서 보이는 오리온 성운의 중심부에는 이러한 갈색왜성들이 많이 보인다. 그림의 오른쪽에서 작은 황색의 점들이 갈색왜성이고 가운데 큰 황색 점은 새로 탄생된 별의 모습이다. 이들 갈색왜성의 질량은 태양질량의 0.01배보다 많고 0.08배보다는 적다. 적외선으로 관측되는 갈색왜성은 중력 수축 때 생긴 중력 에너지가 서서히 방출되다가 언젠가는 빛이 전연 나오지 않는 암체가 된다.

천체의 초기 질량이 태양의 0.01배보다 적다면 중력 수축으로 생긴 중력 에너지가 너무 적기 때문에 빛으로 나오지 못하는 행성이 된다.[Ⅲ-3 참조] 태양계 행성 중에서 가장 큰 목성의 질량은 태양의 0.001배로 갈색왜성의 최소 한계 질량의 1/10이다. 목성 질량의 10배 이상이면 갈색왜성이 되는 그러한 천체가 우리 태양계 내에는 없다.

Ⅲ-3 | 천체의 종류

천체	질량(M:$M_\odot$ = 태양질량)
별	$M > 0.08M_\odot$
갈색 왜성	$0.01M_\odot < M < 0.08M_\odot$
행성	$M < 0.01M_\odot$

비록 목성이 갈색왜성은 되지 못했지만 중력 수축으로 생긴 중력 에너지의 일부가 열로 방출되고 있으며, 이러한 내부 열의 방출률은 태양으로부터 받는 복사 에너지의 흡수율보다 더 많다. 토성이나 해왕성에서도 이와 같은 내부 열 에너지가 많이 방출되고 있다. 지구와 같은 지구형 행성에서 방출되는 내부 열 에너지는 방사성 원소가 붕괴되면서 내는 에너지다. 이것의 방출률은 태양으로부터 받는 복사 에너지의 흡수율에 비하면 무시될 정도로 적다.

조석의 중요성

질량이 큰 천체(M) 주위를 질량이 적은 천체(m)가 돌고 있다고 하자. 두 천체 사이의 거리가 멀 때는 모두 둥근 모양으로 보인다. 그림 Ⅲ-R32-a 만약 거리를 더 좁히면 그림 III-R32-b처럼 작은 천체가 큰 천체로부터 심한 조석력을 받아 큰 천체 쪽과 그 반대쪽으로 물질이 쏠리면서 타원체 모양으로 변한다. 여기서 조석력은 두 천체 사이의 거리 3제곱에 반비례하고 조석력을 미치는 천체의 질량에 비례하며 또 조석력을 받는 천체의 크기에 비례한다. 따라서 크기가 작을수록 조석 효과가 작아진다. 예를 들면 티끌은 어떠한 천체로부터도 조석력을 받지 않는다. 그림 III-R32에서 작은 천체도 큰 천체에게 조석력을 미친다. 그러나 질량이 적기 때문에 조석 효과가 큰 천체에 비해 아주 작다.

두 천체를 아주 가까이 두면 큰 천체에 의한 조석력은 급격히 커지면서 작은 천체를 길쭉한 타원체로 변형시키다가 파괴시켜 버린다. 그림 Ⅲ-R32-c 즉 작은 천체는 자체의 물질이 가지는 결합력보다 외부 조석력이 더 커지면 천체는 파괴된다. 이때 조석력에 의해 작은 천체가 파괴되는 한계 거리는 조석력에 미치는 큰 천체 반경의 약 2.5배 되는 거리며, 이를 로시 한계라 한다. 만약 달도 지구 반경의 약 2.5배 되는 거리 안쪽으로 들어오면 달은 지구의 강한 조석력에 의해 파괴될 것이다.

목성형 행성에서 보이는 대부분의 고리들은 먼 과거에 작은 위성이 행성의 로시 한계 거리 안쪽으로 들어가 파괴된 잔해로 본다. 뿐만 아니라 우주에서 천체들이 서로 가까이 지나면서 섭동을 미치는데 이때 천체의 운동 행로와 속도만 바뀌는 것이 아니라 서로 조석력을 미친다. 특히 두 천체가 아주 가까이 만날 때는 강한 조석력으로 둥근 천체가 길쭉한 타원체로 변한다. 실제로 근접 쌍성의 경우는 두 별이 타원체 모양을 하면서 돌고 있다. 이러한 조석 효과는 은하들 사이에도 작용한다. 은하들이 충돌하면서 긴 꼬리를

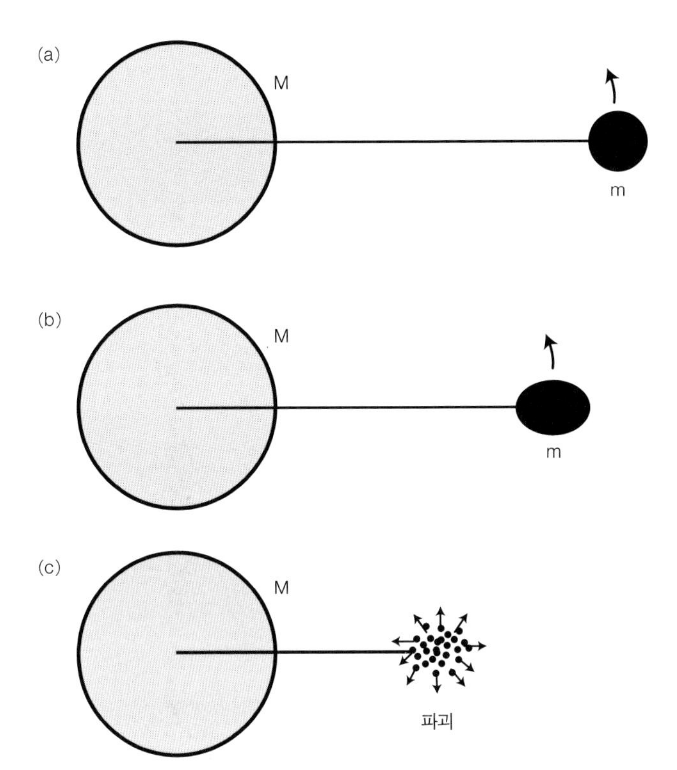

그림 Ⅲ - R32

조석 효과 작은 천체(m)는 질량이 큰 천체(M)에 가까이 접근할수록 큰 천체의 강한 조석력을 받아 길쭉한 타원체로 변형되다가 큰 천체 반경의 약 2.5배 이내로 접근하면 완전히 파괴된다.

내는 것도 조석 효과에 의한 것이다. 일반적으로 우주에서 조석 효과는 크기를 가진 물체들의 상의적 수수과정에서 매우 중요하다.

4. 명왕성

지구-태양 거리의 약 40배에 해당하는 먼 거리에 있는 명왕성은 태양에서 가장 멀리 떨어진 행성이다. 달보다 작은 명왕성의 크기는 달의 약 0.7배고, 질량은 달의 약 1/6이며, 밀도는 달의 0.6배로 낮다. 이런 밀도는 표 III-4에서 보인 것처럼 큰 위성의 밀도와 비슷하다.

한편 명왕성은 행성 중에서 가장 길쭉한 타원 궤도를 따라 돌기 때문에 태양에 가장 가까울 때는 해왕성 궤도 안쪽까지 들어온다. 그리고 이 궤도는 지구가 태양 주위를 도는 황도[1]에 대해 약 17도로 행성 중에서 가장 많이 기울어져 있다.그림 III-29 이러한 궤도의 특이성으로 미루어 보아 명왕성은 포획된 원시 미행성[2]으로 짐작된다. 즉 해왕성 바깥에서 돌아다니던 미행성이 해왕성 가까이 지나다가 해왕성의 큰 인력에 끌려들어와서 태양 주위를 주기적으로 도는 행성이 되었다는 것이다. 따라서 명왕성은 다른 행성과 달리 비슷한 밀도를 가지는 큰 위성들의 부류에 속하는 것으로 볼 수 있다.

1 지구가 태양 주위를 돌지만 지구에서 볼 때는 태양이 지구 주위를 도는 것처럼 보인다. 이때 태양이 도는 길을 천구 상에 투영한 것을 황도라 한다. '노란길'이란 이름에서 노랗다는 것은 태양 빛의 색깔이 노란색이기 때문이다.

2 태양계가 처음 탄생될 때 있었던 작은 천체.

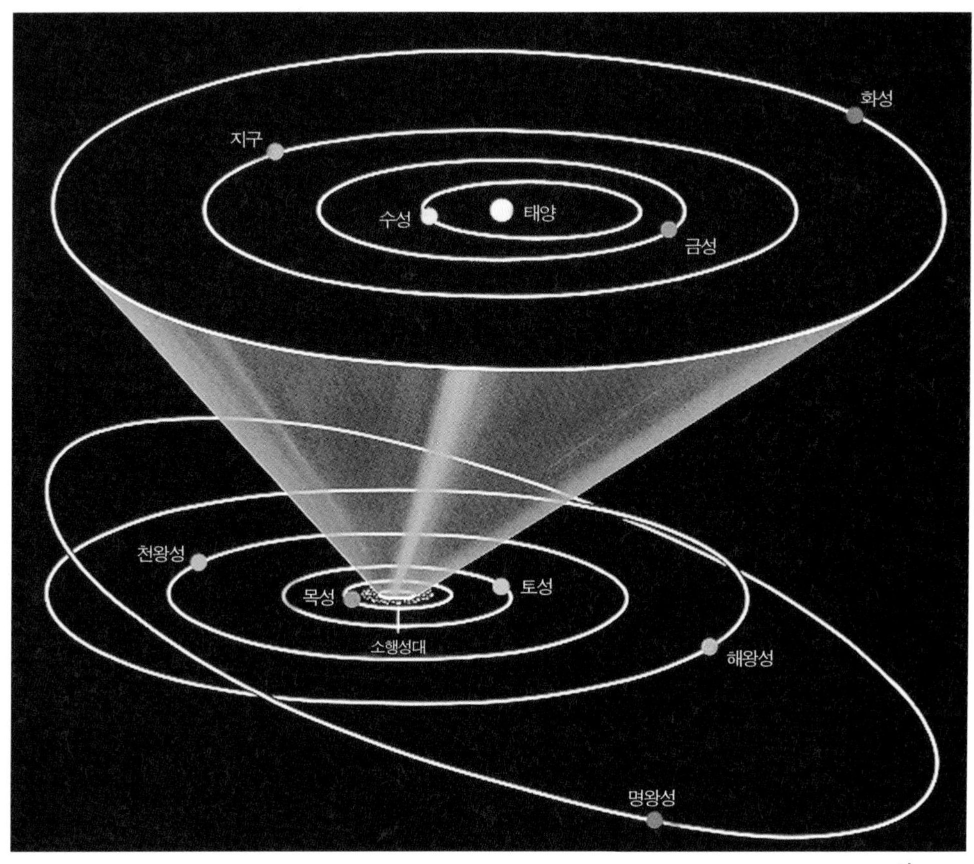

그림 Ⅲ - 29

명왕성의 궤도 지구가 태양 주위를 도는 황도면에 대해 명왕성의 공전궤도는 약 17도로 행성들 중에서 가장 많이 기울어져 있다.

표 III-4 | 큰 위성과 명왕성의 평균 밀도(물 밀도=1)

위성	평균 밀도
트리톤	2.08
가니메데	1.94
칼리스토	1.86
타이탄	1.88
명왕성	2.09

5. 소행성

화성과 목성 사이에 크기가 수 미터에서 수백 미터 되는 작은 천체들이 많이 분포하는데 이들을 소행성이라고 한다. 이들 대부분은 소행성대라 부르는 2~3.5천문단위[1] 영역에 모여 있다. 그림 Ⅲ-30

지금까지 알려진 2만여 개의 소행성 중에서 크기가 100m 이상 되는 것은 40개 정도며, 세레스(Ceres)는 크기가 930km로 가장 큰 소행성이다. 그림 III-31은 탐사위성이 찍은 소행성들의 모습이다. 일반적으로 크기가 500km보다 작은 천체들은 둥글지 않고 감자처럼 길쭉한 불규칙적인 모양을 지닌다. 소행성 에로스(Eros)의 크기는 38×15×14km며, 이다(Ida)[2]는 56×24×21km다.

소행성들은 가까이 있는 목성으로부터 강한 섭동을 받기 때문에 이들의 운동이 불안정해진다. 그래서 소행성들은 목성의 섭동을 가장 작게 받는 곳으로 모여 분포한다. 이 결과 그림 III-30과 같이 소행성들이 거의 존재하지 않는 특정한 지역이 생기는데 이를 커크우드 간극이라고 한다. 이러한 간극은 목성의 섭동을 심하게 받는 지역들이다.

1 지구-태양의 평균 거리를 1천문단위라 한다.
2 이다 위성의 표면에 빌래못과 만장이란 한국 지명의 충돌 구덩이가 있다.

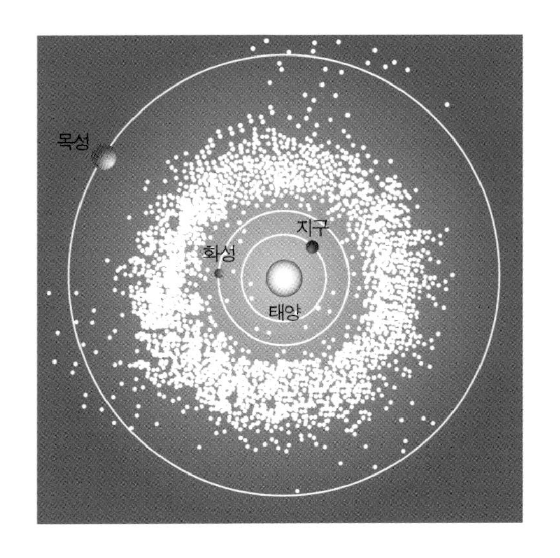

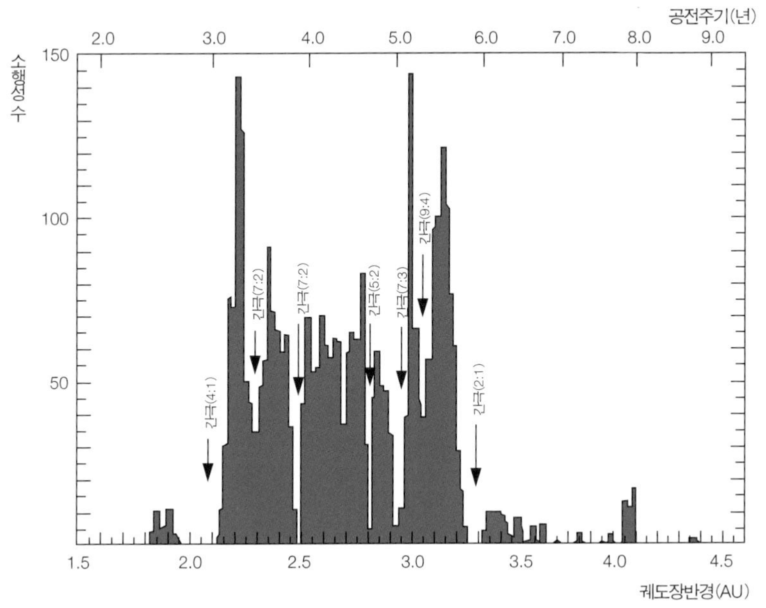

그림 Ⅲ - 30

소행성대와 커크우드 간극 화성과 목성 사이에 있는 소행성들은 목성의 섭동이 심한 곳(커크우드 간극)을 피해서 섭동을 작게 받아 역학적으로 가장 안정된 위치에 분포한다. 그림에서 예를 들어 간극(2:1)이란 목성이 한 번 공전할 때 소행성은 두 번 공전하는 영역으로 목성이 한 번 공전할 때마다 소행성이 목성과 두 번씩 가까이 만나 큰 섭동을 받게 되는 역학적으로 불안정한 지역을 나타낸다.

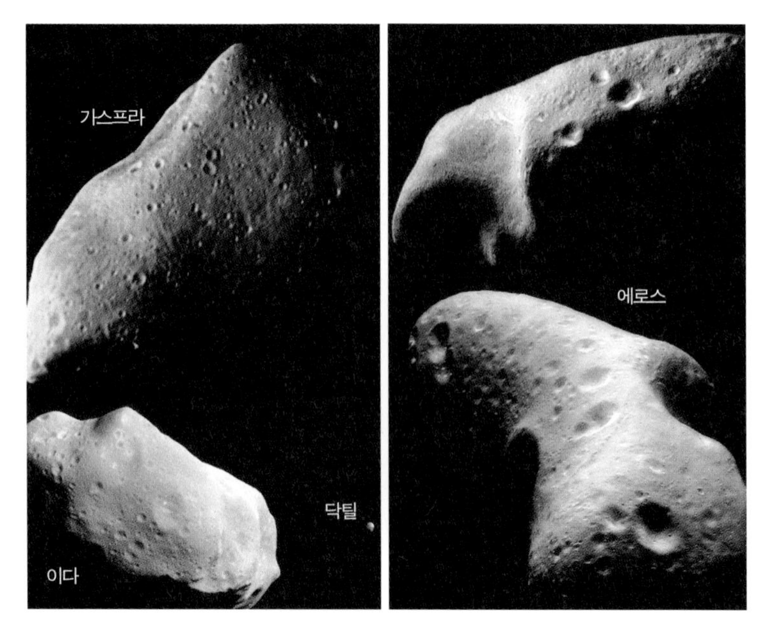

그림 Ⅲ-31
소행성들의 모습 소행성 가스프라, 이다와 그의 위성인 닥틸은 갈릴레오 탐사선이, 그리고 에로스는 니어 슈메이커 탐사선이 관측했다. 이들 소행성의 표면에도 많은 운석 충돌 구덩이들이 보인다.

예를 들면 목성이 한 번 공전할 때 소행성이 두 번 공전하는 경우는 목성이 한 번 공전할 때마다 소행성은 목성과 두 번씩 가까이서 만나면서 목성의 강한 섭동을 받기 때문에 소행성의 운동 궤도가 바뀌면서 섭동이 작게 미치는 지역으로 옮겨가게 된다. 그래서 이 지역에는 소행성들이 모이지 않아 간극이 생기는 것이다. 이 간극을 그림 III-30에서 2:1로 표시했다. 그림에서 가장 안쪽에 있는 간극은 목성이 한 번 공전할 때 소행성이 4번 공전하는 곳으로 4:1로 표시했다.

소행성들의 정체는 무엇인가? 또 소행성들은 왜 화성과 목성 사이에만 많이 분포하는가? 이것은 소행성들에 대한 일반적인 의문이다. 소행성들의 성분을 조사해 보면 탄소질 성분이 많다. 이런 특징

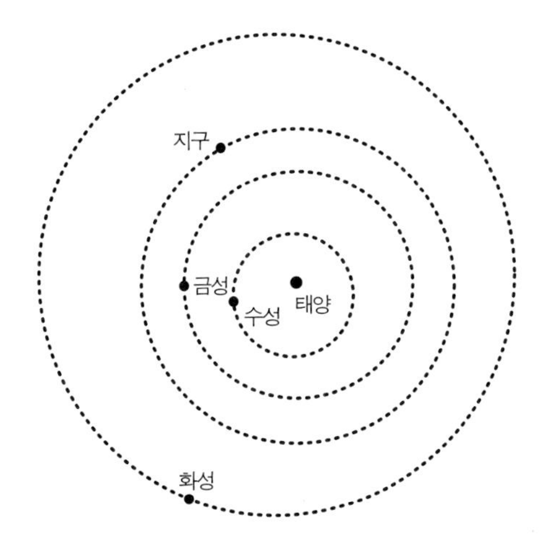

그림 Ⅲ-32

지구 부근의 소행성 궤도 소행성의 근일점(태양에 가장 가까운 지점)이 지구 가까이 접근하는 소행성들의 궤도 모습.

은 태양계가 형성될 때 있던 천체들, 즉 원시 미행성에서 잘 나타난다. 이런 점으로 미루어 보아 소행성들의 대부분은 원시 미행성들로서 목성의 강한 섭동 때문에 서로 결합하여 행성으로 형성되지 못하고 남아 있는 잔해로 짐작된다. 소행성이 수없이 많아 보여도 이들 전체를 합한 질량은 지구 질량보다 훨씬 적은 것으로 추산된다.

소행성들 중에서 지구 가까이 지나는 것을 지구 부근 소행성이라고 한다.그림 Ⅲ-32 이들의 1/2~1/3은 혜성의 잔해다. 지구 부근 소행성 중에서 상당수는 지구 궤도 안쪽까지 들어온다. 이중에는 크기가 1,000m 이상인 것이 약 1,300개로 추산된다. 따라서 지구가 이들 소행성들과 충돌할 확률은 항상 존재한다. 그래서 세계 여러 곳에서는 밤마다 소행성들을 관측하면서, 충돌 가능성이 있는 천체는 궤도를 계산하여 충돌 확률을 조사하고 있다.

6. 큰 위성

태양계의 행성들 중에서 수성과 금성을 제외하고는 모두 위성을 가졌다. 지금까지 알려진 60여 개의 위성 중에서 목성, 토성, 천왕성이 가장 많은 위성을 가지고 있다. 큰 위성들은 과거부터 일찍 알려졌고 아주 작은 위성들은 탐사 위성을 통해 발견되었다.

1 | 달

항상 같은 면을 보이는 달은 약 27일에 한 번씩 지구 주위를 돈다. 그러면서 달의 모양이 약 30일[1]의 주기로 바뀌어 보인다. 달이 같은 면을 보이는 이유는 달이 지구 주위를 한 번 돌 때 한 번 자전하기 때문이다. 이를 이해하기 위해 그림 III-33을 살펴보자. 그림 III-33의 (a)는 지구를 중심으로 달이 돌면서 같은 면을 보인 것이다. 이 그림을 달에서 지구를 바라본 것으로 바꾼 것이 그림 (b)다. 여기서는 편리상 4곳의 위치를 따로 그렸다. 그림에서 달의 반쪽은 검게 했는데 이 부분이 그림 (b)에서 한 바퀴 돈 것을 쉽게 볼 수 있

1 무한히 멀리 있는 천체를 기준으로 달이 지구 주위를 한 번 도는 주기 27.3일을 항성 주기라 하며, 태양을 기준으로 달이 지구 주위를 한 번 도는 주기 29.5일을 회합 주기 또는 삭망 주기라 한다. 달의 모습(위상)은 삭망 주기에 따라 변한다.

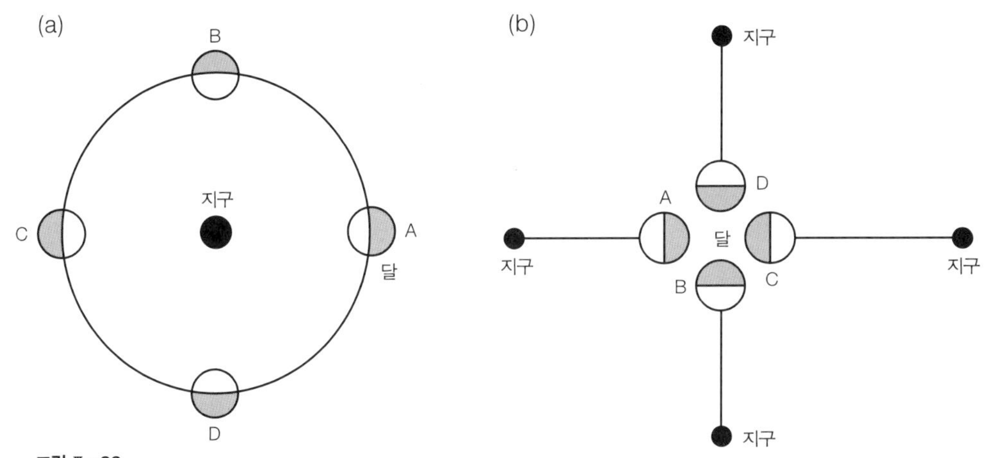

그림 Ⅲ - 33

달의 공전과 자전 달이 항상 같은 면을 지구에 보이는 것은 달의 공전과 자전의 주기가 같기 때문이다. 왼쪽 그림은 지구에서 달을 본 모습이고, 오른쪽 그림은 달에서 지구를 본 모습이다.

그림 Ⅲ - 34

달의 표면 달의 앞면에는 어두운 바다가 많이 보이는데 뒷면(아폴로 16호 촬영)에는 어두운 바다가 거의 없고 운석 구덩이가 많다. 이러한 차이는 달의 앞면의 지각 두께가 뒷면의 지각 두께보다 얇기 때문에 운석 충돌에 의한 화산 분출이 많았던 것으로 본다. 앞면의 아래쪽에 밝게 보이는 것은 티코 운석 구덩이다.

다. 결국 달이 한 번 공전할 때 한 번 자전한다는 것을 알 수 있다. 이처럼 공전과 자전 주기가 같은 운동을 동조화(同調化) 운동이라고 한다. 이런 경우는 두 천체 사이에서 에너지가 가장 적게 들면서 일어날 수 있는 가장 안정된 운동이다.

달의 표면은 지구를 향한 면과 그 반대 면은 그림 III-34처럼 상당히 다르다. 지구를 향한 표면에서 어두운 지역은 과거에 운석 충돌 때 분출한 용암으로 덮인 곳으로 낮은 지대로 바다라고 부른다. 밝은 지역은 오래된 높은 지대다. 그런데 달의 뒷면에는 어두운 바다가 별로 없이 거의 충돌 구덩이로 덮여 있다. 이러한 양쪽 면의 차이는 달의 지각의 두께 때문으로 본다. 즉 달의 앞쪽의 지각 두께는 약 50km로 뒤쪽보다 약 25km 더 얇다 그래서 운석 충돌 때 용암이 쉽게 분출된 것으로 본다. 달 전체 면적의 반 이상(약 65%)을 차지하는 밝은 지대는 대체로 38억 년 전에 생겼으며, 어두운 바다는 약 37억 년 전에 형성되었다.

지구의 유일한 위성인 달은 어떻게 해서 만들어졌을까? 이것은 아주 오래 전부터 이어져오는 의문이며 이에 대한 해답을 제시하는 가설도 여러 가지가 있다. 대표적인 것으로는 지구와 함께 달이 탄생했다는 동시 생성설, 지나가던 달이 지구의 인력에 끌려 포획되었다는 포획설, 지구가 형성될 당시에 지구의 빠른 회전 때문에 지구에서 떨어져 나간 물질이 응집해서 생겼다는 분리설 등이 있다. 최근에는 달에서 직접 가져온 암석을 분석해서 달의 기원을 설명하고 있다.

미국의 유인 위성이 달에 가서 가져온 암석은 382kg이다. 월석의 분석 연구에서 나온 주요 결과는 다음과 같다. 월석에는 수분이나 휘발성 원소가 적고, 가벼운 알루미늄이나 칼슘 같은 광물이 많고, 철과 같은 무거운 원소는 적고, 열에 강한 원소가 많다는 것과 달의

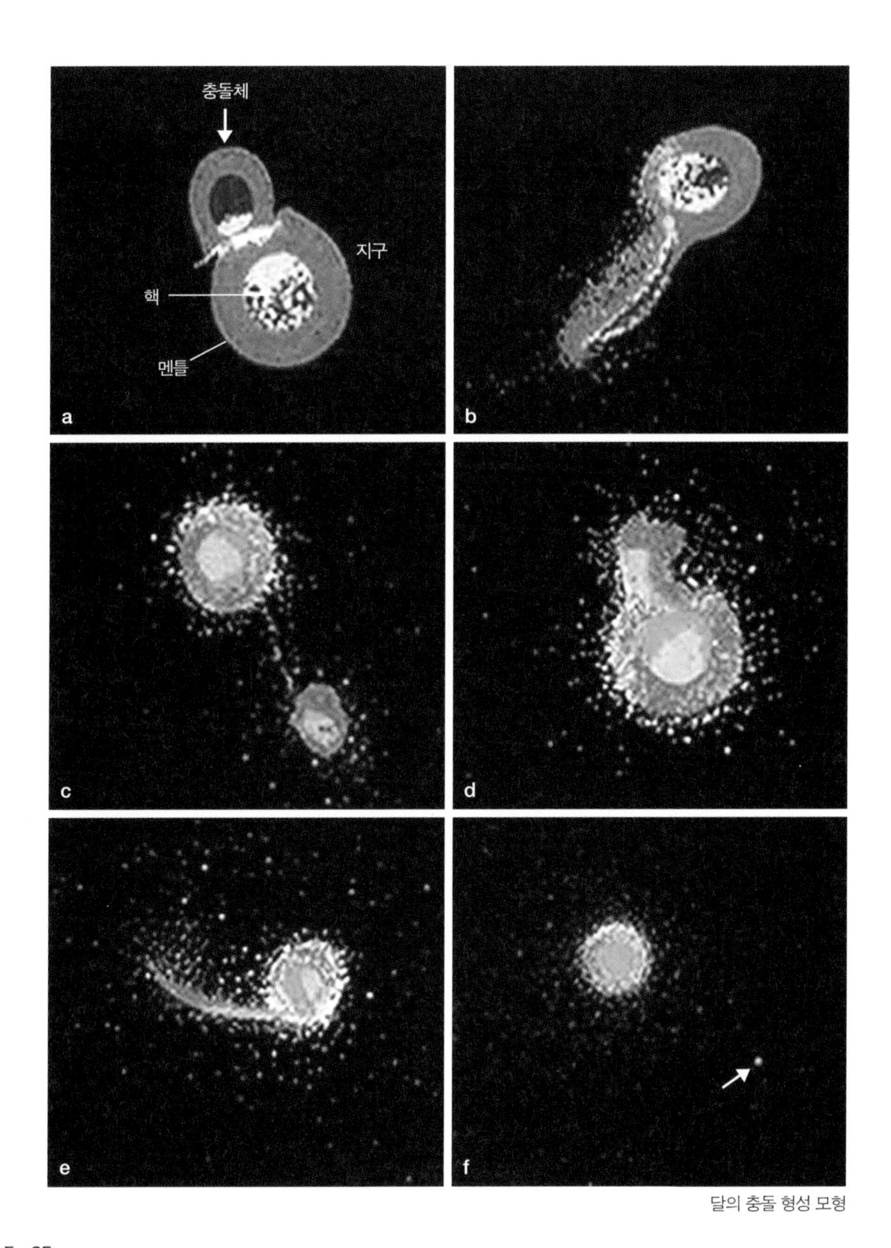

달의 충돌 형성 모형

그림 Ⅲ - 35

달의 기원(충돌 방출설) 달의 암석 성분을 분석해본 결과 이를 설명하기 위해서는 지구가 형성될 초기에 화성 크기만한 천체와 지구의 충돌을 가정한다. 이러한 충돌 때 분출된 지구의 맨틀 물질에서 달이 형성되었다는 것이 충돌 방출설이다.

나이는 46억 년이라는 것이다. 이러한 사실을 바탕으로 달의 기원에 관한 다음과 같은 충돌 방출설이 제시되고 있다. 그림 Ⅲ-35

지구가 생긴 지 얼마 되지 않아 지구 크기의 반 정도 되는 큰 천체가 지구를 비스듬히 스치고 지나가면서 충돌했고, 이때 많은 지구의 맨틀 물질이 밖으로 방출되었다. 이런 방출 물질이 나중에 응집하여 달이 만들어졌다는 것이다. 때문에 충돌 때 생긴 강한 열로 수분과 가벼운 휘발성 물질은 쉽게 달아났으며, 맨틀 물질에 있던 알루미늄과 칼슘은 상대적으로 많아졌다. 그리고 지구의 맨틀에는 철과 같은 무거운 원소는 원래 적기 때문에 월석에도 이러한 원소가 적은 것은 당연하다는 것이다. 이러한 가설이 다른 가설보다는 달의 구성 성분을 비교적 잘 설명해 준다. 그러나 충돌 때 생긴 열로 뜨거워진 방출 물질이 분산되지 않고 어떻게 응집하여 달을 형성할 수 있었는가 하는 것은 문제로 남아 있다.

달과 지구는 서로의 역학관계 때문에 이들의 운동에 조금씩 변화가 일어나고 있다. 달의 질량은 지구보다 훨씬 적지만 지구에 인력을 미쳐서 바닷물을 하루에 두 번씩 밀물과 썰물로 만든다. 이 때문에 지구의 자전 속도는 조금씩 줄어들고 달은 지구로부터 멀어져 간다. 지구의 자전 속도가 줄면 하루의 길이가 늘어나고, 일 년에 들어가는 날수와 음력 한 달에 들어가는 날수는 점차 줄어든다.

예를 들면 그림 III-36에서 보인 것처럼 과거 지상에 처음 생물이 등장한 36억 년 전에는 하루의 길이가 12시간(현재 24시간), 1년은 710일(현재 365일), 음력 한 달은 40일(현재 약 30일)이었다. 그리고 지구-달 사이의 거리는 현재보다 약 3%(12,000km) 더 가까웠다. 그러나 앞으로 6억 년 후에는 하루의 길이가 27시간, 1년의 날수는 326일, 음력 한 달은 28일이 될 것이다. 현재 달은 매년 약

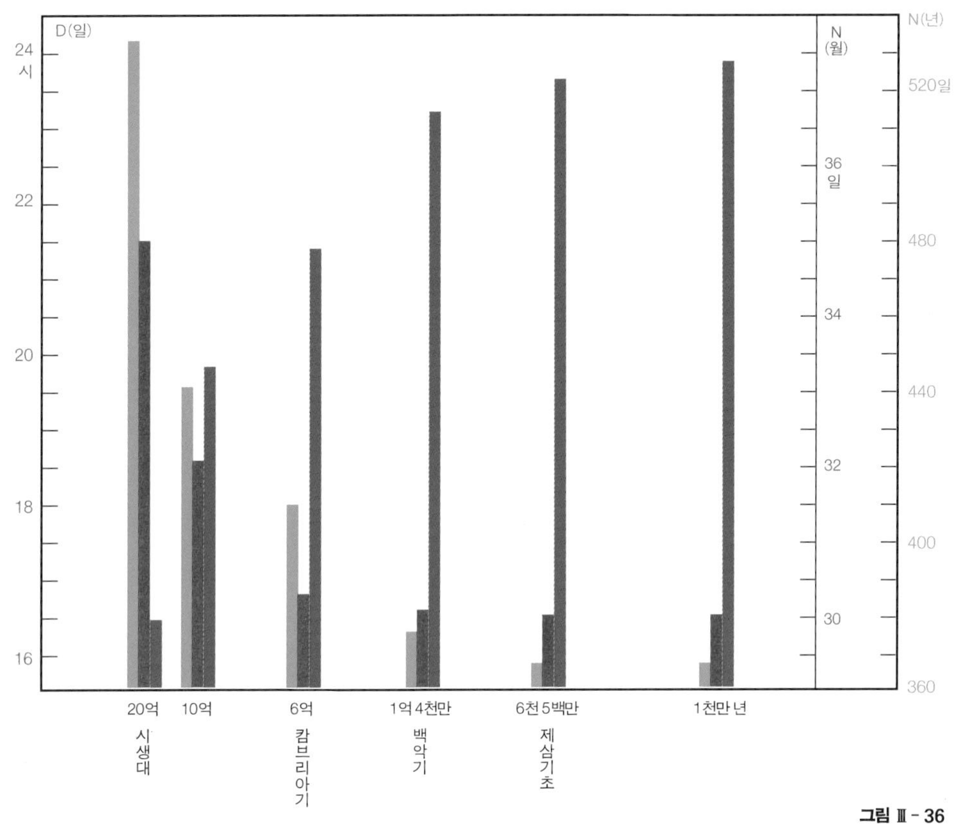

그림 Ⅲ - 36

일, 월, 하루의 시간 변화 지구와 달 사이에 서로 미치는 섭동으로 하루의 길이, 삭망월의 길이, 일 년의 길이 등이 변화한다.

3cm씩 멀어지고 있다.

이러한 모든 현상은 위성을 가진 다른 행성에서도 나타나며, 특히 행성과 위성 사이에 인력 차이가 클수록 이런 현상은 더욱 현저하게 나타난다.

2 | 갈릴레오 위성

1610년 갈릴레오는 배율이 약 3배 되는 망원경을 만들어 목성 주위를 도는 위성 4개를 처음 발견했다. 그래서 이들 이오, 에우로파, 가니메데, 칼리스토를 갈릴레오 위성이라고 부른다. 이들은 모두 달처럼 목성 주위로 자전과 공전 주기가 같은 동조화 운동을 하고 있다.

(1) 이오

갈릴레오 위성 중에서 목성에 가장 가까운 이오의 크기는 달과 거의 같으며 평균 밀도도 비슷하다. 그런데 태양계 천체 중에서 가장 심한 화산활동이 이오에서 일어나고 있다. 그림 Ⅲ-37 그 원인은 목성의 강한 조석력이 이오 내부를 용융된 상태로 만들어 쉽게 용암이 분출하도록 했기 때문이다. 이오 표면에는 300개 이상의 화산 분출 흔적이 남아 있으며 현재도 화산활동이 일어나고 있다. 그림 Ⅲ-38

(2) 에우로파

이오 밖에 있는 에우로파는 달보다 약간 작고 평균 밀도는 달보다 좀더 낮다. 이 위성의 표면에는 그림 III-39와 같이 어두운 기다란 줄무늬들이 많이 있다. 이것은 표면의 얼음 층이 목성의 조석작용으로 균열되면서 아래쪽의 내부 물질이 밖으로 분출되어 만들어진 것으로 본다.

최근 갈릴레오 탐사선이 가까이 접근해서 찍은 그림 III-40에서 마치 물위를 떠다니던 거대한 얼음 조각이나 빙하들이 얼어붙은 것 같은 모습을 보인다. 이러한 현상은 에우로파의 얼음 지각 내부에 물의 바다가 있음을 암시한다. 앞서 이오 내부의 용융 상태가 목성의 강한 조석력에 의한 것임을 고려할 때 이런 조석력이 좀더 멀리

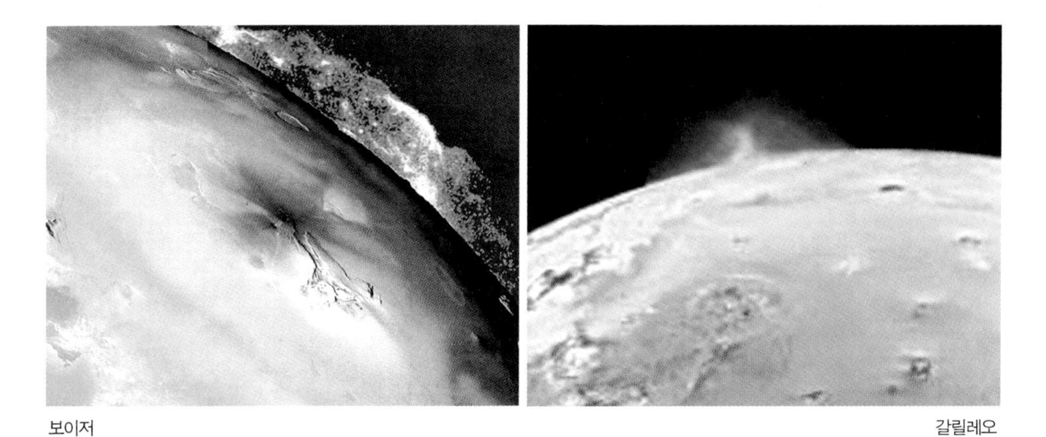

보이저

갈릴레오

그림 Ⅲ - 37

이오의 화산 폭발 | 1879년 보이저 1호 탐사선에 의해 관측된 이오의 화산 분출 모습과 갈릴레오 탐사선이 관측한 화산 분출 모습. 화산에서 분출된 물질은 수백 km까지 치솟고 있다.

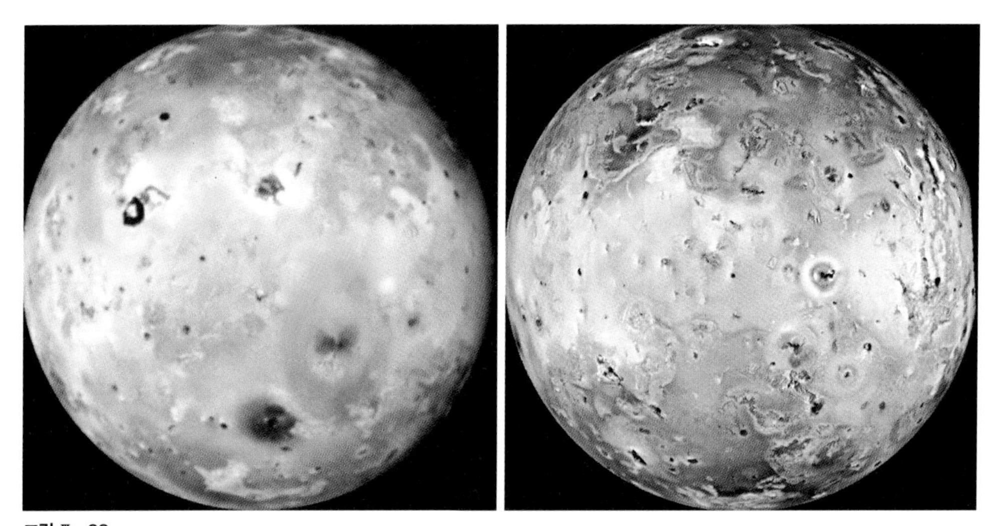

그림 Ⅲ - 38

이오 표면(갈릴레오) 1996년에 갈릴레오 탐사선이 찍은 이오의 모습이다. 왼쪽 그림에서 붉은 큰 고리는 펠레 화산에서 분출된 용암으로 이루어진 흔적으로 크기가 1,400km나 된다. 검은 점들은 화산 폭발로 생긴 칼데라 지역이다.

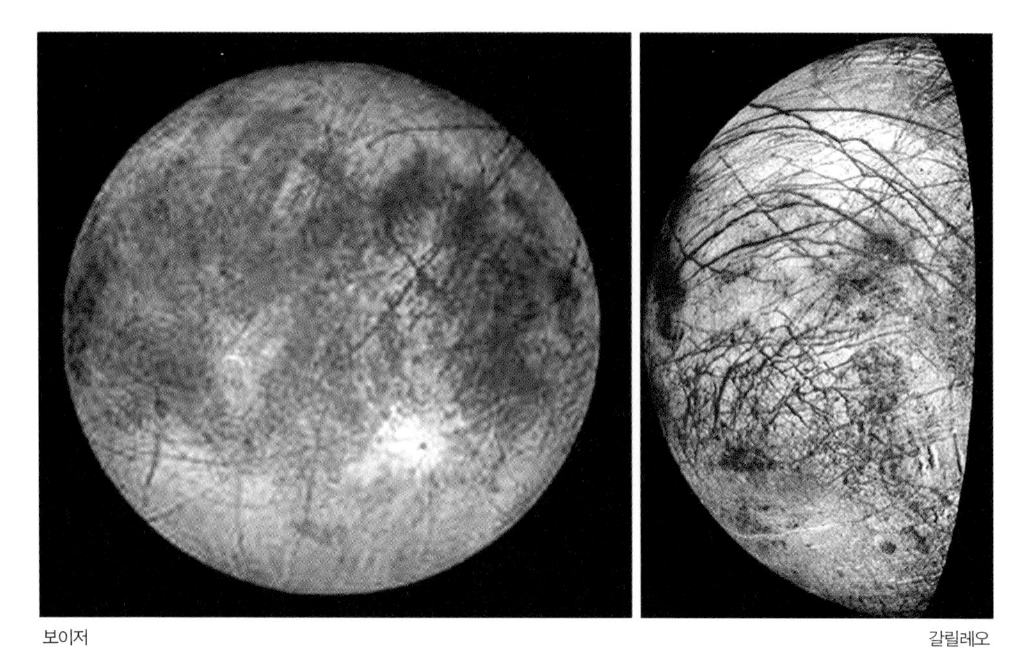

보이저 갈릴레오

그림 Ⅲ - 39

에우로파 보이저와 갈릴레오 탐사선에서 관측된 에우로파 표면에서 복잡하게 균열된 모습이 보인다. 이중에는 이중 또는 삼중의 균열된 띠가 길게 뻗치고 있다.

그림 Ⅲ - 40

에우로파 표면(갈릴레오) 1995년에 목성에 도착한 갈릴레오 탐사선에 의해 관측된 에우로파 표면의 자세한 모습. 얼음 층 표면의 균열은 얼음 층 아래에 있는 물의 상승작용(목성의 조석작용에 기인한)으로 위쪽 얼음이 깨지고 또 물이 올라오면서 일어나는 현상으로 본다.

가니메데(갈릴레오)

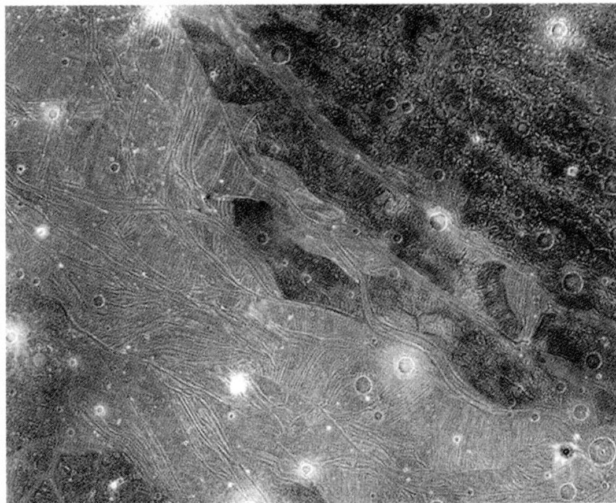
가니메데의 표면(갈릴레오)

그림 Ⅲ-41

가니메데 갈릴레오 탐사선이 찍은 수성보다 큰 가니메데의 모습. 왼쪽 그림에서 위쪽의 검은 둥근 지역은 오래된 갈릴레오 지역이며 희게 보이는 부분들은 운석 충돌 흔적이다. 오른쪽 그림에서는 균열된 복잡한 구지대의 모습이 보인다.

떨어진 에우로파에도 미쳐서 내부에 많은 물이 존재할 수 있게 된 것으로 짐작된다. 이러한 조건 때문에 에우로파에는 물속에 생명체가 존재할 가능성이 높다. 그래서 앞으로 탐사선을 보내어 에우로파의 표면과 내부를 조사하고 특히 물속에 생명체의 존재 여부를 확인할 계획이다.

(3) 가니메데

태양계 위성 중에서 가장 큰 가니메데는 수성보다 약간 더 크다. 그러나 평균 밀도는 물의 약 2배로 수성의 반보다 더 낮다. 표면은 그림 III-41처럼 얼음 층으로 이루어졌으며, 희게 보이는 반점들은 운석 충돌 구덩이의 흔적들이다. 충돌 때 얼음이 녹아 물이 사방으로 방출된 흔적도 보인다. 표면을 좀더 자세히 살펴보면 수많은 균열 작용으로 생긴 복잡한 긴 줄무늬들과 내부에서 방출된 물질의 흔적들이 보인다.

칼리스토(갈릴레오)

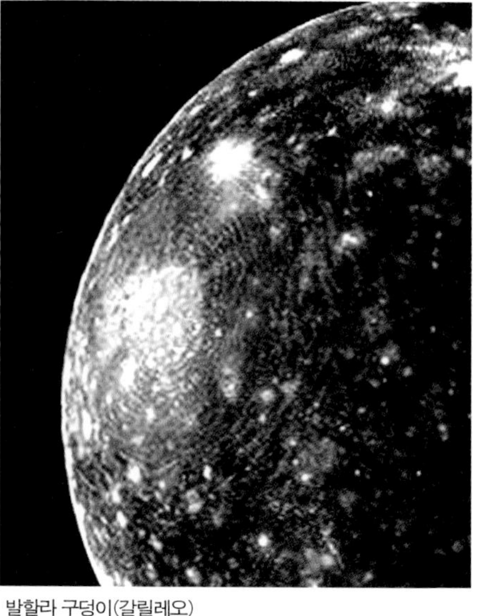

발할라 구덩이(갈릴레오)

그림 Ⅲ-42

칼리스토와 발할라 구덩이 왼쪽 그림은 갈릴레오 탐사선이 찍은 칼리스토의 모습으로 희게 보이는 많은 운석 충돌 흔적이 보인다. 오른쪽 그림에서 보이는 발할라 분지(600km)는 큰 운석 충돌에 의해 생긴 다중 환상 구덩이다. 이것은 표면이 두꺼운 얼음 지각으로 이루어졌기 때문에 분지는 다시 얼음으로 채워져 지금은 충돌 흔적만 남아 있다.

(4) 칼리스토

가니메데보다 좀더 작은 칼리스토는 수성과 거의 같지만 평균 밀도는 물의 약 2배로 수성의 반보다 더 낮다. 이 위성의 표면도 얼음 층으로 이루어졌다. 그림 Ⅲ-42에서 보이는 큰 동심원의 모습은 큰 운석 충돌 때 생긴 구덩이가 그후에 아래쪽에서 나온 액체로 덮여지고 지금은 그 흔적만 남은 것으로 발할라 구덩이라고 부른다. 이것의 크기는 약 600km나 된다. 이 구덩이 외에 과거에 수많은 운석 충돌로 생긴 작은 구덩이가 많이 보인다.

이상에서 살펴본 바와 같이 갈릴레오 위성에서 특징적인 것은 화산활동을 심하게 하고 있는 이오를 제외한 나머지 갈릴레오 위성의 표면은 얼음 층으로 이루어졌고, 또 과거에 수많은 운석 충돌의 흔적을 보이고 있다는 것이다. 이러한 사실은 태양계가 형성될 당시에

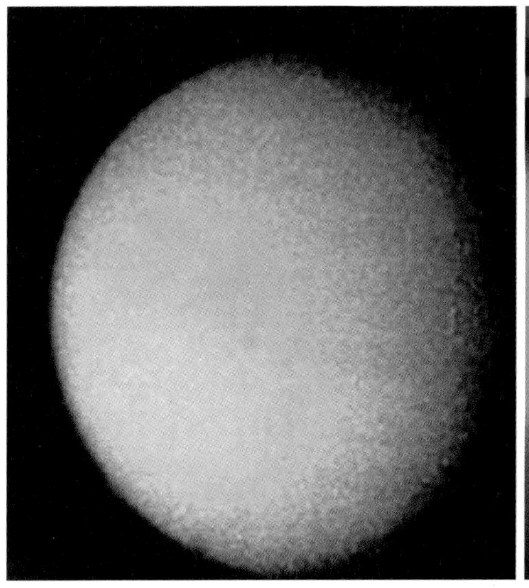

타이탄

타이탄 대기

그림 Ⅲ-43

타이탄 보이저 탐사선 1호가 찍은 토성의 가장 큰 위성인 타이탄의 모습. 태양계 위성 중에서 대기를 많이 가진 유일한 위성이며 주로 질소로 이루어진 대기의 양은 지구 대기의 약 2배에 해당한다.

그림 Ⅲ-44

타이탄의 대기 1980년 보이저 2호가 찍은 타이탄의 대기 모습. 붉은 색은 대기를 나타내고 위쪽의 푸른색은 헤이즈다.

목성형 행성이 생기는 영역에서는 수분을 함유한 물질이 많았으며 그리고 작은 천체들이 무수히 많았다는 것을 암시하고 있다.

3 | 타이탄

토성의 위성 중에서 가장 큰 타이탄은 1655년 호이겐스에 의해 처음 발견되었다. 그림 Ⅲ-43 이 위성의 크기는 수성보다 더 크고 가니메데보다는 작은 것으로 태양계에서 두 번째로 큰 위성이며 또 유일하게 많은 대기를 가진 위성이다. 그림 Ⅲ-44 대기의 양은 지구 대기의 약 2배며 주로 질소로 이루어졌다. 평균 온도가 영하 180도 정도로 매우 낮은 표면에는 메탄이나 에탄으로 된 액체 호수나 바다가 있을 것으로 본다.

목성의 세계

목성에 있는 위성들을 나열해 보면 그림 III-R33처럼 목성 가까이에 아주 작은 위성들이 있고 그 다음에 큰 갈릴레오 위성이 위치하며 그 바깥쪽에는 다시 작은 위성들이 분포한다. 목성과 그의 위성들로 이루어진 것을 목성계 또는 목성의 세계라고 한다. 목성계의 이런 위성 분포 양상을 태양계에서 행성들의 분포와 비교해 보면 매우 흡사함을 알 수 있다.

즉 태양계에서 태양 가까이에 작은 지구형 행성이 위치하고 그 바깥에 큰 목성형 행성이 분포하며 가장 작은 명왕성은 가장 밖에 있다. 이것은 목성계

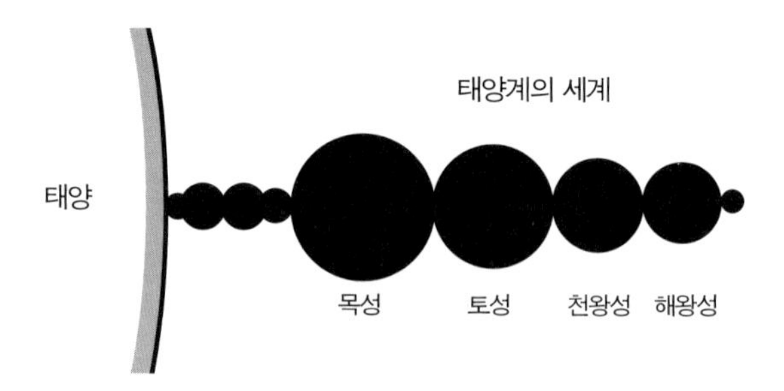

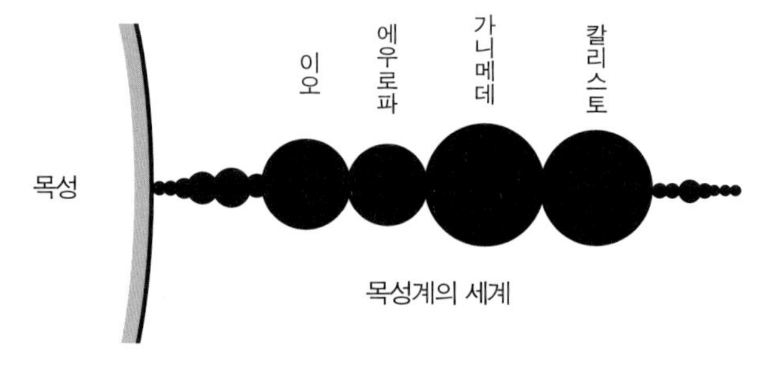

그림 Ⅲ - R33
태양계와 목성계의 비교 태양 주위의 크기가 다른 행성들의 공간 분포와 목성 주위의 크기가 다른 위성들의 공간 분포는 비슷한 분포 형태를 보인다.

에서 위성들의 분포와 매우 흡사한 것으로 태양계의 축소판으로 볼 수 있다. 이러한 흥미로운 분포는 큰 천체 주위에 작은 천체들의 형성에 관한 일반적인 문제와 결부된다.

즉 태양이나 목성처럼 큰 천체가 형성될 때 각각 그 주위에 있던 원시 성운으로부터 먼저 중심부에서 큰 천체(태양이나 목성)가 형성되면서 강한 복사 에너지를 방출한다. 이것은 주위의 원시 물질을 밖으로 밀어내기 때문에 중앙의 천체 가까운 주변에서는 큰 천체의 형성이 어려워진다. 그 결과 그림 III-R33에서 보인 것처럼 태양계에서는 작은 지구형 행성이 만들어지고, 목성계에서는 작은 위성들이 생긴다. 그리고 중앙의 천체로부터 멀어질수록 이 천체에서 나오는 복사 에너지의 영향이 약해지기 때문에 원시 성운 물질이 많이 모여 커다란 천체의 형성이 가능해진다. 그래서 태양계에서는 큰 목성형 행성이 형성되고, 목성계에서는 큰 갈릴레오 위성이 만들어진다. 중앙의 천체로부터 너무 멀어지면 초기의 성운 물질의 양이 매우 적어지기 때문에 작은 천체의 형성만 가능해진다. 그 결과 태양계에서는 명왕성을 비롯해서 작은 원시 미행성들이 존재하며, 목성계에서는 매우 작은 위성들이 존재한다.

타이탄의 생물

그림 Ⅲ - R34
타이탄의 생물(Roy A. Gallant)
질소를 마시며 불을 토해내는 생물의 상상도.

짙은 대기 때문에 밖에서는 타이탄의 표면을 직접 볼 수 없지만 대기를 가졌기 때문에 타이탄에 생물이 존재할 가능성이 높다. 우리는 지상에서 산소를 마시고 이산화탄소를 내며 살아간다. 모든 생명이 우리와 똑같은 공기를 호흡하며 살아가야 할 아유는 없다. 생물은 태어난 환경에 따라 적응하면서 진화해 가기 때문에 우리에게 위험하다고 생각되는 공기를 흡수하며 살아갈 수도 있고 또 우리가 생각하기 어려운 형태의 생명체가 존재할 수 있다.

만약 타이탄에 생물이 산다면 그림 III-R34와 같이 그들은 대기에 많은 질소를 마시며 살아갈 것이다. 이러한 생명체의 존재 여부를 밝히기 위해 앞으로 이 위성에 호이겐스 탐사선을 착륙시켜 표면을 자세히 조사할 예정이다. 과거에 지상의 생명체는 타이탄에서 옮겨왔다는 가설도 있었다.

천체의 궤도운동과 최소작용의 원리

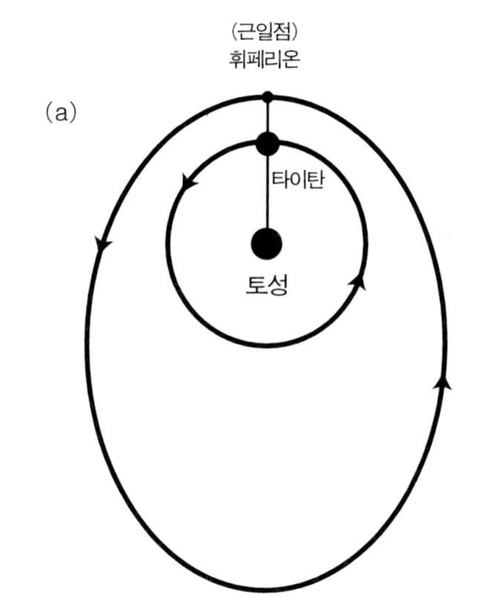

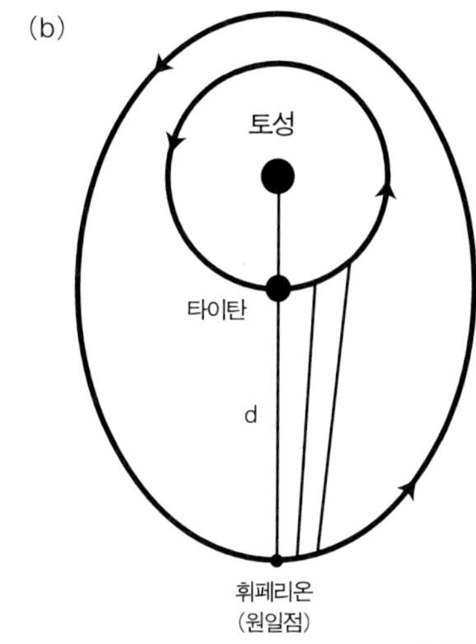

그림 Ⅲ-R35

휘페리온의 궤도운동 타이탄의 큰 섭동을 받고 있는 휘페리온은 섭동의 효과가 최소화되도록 타이탄과 만나는 거리가 d보다 항상 멀리 떨어지도록 궤도운동을 하고 있다.

토성 주위를 원궤도로 도는 타이탄 위성 바깥에 작은 휘페리온 위성이 타원 궤도로 돌고 있다. 이 위성의 질량은 타이탄의 1/1000로 아주 적다. 타이탄이 토성 주위를 4바퀴 돌 때 휘페리온은 3바퀴 돈다. 두 위성은 토성의 인력에 끌려 토성 주위를 돌지만 휘페리온은 타이탄의 강한 섭동을 받으며 공전한다.

예를 들어 그림 III-R35(a)에서 휘페리온이 타이탄과 가장 가까이서 만나는 근지점[1]에 두었다고 하자. 이때 휘페리온은 타이탄으로부터 가장 강한 섭동을 받아 매우 불안정해진다. 그러면 휘페리온은 외부로부터 섭동을

1 위성이 행성으로부터 가장 가까운 곳을 근지점, 가장 먼 곳을 원지점이라고 한다.

가장 작게 받는 쪽으로 움직이며 궤도를 조정해 간다. 여기서 가능한 안정한 궤도운동을 하는 지름길은 휘페리온이 타이탄과 만나는 거리를 최대로 하여 섭동 효과를 가장 많이 줄이는 것이다. 이러한 과정을 거쳐서 나타난 결과는 그림 (b)처럼 두 위성이 만나는 거리는 휘페리온이 원지점에서 타이탄을 만나는 거리 d보다 항상 멀다. 이러한 현상이 자연에서 일어나는 최소작용의 원리다. 즉 외부 섭동에 대해 최소의 에너지를 쓰면서 가장 안정한 상태를 유지하는 것이다.

사람도 싫은 사람이 있으면 가능한 서로 가까이 만나지 않는 것이 상책이다. 서로 마주 보고 앉아 언쟁을 벌여봤자 흥분되고 신경만 날카로워져서 얻는 것보다 잃는 것이 더 많아지고 또 후회만 남게 된다. 그래서 서로 떨어져 조용히 자신을 반성하고 성찰하는 것이 에너지가 가장 적게 드는 최소작용 원리의 실천이다.

트리톤

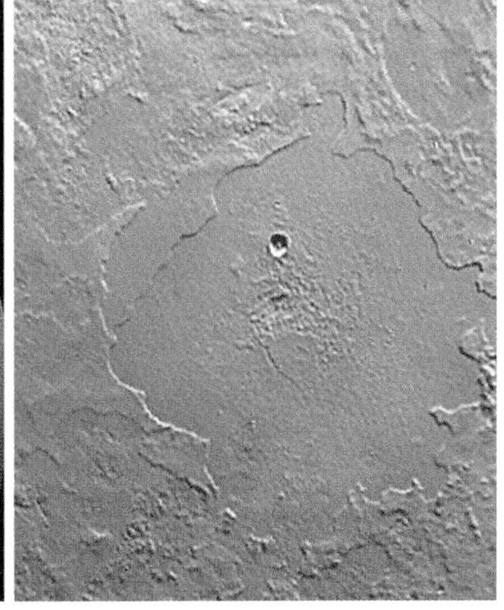
라우치 평원

그림 Ⅲ - 45
트리톤 1989년 보이저 탐사선 2호가 찍은 해왕성 위성 중에서 가장 큰 위성의 모습. 특히 위쪽의 남극 지형의 모습은 적도 쪽 지형과는 매우 다르다. 위쪽 부분은 질소와 메탄의 얼음 지각이 햇빛을 받아 밝게 보인다. 아래쪽에는 긴 능선과 멜론 껍질 모양과 흡사한 형태의 지형이 보인다. 검은 긴 줄무늬는 얼음 지각 아래에서 폭발적으로 분출된 연기(질소와 수화탄소물로 구성된 얼음)로 75km나 뻗쳐 있다.

그림 Ⅲ - 46
라우치 평원 호수처럼 생긴 트리톤의 라우치 평원은 크기가 180km나 된다. 이것은 차가운 화산 유체가 뿜어져 나와 형성된 것으로 보인다.

4 | 트리톤

해왕성의 위성 중에서 가장 큰 트리톤은 달 크기의 0.7배며, 평균 밀도는 물의 약 3배다. 태양에서 가장 멀리 떨어졌기 때문에 표면의 온도는 영하 235도로 매우 춥다. 얇은 층의 대기를 가졌고 메탄 구름도 있다. 그림 Ⅲ-45에서 보인 것처럼 트리톤의 남극 지역과 아래 적도 지역의 지형에는 큰 차이가 있다. 특히 극 지역에서는 연기가 바람에 날아가는 검은 깃털 모습들이 보인다. 이들은 지각 아래에서 분출한 가스가 폭발하면서 생긴 것으로 추정된다. 비교적 최근에 생긴 것으로 보이는 호수 같은 원형의 평원(크기는 500km)도 있다. 그림 Ⅲ-46 이런 지형은 매우 낮은 온도에서도 표면 활동이 활발하게 일어나고 있음을 보여준다.

7. 우주 정보 전달자 혜성

그림 Ⅲ - 47
웨스트 혜성 1976년 3월에 나타난 웨스트 혜성. 푸르게 보이는 부분은 가스 꼬리다.

1 | 혜성의 정체

긴 꼬리를 날리며 하늘을 가로질러 가는 것을 혜성이라고 한다. 고대 이집트나 희랍에서는 여자의 긴 머리털로 보고 희랍어 komet라 했고, 오늘날 comet(혜성)로 부른다. 그림 Ⅲ-47 다른 나라에서는 도끼, 언월도, 검도, 단도 등의 형태로 보기도 했다. 그림 Ⅲ-48 적어도 17세기까지는 이러한 혜성의 출현을 공포, 죽음, 재난, 전쟁, 질병, 지진 등 불길한 징조로 보았다.

예를 들면 기원전 44년에 율리우스 케자르가 암살 당한 후, 336년 콘스탄티누스 대제가 죽을 때, 550년과 684년에 유럽의 대전염병 발생, 1066년 노르망디인이 영국 침공 때 모두 혜성이 나타났다. 그림 Ⅲ-49 이처럼 혜성을

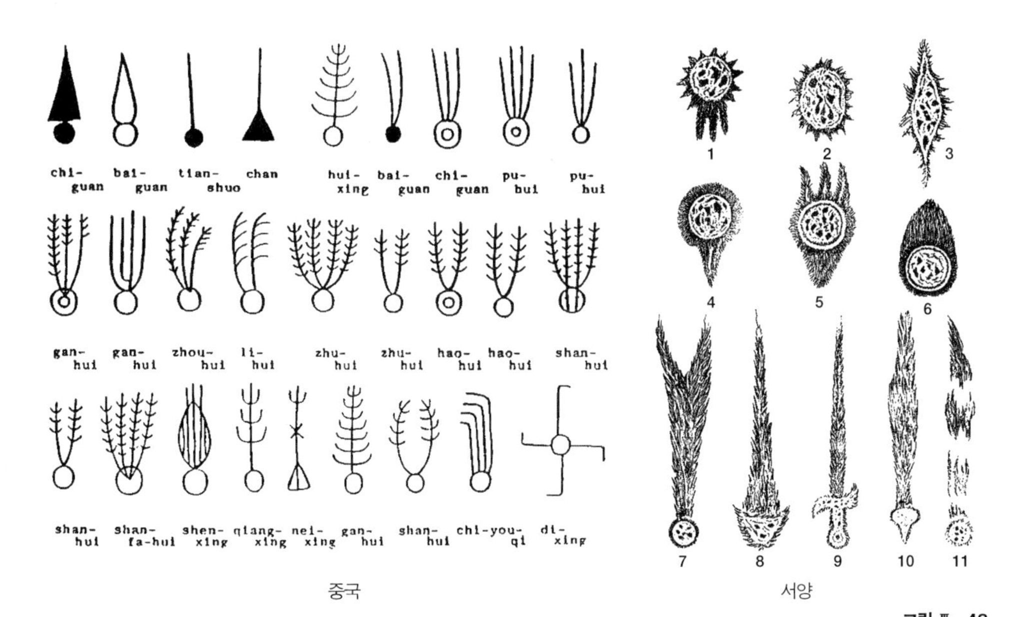

그림 Ⅲ-48

혜성의 여러 가지 모습 옛 중국과 서양의 사람들이 혜성을 보고 그 모습을 표현한 그림들이다.

나쁜 징조로 보는 반면에 기원전 4세기 네로 황제의 고문관 세네카는 혜성을 일종의 행성으로 보았으며, 천문학자 티코 브라헤와 케플러는 혜성을 하나의 천체로 보았다.

17세기 말 뉴턴은 자신의 역학을 적용하여 최초로 혜성의 궤도를 계산하는 방법을 발표했다. 핼리는 뉴턴의 방법을 써서 과거에 관측한 24개의 혜성 궤도를 계산했다. 여기서 그는 1531년, 1607년, 1682년(핼리가 26세 때 관측)에 나타난 혜성은 동일한 혜성임을 확인하고, 이 혜성이 1759년에 다시 출현할 것을 예언했다. 1758년 12월 크리스마스 밤에 독일의 아마추어 천문가 팔리치에 의해 이 혜성이 발견되었다. 이로써 혜성의 정체는 완전히 풀렸으며, 핼리를 기리기 위해 이 혜성을 핼리 혜성이라고 부른다.

새로운 혜성은 매년 10개 정도 발견되지만 대부분은 어두운 혜성

그림 Ⅲ - 49

핼리 혜성의 출현과 놀란 해롤드 왕 1066년 노르망디가 영국을 침공했을 때 나타난 핼리 혜성을 보고 영국의 해롤드 왕이 불길한 징조로 생각하며 깜짝 놀라는 모습의 그림.

이다. 혜성이 발견되면 새로운 혜성의 경우는 발견자의 이름을 붙인다. 만약 혜성을 찾아 영원히 이름을 남기고 싶다면 우선 도시의 불빛이 없는 야외로 망원경을 가지고 나가서 새벽 일찍 일어나 동쪽 하늘을 면밀하게 훑으면서 관측해야 한다.

2 | 혜성의 구조

눈이 많이 내린 날 연탄재와 돌을 넣어 큰 눈덩이를 만든다면 이것이 혜성의 본래 모습에 해당한다.

1952년 미국 천문학자 위플은 혜성을 '더러운 눈송이'라고 불렀다. 이처럼 혜성의 80% 정도는 얼음이다. 이러한 더러운 눈송이가 태양에서 아주 멀리 떨어져 있을 때는 이것이 태양 빛을 반사하더라도 그 빛이 약해서 우리에게 관측되지 않는다. 그러나 태양 가까이 다가오면 태양 빛을 받아 얼음이 녹으면서 가스와 티끌을 방출한다.

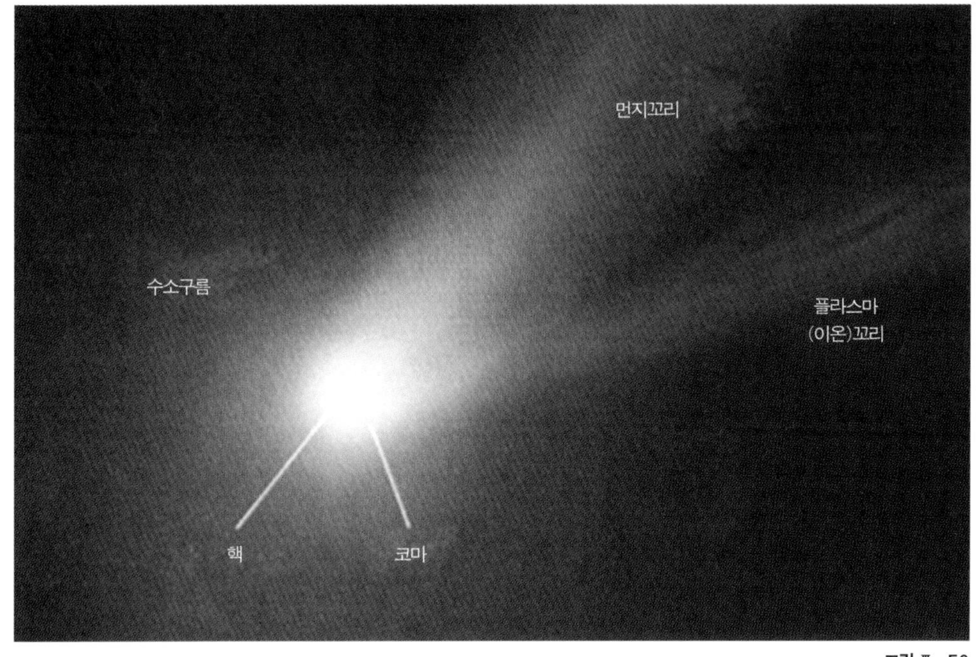

그림 Ⅲ - 50

혜성의 구조 혜성은 얼음, 티끌, 암석들로 이루어진 중앙의 검은 핵과 그 주위를 둘러싼 밝은 코마, 코마를 둘러싼 희박한 수소 구름, 그리고 태양과 반대쪽으로 길게 뻗친 가벼운 기체(주로 이온)로 이루어진 가스 꼬리, 가스보다 무거운 티끌로 이루어진 티끌 고리로 이루어졌다.

가스는 태양 빛을 받아 온도가 올라가면 다시 빛을 방출하고, 티끌은 태양 빛을 반사한다. 이러한 과정을 통해 혜성의 출현이 확인되기 시작한다. 이때 더러운 눈송이를 핵이라고 부르고, 여기서 방출된 가스와 티끌은 핵을 둘러싸는데 이것을 코마라고 부른다. 혜성이 태양에 더욱 가까이 다가갈수록 핵에서 방출되는 가스와 티끌의 양이 증가하기 때문에 코마의 크기는 확장된다. 코마의 크기는 수십만~수백만 km다. 코마 주위에는 가벼운 수소로 이루어진 넓은 수소층이 형성된다. 태양에서 나오는 태양풍과 빛에 의해 코마의 물질이 태양 반대쪽으로 밀려나가면서 꼬리를 만든다. 이 꼬리는 태양에 가까워질수록 더 길어진다. 그림 Ⅲ-50

한편 꼬리는 혜성의 핵과 함께 태양 주위를 돌면서 태양계에 분포해 있는 행성간 물질로부터 저항을 받는다. 가스보다 면적이 훨씬 큰 티끌이 저항을 더 받기 때문에 티끌이 가스보다 뒤쪽으로 밀리면서 분리된다. 그래서 혜성의 꼬리는 가스로 이루어진 푸른색의 가스 꼬리와 티끌로 이루어진 노란색의 티끌 꼬리로 갈라진다. 가스 꼬리는 티끌 꼬리(약 100만 km)보다 10배 정도 더 길다.

혜성이 화성 부근에 접근할 때 코마는 가장 커진다. 혜성이 태양 쪽으로 들어갈수록 코마 물질이 뒤쪽으로 많이 밀려나가 꼬리를 확장하기 때문에 코마의 크기는 오히려 작아진다. 가스 꼬리는 대체로 혜성이 화성 부근에 접근할 때 보이기 시작한다.

혜성의 꼬리가 항상 태양 반대쪽에서만 보이는 것이 아니라 경우에 따라 그림 III-51처럼 태양 앞쪽에서 작게 보일 때도 있는데, 이를 긴 꼬리와 반대로 있다고 해서 반(反) 꼬리라 한다. 이것은 특히 티끌 꼬리가 많이 휘어질 경우에 나타난다.

3 | 혜성의 진화

혜성은 태양 주위를 가까이 한 번 지나갈 때마다 평균 1% 정도의 물질을 코마와 꼬리를 통해 밖으로 방출하기 때문에 핵의 질량은 점차 줄어든다. 방출된 물질은 혜성의 궤도를 따라 돌면서 분포한다. 혜성이 주기적으로 태양을 지날 때마다 물질이 방출되면 마지막에는 혜성의 핵에 암석덩이만 남게 되면서 혜성의 일생이 끝나는 것이다. 이 경우에 방출된 혜성의 잔해는 유성체류로 남아 그림 III-52처럼 혜성의 궤도를 따라 분포하게 된다.

만약 지구 궤도가 혜성의 궤도와 만난다면 지구는 매년 혜성의

그림 Ⅲ-51

아렌드-롤렌드 혜성의 반꼬리 혜성의 반꼬리는 특이 먼지 꼬리가 많이 휘어지고 또 관측자와 꼬리의 기하학적 관계가 잘 이루어질 때 태양 쪽으로 향하는 반꼬리가 관측된다.

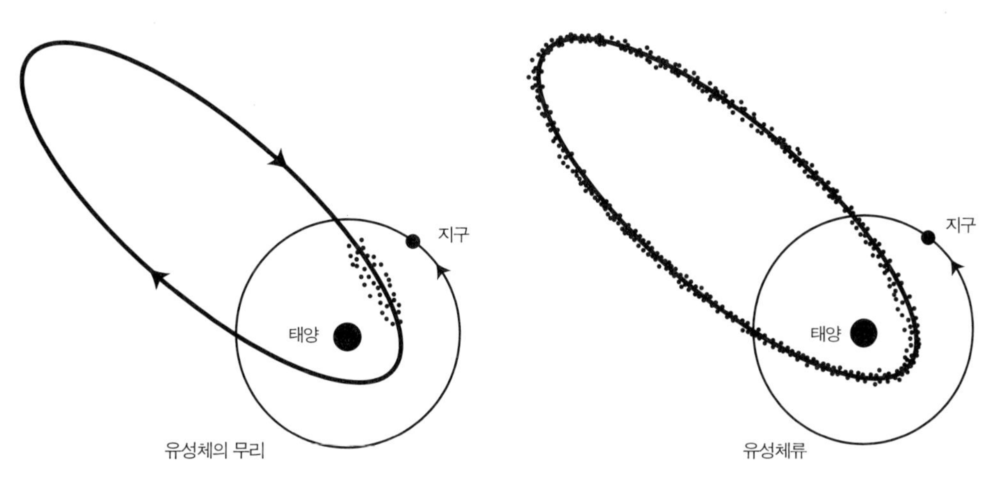

그림 Ⅲ-52

유성체류와 유성체 무리 혜성의 잔해가 혜성 궤도를 따라 분포하는 경우는 유성체류를 이루고, 혜성이 태양의 강한 조석력으로 파괴되어 잔해가 무리를 이루는 경우는 유성체 무리를 형성한다.

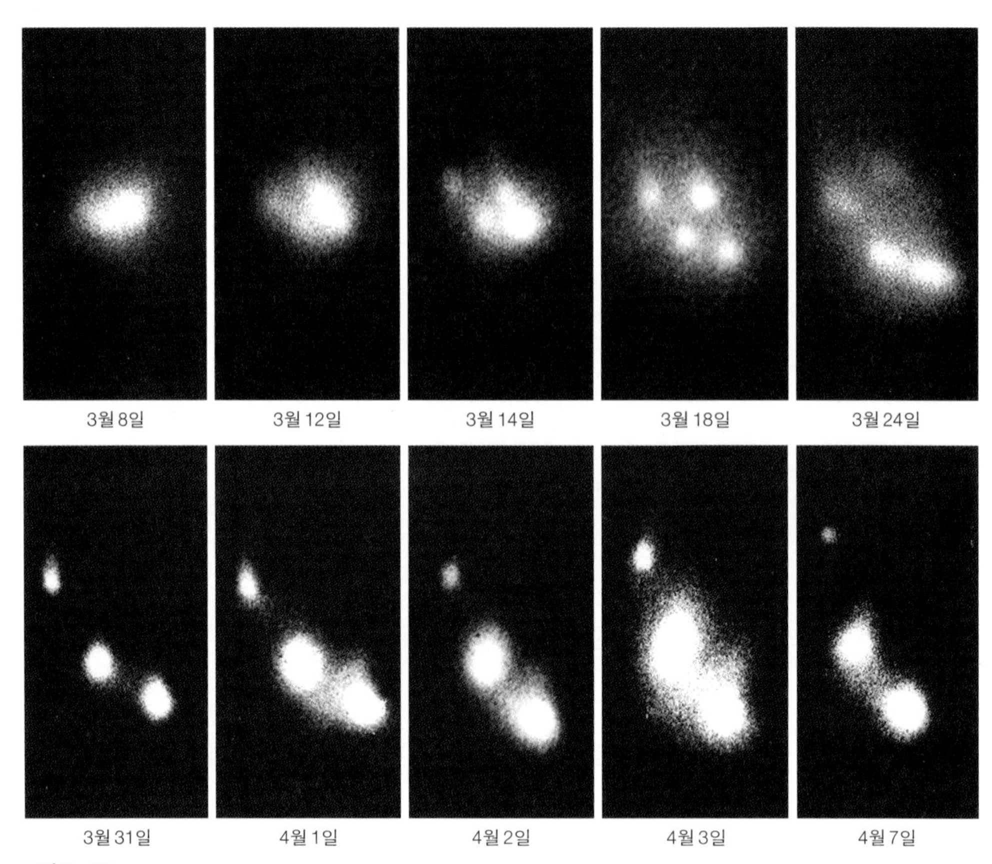

그림 Ⅲ-53

웨스트 혜성 핵의 분열 웨스트 혜성은 1976년 3월에 근일점 부근에서 태양 가까이 지나면서 태양의 강한 조석력을 받아 핵이 4개로 깨지면서 혜성의 일생이 끝났다.

궤도에 분포하는 잔해와 일정 시간에 만나게 된다. 그러면 잔해 물체들이 지구 대기 속으로 들어와 타면서 빛을 내는데 이를 유성우라 한다. 예를 들면 페르세우스자리에서 나타나는 페르세우스자리 유성우는 매년 7월 23일에서 8월 22일 사이에 나타난다.

한편 혜성 핵의 암석덩이가 깨지지 않고 돌아다니다가 지구와 만나게 되면 큰 충돌로 지구에 상당한 피해를 입힐 수 있다. 지구 부근을 지나는 소행성들의 1/2~1/3은 이러한 혜성 핵의 잔해로 추정

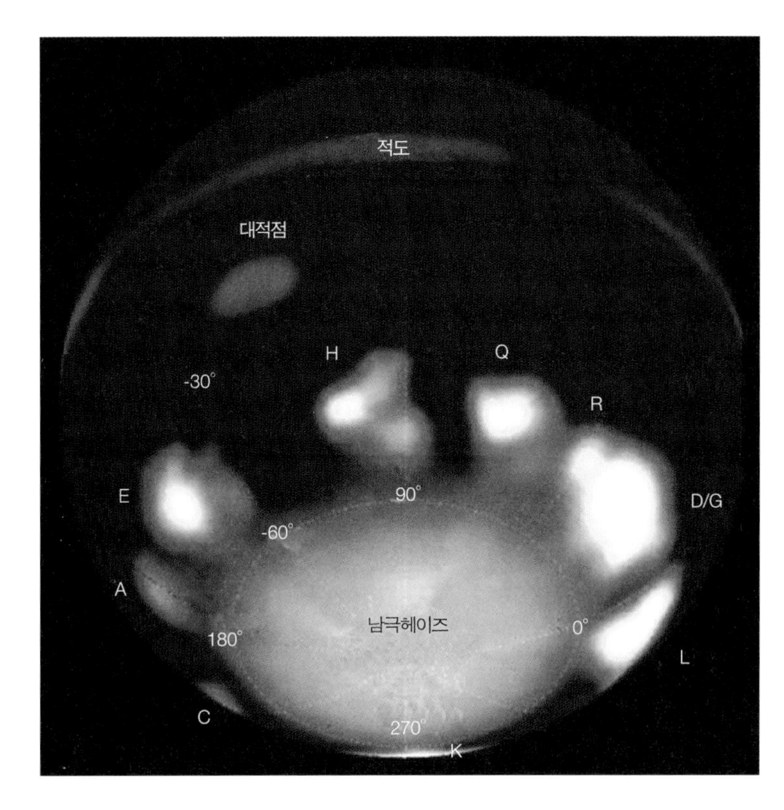

그림 Ⅲ-54
슈메이커-레비9 혜성 핵 잔해의 목성 충돌 1992년 8월에 목성 부근을 지나던 슈메이커-레비9 혜성이 목성의 강한 조석력으로 혜성의 핵이 21개로 깨진 후 이들 잔해가 1994년 7월에 차례로 목성 대기와 충돌한 모습. 그림 위쪽에 보이는 대적점의 크기가 지구의 3배 정도임을 고려한다면 충돌 때 생긴 불덩이의 규모가 어느 정도로 큰 것인지를 쉽게 짐작할 수 있다

된다. 따라서 우리 지구는 불안전 지대에 놓여 있는 셈이다.

혜성이 태양이나 목성 또는 토성과 같은 큰 천체 부근을 가까이 지나면 이들의 강한 조석력으로 혜성의 핵이 분열되기도 한다. 예를 들면 웨스트(West) 1976VI이라는 혜성은 태양에 가장 가까운 근일점을 지난 후 4개로 깨져 사라졌다. 그림 Ⅲ-53 그리고 1992년에 나타난 슈메이커-레비9 혜성은 목성 부근을 지나다가 혜성 핵이 21개로 깨졌다. 이들 잔해는 1994년 2월에 목성과 충돌하는 세기적인 큰 사건을 일으켰다. 그림 Ⅲ-54 인류 역사상 혜성이 다른 천체와 충돌하는 광경을 보인 것은 이번이 처음이고 그 규모는 너무나 거대했다. 예를 들어 G핵이라는 잔해가 수소가 많은 목성 대기와 충돌했을 때 발생한 불덩이의 규모는 지구 크기의 2배 정도였다. 그림 Ⅲ-55

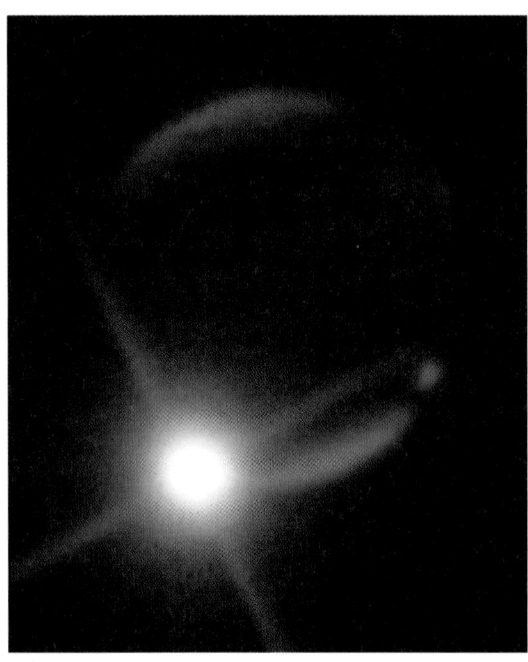

그림 Ⅲ-55
G핵의 목성 충돌 1994년 7월 18일에 호주 국립대학 천문대에서 관측한 슈메이커-레비 9 혜성 핵 잔해 중 G핵이 목성 대기와 충돌하는 모습으로 폭발영역은 지구 크기의 2배 이상이나 된다.

혜성의 핵이 분열되면 그렇지 않는 경우보다 핵에서 더 많은 물질이 빠르게 방출되어 이들 잔해가 유성체 무리를(그림 III-52 참조) 이루게 된다. 이 혜성의 궤도가 지구 궤도와 만나게 되면 일정한 주기로 혜성의 잔해가 지구로 들어오면서 소나기가 쏟아지듯 하는 유성우가 생긴다. 이를 특히 유성 폭풍이라고 한다. 예를 들어 사자자리에 나타나는 사자자리 유성 폭풍은 템플 혜성의 잔해로 약 33년의 주기로 나타났다. 그러나 1886년에 나타난 이후에는 잔해가 흩어지면서 더이상 유성 폭풍으로 나타나지 않았다.

4 | 혜성의 기원

46억 년 전에 태양계가 형성될 당시에 있었던 원시 미행성들의 잔해(수 m~수백 km)들은 무거운 목성형 행성들의 강한 섭동으로 명왕성 바깥으로 멀리 밀려나가서 그림 III-56과 같이 3,000 천문단위에서 10만 천문단위 사이에 모여 무리를 이루며 분포하고 있다.

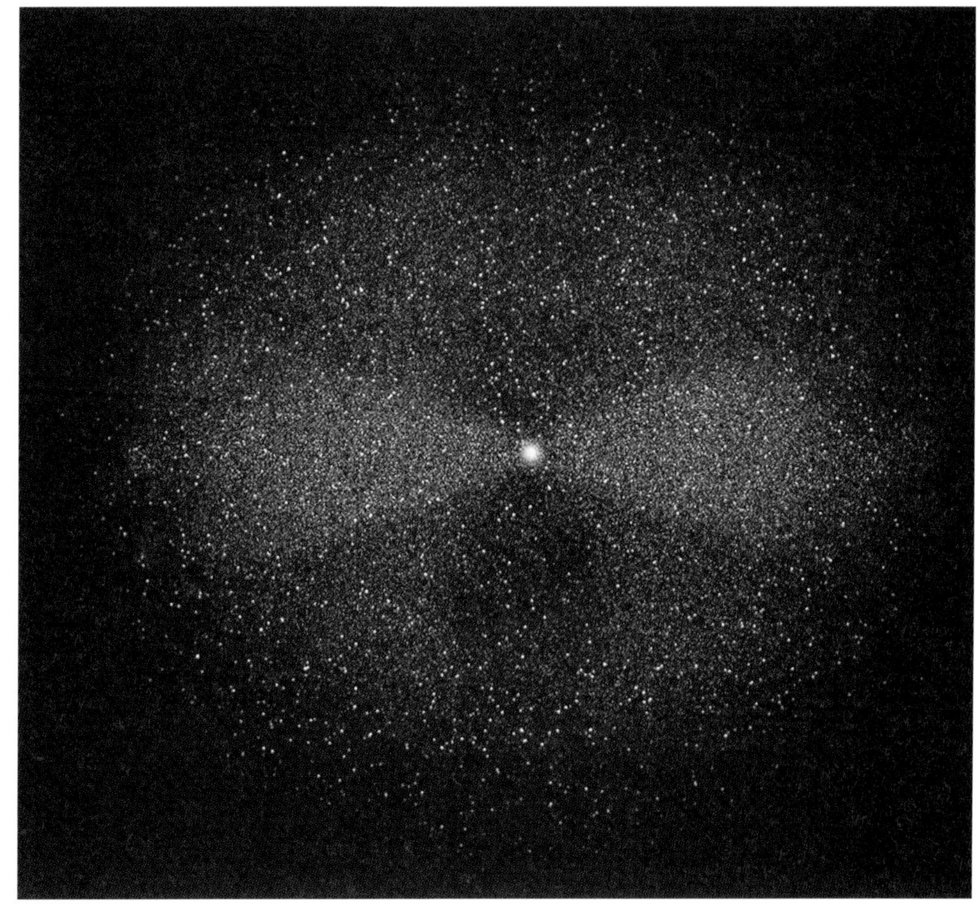

그림 Ⅲ - 56

오오트 구름 태양계가 형성될 때 남아 있던 원시 미행성의 잔재가 태양계 외곽에 넓게 분포하는데 이를 오오트 구름이라 하며, 이들 천체가 태양 가까이 다가오면 밝은 꼬리를 내는 혜성이 된다.

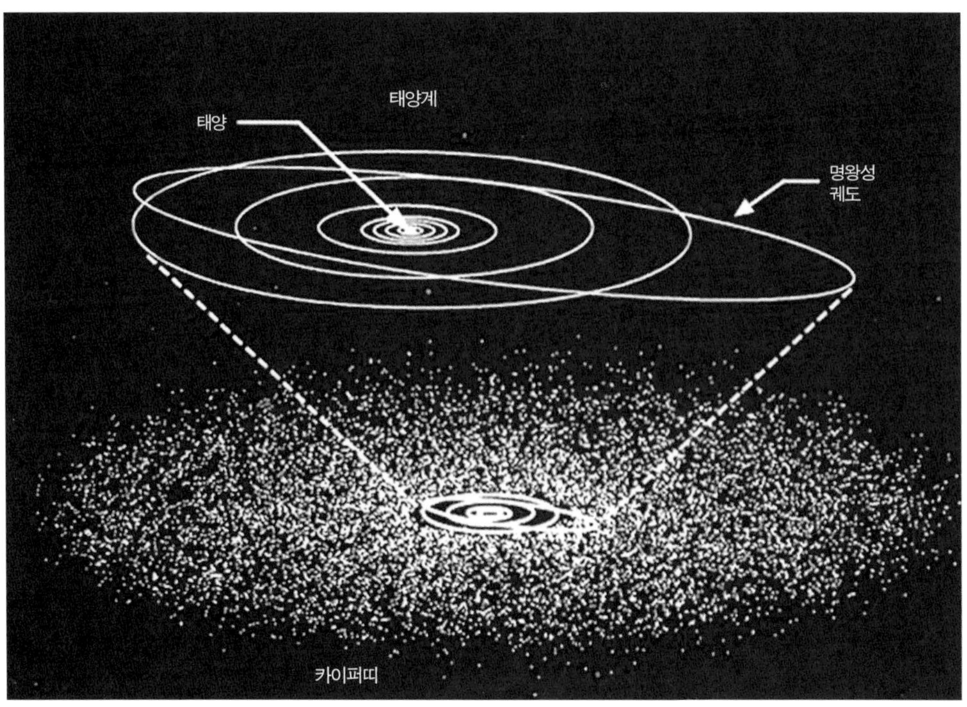

그림 Ⅲ-57

카이퍼띠 명왕성 외곽에 흩어져 있는 작은 천체들은 원시 미행성의 잔재며, 이들이 태양계 안쪽으로 들어오면서 주로 200년 이하의 단주기 혜성이 된다.

다. 이를 오오트운(또는 오오트 구름)이라고 하며, 이 속에 1조 개 정도의 미행성들이 들어 있는 것으로 추정한다.(총 질량은 지구의 수십 배에 불과하다.)

큰 천체가 오오트운 부근을 지나면서 섭동을 미치면 오오트운 속에 있는 미행성들의 일부는 태양계 안쪽으로 들어와서 꼬리를 내는 혜성이 된다. 이러한 혜성들은 주로 200년 이상의 긴 주기를 가지는 장주기 혜성이 된다. 전체 혜성의 약 80%는 장주기 혜성이다.

한편 해왕성 밖에서 약 100 천문단위 내에 많은 미행성들이 납작한 원반고리 형태로 모여 있다. 이것을 카이퍼띠라 부른다. 그림 Ⅲ-57

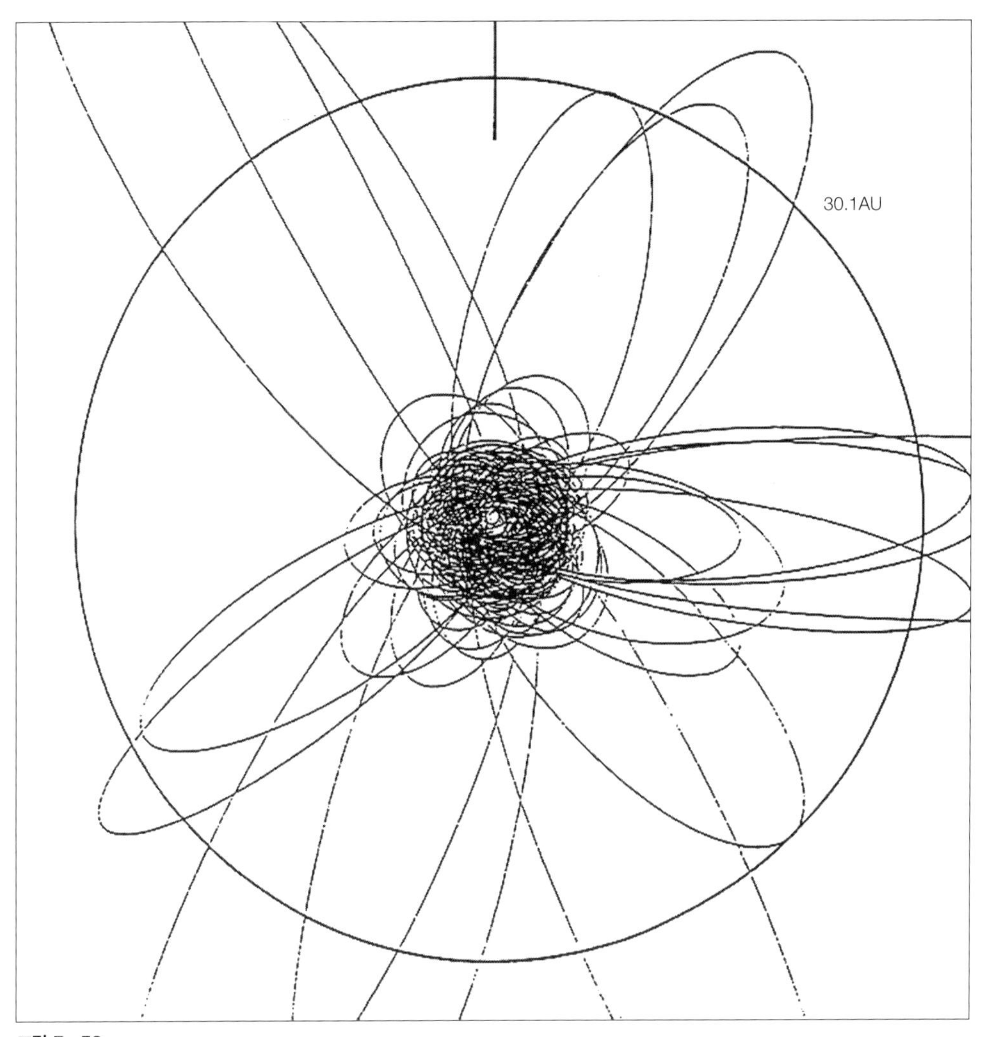

그림 Ⅲ - 58

지구 부근의 혜성 | 혜성의 근일점이 지구 주변 가까이 있는 단주기(200년 이하의 주기) 혜성.

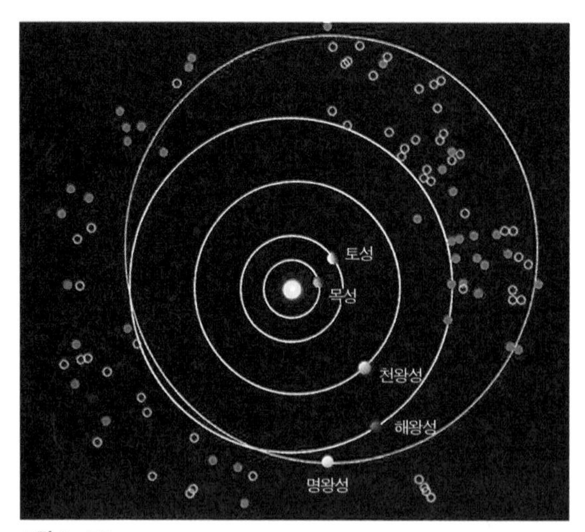

그림 Ⅲ-59

먼 소행성 원일점이 해왕성 바깥까지 위치하는 소행성으로, 이들은 주로 카이퍼띠에 있던 미행성으로 해왕성의 강한 섭동을 받아 태양계 안쪽으로 들어온 것으로 본다.

여기에 있는 미행성들이 태양계 안쪽으로 들어와서 혜성이 되는데 이들은 주로 200년 이하의 주기를 가지는 단주기 혜성이다. 이들 중에는 지구 부근을 지나는 혜성들이 많기 때문에 지구와 충돌 가능성도 적지 않다. 그림 Ⅲ-58

과거에 명왕성 바깥쪽에도 미지의 행성이 있을 것으로 보고 이것을 찾으려는 노력이 있었다. 그러나 이런 시도는 작은 천체들이 많이 관측되면서 사라졌다. 주로 적외선 망원경으로 관측되는 이들 천체는 카이퍼띠에 있던 것이 해왕성의 강한 섭동을 받아 안쪽으로 들어온 것이다. 이들 천체는 계속 발견되고 있으며, 우리는 이들을 먼 소행성이라고 부른다. 그림 Ⅲ-59

핼리 혜성

핼리 혜성

그림 Ⅲ-R36-1

핼리 혜성과 핵 1986년 3월에 나타난 핼리 혜성은 6개의 탐사선에 의해 자세히 관측되었다. 그중에서 구경 15cm의 망원경을 장착한 지오토 탐사선은 핼리 혜성의 핵 가까이 접근하여 핵의 자세한 모습을 처음으로 관측했다. 오른쪽 그림에서 밝은 부분은 태양의 강한 열을 받아 핵에서 기체의 제트 분사가 일어나고 있는 영역이고, 검은 부분은 태양 빛을 받지 않는 핵의 반대 영역이다.

핼리 혜성은 76년의 주기로 태양 주위를 도는데 태양에 가장 가까운 근일점 거리는 0.50 천문단위로 지구 궤도 안쪽까지 들어오며, 태양에서 가장 멀리 떨어지는 원일점 거리는 35 천문단위로 해왕성과 명왕성 사이에 있다. 핼리 혜성이 1986년에 나타났을 때는 6개의 탐사 위성이 이 혜성 부근을 지나면서 여러 가지 정보를 얻었다. 특히 유럽의 지오토 탐사선은 10,700km까지 접근하여 혜성의 핵을 자세히 관찰했다. 땅콩처럼 생긴 핵에 대한 결과는 다음과 같다. 그림 III-R36-1

· 핵의 내부 온도: 영하 263도
· 핵의 크기: 7.5×8.2×16km
· 평균 밀도: 물의 밀도의 약 0.25배

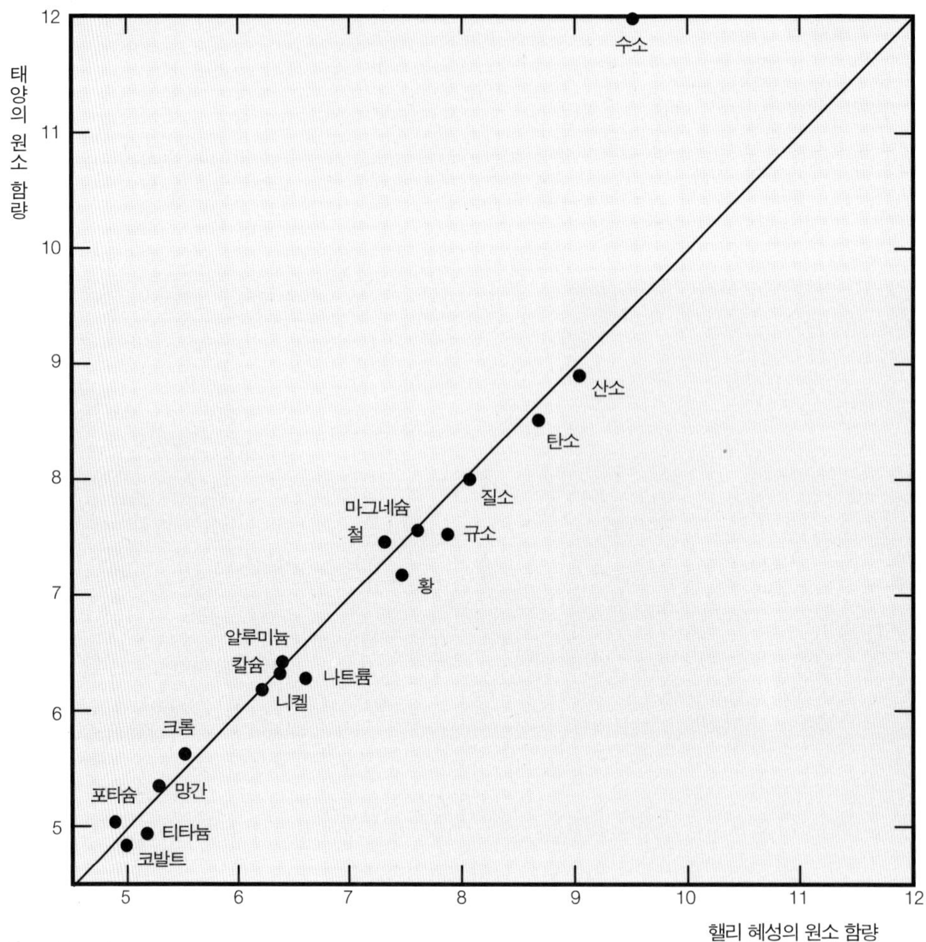

그림 Ⅲ - R36-2

핼리 혜성의 구성 성분 핼리 혜성을 이루는 구성 물질의 성분은 태양의 구성 성분과 거의 일치한다.

· 총 질량: 2500억 톤(약 80%는 얼음)

· 색깔: 콜타르보다 더 검다.

· 자전 주기: 52시간

핼리 혜성의 현재 질량은 원래의 약 80%에 해당하는 것으로 본다. 이 혜성의 공전과 자전 방향은 같기 때문에 공전 주기는 태양을 한 바퀴 돌 때마다 약 4일씩 길어진다.

헬리 혜성의 구성 성분을 조사한 바에 의하면 그림 III-R36-2와 같이 태양의 구성 성분이나 태양계 전체의 구성 성분과 같은 것을 볼 수 있다. 이러한 사실에서 혜성들은 태양계 천체들과 함께 태양계의 원시 물질에서 생겼다는 것을 알 수 있다. 그림 III-R36-2에서 혜성의 수소 함량이 태양에 비해 적은 것은 혜성이 태양 주위를 돌면서 가장 가벼운 수소를 많이 잃어버렸기 때문이며, 또 코마 주위로 넓게 퍼져 있는 수소를 관측하기가 어렵기 때문이다. 그리고 혜성에는 총 질량의 약 25%에 해당하는 유기물질〔포름알데히드(H_2CO)와 시안화수소(HCN) 등이 포함〕이 들어 있다. 혜성의 유기화합물이 1년 동안 지구에 들어오는 양은 1~10톤이다.

지구와 혜성 충돌

미행성들이 충돌하고 결합하는 과정을 통해 초기에 작은 천체가 형성되었고, 이것이 주위의 물질과 미행성들을 끌어들이면서 점차 성장해서 지구가 만들어졌다. 이런 과정에서는 충돌 때 생기는 높은 열 때문에 설령 암석에서 수분이 나오더라도 이들은 곧 증발해서 지구 밖으로 달아나게 된다. 그러면 지상에 있는 많은 물은 어디에서 왔는가?

이에 대한 해답으로 혜성 충돌을 든다. 즉 지구가 어느 정도 형성된 후에 거의 얼음으로 이루어진 혜성이 지구와 잦은 충돌을 하면서 많은 양의 물을 제공해서 오늘날의 바다를 이루게 되었다고 본다. 물론 이때 상당량의 공기도 제공했을 것으로 본다.

한편 지구가 형성되고 있을 당시에는 지상에 생명의 씨앗이 있었더라도 외부 천체와의 심한 충돌에서 발생하는 강한 열로 생명의 씨앗이 쉽게 파괴될 수 있다. 그래서 지상의 생명은 지구의 형성이 거의 완성된 이후에 많은 유기물질을 가진 혜성이 지구와 충돌하면서 제공된 생명의 씨앗에서 온 것으로 본다. 이런 점에서 혜성은 매우 고마운 천체다.

8. 유성과 운석

지구 밖에 있는 어떤 천체가 지구로 진입할 때 지구 대기에 들어오기 전의 것을 유성체, 대기에 들어와 타면서 빛을 내는 것을 유성, 타고 남은 잔해가 지상에 떨어진 것을 운석이라고 한다. 지구 부근을 지나는 소행성이나 혜성의 잔해들이 지구의 인력에 끌려와서 유성체가 된다. 그림 Ⅲ-60

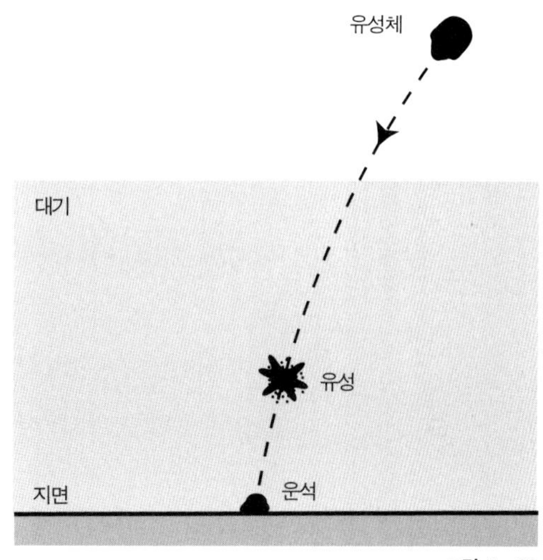

그림 Ⅲ-60

유성체, 유성, 운석 지구 대기에 들어오기 전에는 유성체, 지구 대기와 마찰하면서 빛을 낼 때는 유성, 타고 남은 잔해가 지상에 떨어진 것을 운석이라 한다.

1 | 유성

밤하늘에서 기다란 빛줄기를 몇 초 동안 그리다가 사라지는 것을 유성 또는 별똥별이라고 한다. 그림 Ⅲ-61 그런데 유성을 별이라고 잘못 생각하는 사람도 있다. 유성이 밝게 보이는 이유는 유성이 초속 11~75km의 속도로 지구 대기를 지날 때 유성의 앞쪽 표면이 대기

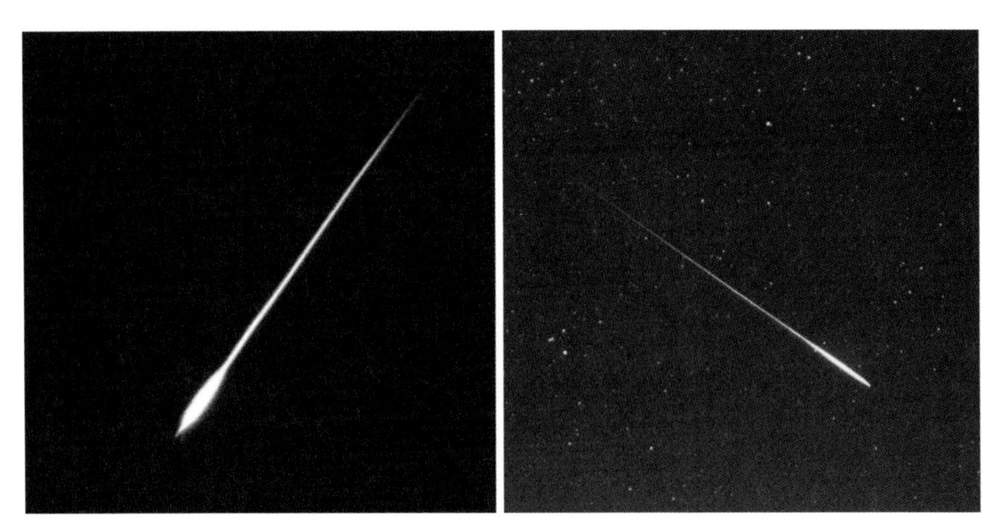

그림 Ⅲ-61
유성 유성체가 지구 대기를 지나면서 대기 입자와 충돌하면서 타서 빛을 내는 것으로 별똥별이라고도 한다.

입자와 심하게 충돌하면서 표면이 타서 빛을 내는 것이다. 유성은 대체로 지상 115km에서 70km로 내려오는 동안 타면서 빛을 내고, 그후는 차가운 공기 속에 그대로 떨어지면서 내려와 운석이 된다. 만약 떨어진 운석을 곧 바로 손으로 잡으면 매우 뜨거울까?

실은 얼음을 만지듯이 매우 차갑다. 왜냐하면 차가운 대기를 지나오면서 유성일 때 지녔던 열을 모두 공기 입자에 빼앗겼기 때문이다.

유성이 타면서 지나간 밝은 빛줄기를 유성 꼬리라 한다. 유성이 클수록 유성 꼬리는 길어진다. 유성 꼬리가 보이는 시간은 대체로 1/1000초에서 큰 것은 수분까지 지속된다. 보통 보이는 유성의 경우는 유성 질량이 수 그램에서 큰 것은 수톤 이상이다. 질량이 아주 적은 미세 유성의 경우는 눈에 보이지 않는다. 하루 동안에 지구에 들어오는 유성의 총 질량은 약 44톤이다.

2 | 운석

운석이 떨어지는 것을 직접 보거나 소리를 듣고 찾아가서 채취한 것을 낙하 운석이라고 하는데 매년 2,000개 정도 발견된다. 그리고 이미 떨어진 운석을 찾아 그 특징을 조사해서 운석으로 판명된 것을 발견 운석이라고 한다. 이런 운석은 오랜 시간 동안 풍화작용을 받으며 지내왔기 때문에 심하게 훼손되는 경우가 많다. 암석 성분이 많은 운석의 경우는 유성이 대기를 통과하면서 표면이 타면서 녹아 내린 흔적이 남기도 하고 또 매끈한 유리질 층이 형성되기도 한다. 그래서 보통 암석과 식별할 수 있다. 그러나 오래된 발견 운석의 경우는 이런 특징이 쉽게 사라진다. 이때는 철(Fe)과 니켈(Ni)의 함량비를 조사해서 (Fe/Ni)=8~20의 큰 값을 가지면 운석으로 볼 수 있다.

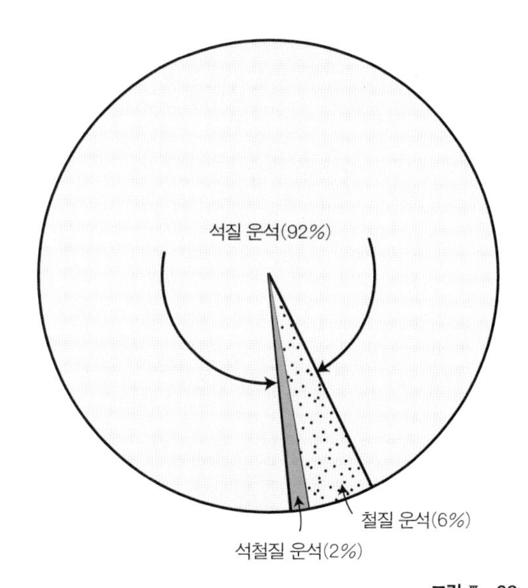

그림 Ⅲ-62
운석의 종류 석질 운석, 철질 운석, 석철질 운석의 비율.

(1) 운석의 종류

운석은 구성 성분에 따라 3가지로 나누어진다. 그림 Ⅲ-62 주성분이 암석인 것을 석질 운석이라고 하며, 낙하 운석의 약 92%가 이에 속한다. 그런데 이런 운석은 풍화로 인해 잘 훼손되기 때문에 발견하기가 어렵다. 석질 운석에는 원시 태양계의 초기 물질에 해당하는 탄소질 물질이 많이 들어 있다. 그래서 대체로 검게 보이며, 태양계 연구에 중요하게 쓰인다.

주로 무거운 철 성분이 많이 들어 있는 것을 철질 운석이라고 하며 낙하 운석의 약 6%를 차지한다. 이런 운석은 쉽게 풍화를 받지 않으므로 발견이 용이하다. 그래서 발견 운석의 대부분은 철질 운석이다. 철질 성분은 고온, 고압 상태에서 심한 열적 과정을 거치면서 만들어지는 것이므로 철질 운석은 큰 천체가 충돌로 파괴되면서 밖으로 나온 중심부 물체의 잔해로 본다. 철, 니켈의 합금과 규산염 광물로 이루어진 것을 석철질 운석이라고 한다. 이것은 큰 천체의 중심부와 맨틀 사이에 있는 물질이 충돌로 파괴되어 나온 것이다.

(2) 운석의 성분과 나이

지상에서 외계로부터 정보를 직접 받을 수 있는 것은 빛과 운석이다. 특히 운석은 구성 물질을 분석해 봄으로써 여러 흥미 있는 정보를 끌어낼 수 있다. 첫째는 운석의 나이다. 예를 들어 멕시코의 알렌데 지방에 떨어진 알렌데 운석에 있는 방사성 동위원소의 나이를 추정해 보면 46억 년이다. 이것은 운석을 이루는 물질이 만들어진 나이, 즉 운석의 나이가 46억 년이란 뜻이다. 이 나이는 태양의 나이와 일치한다.

둘째는 운석의 성분을 조사해 보는 것이다. 그림 III-63은 알렌데 운석에서 구한 원소 함량과 태양 대기에 있는 원소 함량을 비교한 것이다. 여기서 두 성분의 함량은 잘 일치하고 있음을 볼 수 있다. 따라서 나이와 구성 성분의 일치를 통해 우리는 운석과 태양은 같은 물질에서 같은 시기에 형성되었다는 것을 알 수 있다.

한편 1972년 호주의 머치슨 지방에 떨어진 머치슨 운석을 그 다음날 채취해서 분석해 본 결과 16종의 아미노산이 검출되었고 이중에서 5종은 지구 생물에 있는 것과 같은 것이었다. 이러한 사실은 생명 합성에 매우 중요한 아미노산이 외계에서 얼마든지 생성될 수

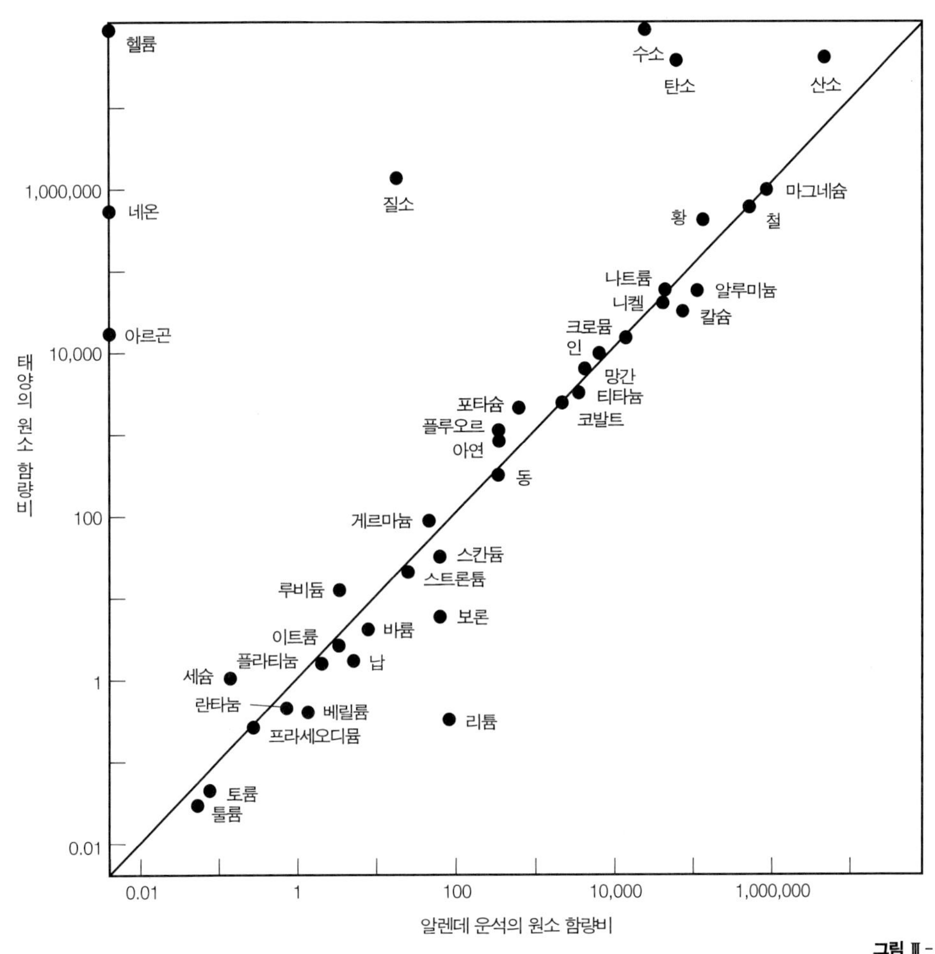

그림 Ⅲ - 63

알렌데 운석 성분과 태양 대기 성분의 비교 알렌데 운석의 구성 성분은 태양의 구성 성분과 일치한다.

있음을 의미하며 외계 생명체의 존재 가능성을 시사해 준다.

(3) 운석 충돌

유성체가 큰 경우는 유성으로 타고 남은 운석은 상당한 질량을 가진다. 이런 것이 지상에 충돌하면 큰 충돌 구덩이를 만들면서 상당한 피해를 입힐 수 있다. 예를 들어 미국 아리조나 주에 있는 베링거 운석 구덩이는 지름이 1,200m며 5만 년 전에 만들어진 것이다. 그림 Ⅲ-64 캐나다의 매니쿠아간 운석 구덩이는 2억 1천만 년 전에 만들어진 것으로 크기는 약 100km나 된다. 그림 Ⅲ-65 이 운석 구덩이에는 퇴적물이 쌓여 가장자리의 흔적만 보인다. 6,500만 년 전에 일어난 공룡의 대멸종도 거대한 운석 충돌에 의한 것으로 본다.

표 III-5는 운석의 크기에 따른 충돌 규모의 변화 및 충돌 확률을 보인 것이다. 충돌 때 생기는 폭발 규모는 1945년 일본 히로시마에 떨어진 원자폭탄이 터졌을 때의 규모를 기준으로 했다. 크기가 10km 되는 운석이 지상에 충돌하면 히로시마 원폭의 18억 배에 해당하는 규모의 엄청난 폭발이 일어난다. 이런 경우는 1억 년에 한 번 꼴로 나타난다. 그러나 히로시마 원폭의 1,800배의 위력을 가지는 크기 100m의 운석 충돌은 수천 년에 한 번 꼴로 생길 수 있으므로 인류 역사상 그렇게 안심할 수 있는 것은 아니다.

표 Ⅲ-5 | 운석의 크기와 충돌 규모

운석 크기	충돌 확률	충돌 규모(히로시마 원폭)
10,000m	1억 년에 1번	18억 배
1,000m	10만 년에 1번	1억 8천만 배
100m	수천 년에 1번	1,800배

그림 Ⅲ - 64

베링거 운석 구덩이 5만 년 전에 생긴 것으로 추정되는 미국 애리조나 주의 베링거 운석구덩이는 크기가 1,200m나 된다. 여기서 발견된 운석의 총 질량은 12,000톤이다.

그림 Ⅲ - 65

매니쿠아간 운석 구덩이 캐나다의 퀘벡 주에 있는 크기가 100km 되는 매니쿠아간 운석구덩이의 나이는 2억 1,000만 년이며 현재는 구덩이가 퇴적물로 덮여 가장자리 흔적만 남아 있다.

공룡 대멸종과 운석 충돌

1980년 미국의 노벨 물리학 수상자인 알바레즈는 크기 10km의 천체가 초속 40km의 속도로 지구에 들어와서 충돌하면 크기 150~200km의 거대한 충돌 구덩이가 생기면서 공룡이 전멸할 정도의 막대한 피해가 발생한다고 예측했다. 즉 이러한 충돌 때는 히로시마 원폭의 14억 배에 해당하는 규모의 대폭발이 일어날 것이다. 그리고 이때 발생하는 강한 충격파와 열풍으로 삽시간에 모든 것이 파괴되고 타면서 거대한 연기가 하늘을 뒤덮으며 햇빛을 차단한다. 또한 산림의 화재로 대기가 오염되어 산성비가 내려 생물의 생존을 더욱 어렵게 만든다. 지구는 수년간 짙은 구름에 쌓이면서 특히 식물의 성장이 어려워져 먹이사슬이 끊어지게 되고 또 기온이 떨어지면서 얼음이 어는 빙하기가 닥친다. 이러한 규모의 운석 충돌이 비슷한 시기에 3번 정도 발생한다면 지상 생물의 70% 이상이 사라지는 대멸종이 초래될 수 있으며, 이런 결과로 6,500만 년 전에 공룡이 갑자기 사라지게 되었다는 것이 알바레즈의 견해다.

1980년대에 멕시코 정부는 유전 탐사를 위해 유카탄 반도 지역 일대를 비행기로 중력탐사를 수행했다. 이 과정에서 유카탄 반도 북쪽 끝에 있는 칙쇼루브 지방을 중심으로 직경 180km의 큰 운석 구덩이를 발견했다. 이것은 알바레즈 박사가 제안한 것과 같은 크기의 구덩이로서 적어도 크기가 10km인 운석이 충돌한 것으로 짐작된다. 이 구덩이의 반은 육지에, 나머지 반은 바다에 잠겨 있다. 그림 Ⅲ-R38 그림에서 보인 것처럼 현재 제3기층의 퇴적물이 쌓여 있는 이 구덩이는 중생대 백악기 말인 6,500만 년 전에 생긴 것으로 판명되었다. 구덩이를 중심으로 아주 넓은 범위에 걸쳐 유리질의 텍타이트와 지상 것보다 100~1,000배 더 많이 이리듐 원소가 함유된 운석 조각들이 발견되었다.

지금까지 지상에서 5번의 대멸종이 일어났다. 그 시기는 고생대 오스도

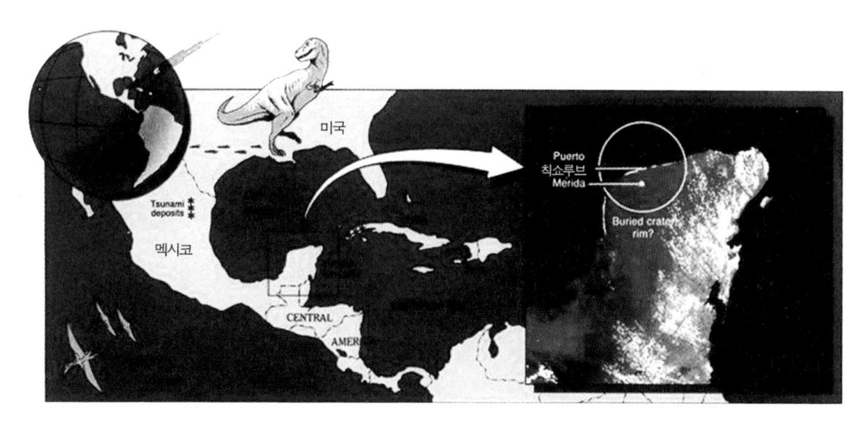

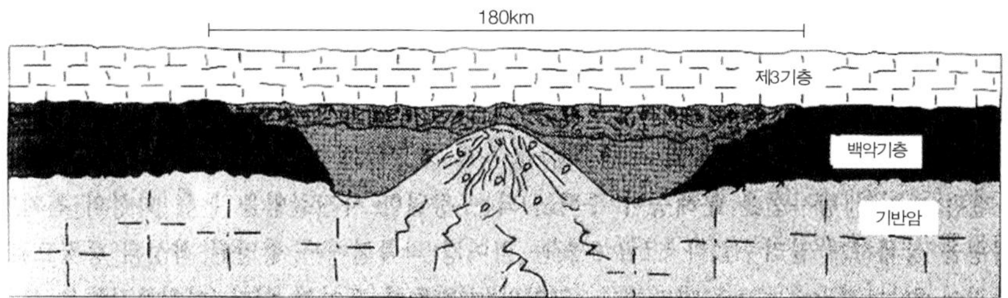

그림 Ⅲ - R38

칙쇼루브 운석 구덩이 멕시코의 유카탄 반도 북쪽 끝에 위치한 칙쇼루브를 중심으로 직경 180km의 큰 운석 구덩이가 존재한다. 이것은 6,500만 년 전 백악기 말에 심한 운석 충돌로 형성된 것이며 이것의 반은 바다 밑에 위치한다.

비스기 말(4억 4천만 년 전), 고생대 대본기 말(3억 6천만 년 전), 고생대 페름기 말(2억 5천만 년 전), 중생대 삼첩기(2억 1천만 년 전), 그리고 중생대 백악기 말(6,500만 년 전)이다. 앞서 4번의 대멸종은 지구 자체의 지각 변동 등의 원인에 의한 것이다. 특히 3번째인 고생대 페름기 말에 일어난 대멸종에서는 해수면의 하강으로 해양 생물의 95% 이상이 수백만 년 내에 전멸한 흔적이 있다.

그러면 앞으로 6번째 대멸종은 어떻게 일어날까? 사회 생물학자 윌슨(Edward Wilson)은 "인류가 단 한 세대 만에 우리와 동시대를 살아가는 많은 동료 종들을 죽음으로 몰아감으로써 여섯 번째의 대멸종을 시작하고 있다"고 경고했다.

앞서 살펴본 것처럼 지구 주변에는 크고 작은 혜성의 잔해와 소행성들이 많이 돌아다니고 있기 때문에 이들이 지구와 충돌할 가능성은 항상 있다. 그래서 선진국에서는 국가적 차원에서 이들 천체를 밤마다 계속 관측하며, 지구 접근이 가능한 천체에 대해서는 궤도를 계산하여 충돌 가능성을 확인한다. 만약 충돌 가능성이 있다면 핵폭탄을 장착한 인공위성을 발사하여 우주 공간에서 그 천체와 충돌시키거나 궤도를 변경시켜 지구 충돌을 피하고자 한다.

그렇다면 실질적으로 지구를 위협하고 있는 것은 외계 천체보다도 윌슨이 말한 것처럼 지상에 살고 있는 헛된 환상에 사로잡힌 인간들이다. 이들은 서로를 사랑하는 마음은 있어도 자연을 사랑하는 마음이 없고, 또 하늘의 별들을 쳐다보며 우주와 호흡해보고 싶은 마음도 전혀 없는 기이한 인간이란 생물로서 자기의 조상들이 오랫동안 살아오며 잘 가꾸어온 지구를 마구 짓밟으며 발전이란 욕망의 날개를 펴가고 있다. 아마도 인간이 화려한 발전이란 꿈을 깨고 일어날 때면 멸망이란 새아침이 반기고 있을지도 모른다.

9. 태양계의 기원

태양과 행성, 위성 등을 포함하는 태양계는 어떻게 태어났는가?

이러한 태양계 기원에 관한 연구는 1755년 철학자 임마뉴엘 칸트의 성운설이 나오면서부터 구체적으로 다루어지기 시작했다. 그는 뉴턴의 중력 법칙을 적용하여 그림 III-66에서 보인 것처럼 회전하는 원시 성운에서 성운 물질의 응축으로 성운 중심부에서는 태양이 형성되고, 그 바깥에서는 모두 같은 방향으로 회전하는 행성들이 생겼다고 보았다. 이런 가설이 제안된 이후 다른 종류의 가설이 제시되었지만 아직까지 흡족할 만한 태양계 기원설은 나오지 않았다. 그러나 최근 인공위성에 의한 탐사에서 알려진 사실을 바탕으로 새로운 가설이 제시되고 있다.

태양계 탐사에서 알려진 중요한 사실들 중의 하나는 충돌 구덩이의 흔적이다. 즉 공기와 물이 없는 수성이나 큰 위성들의 표면에는 수많은 충돌 구덩이가 존재하며, 심지어 작은 소행성들의 표면에도 충돌 구덩이가 많다. 이러한 구덩이의 존재는 먼 과거 태양계가 형성될 당시에 작은 미행성들이 수없이 많이 있었다는 것을 암시한다.

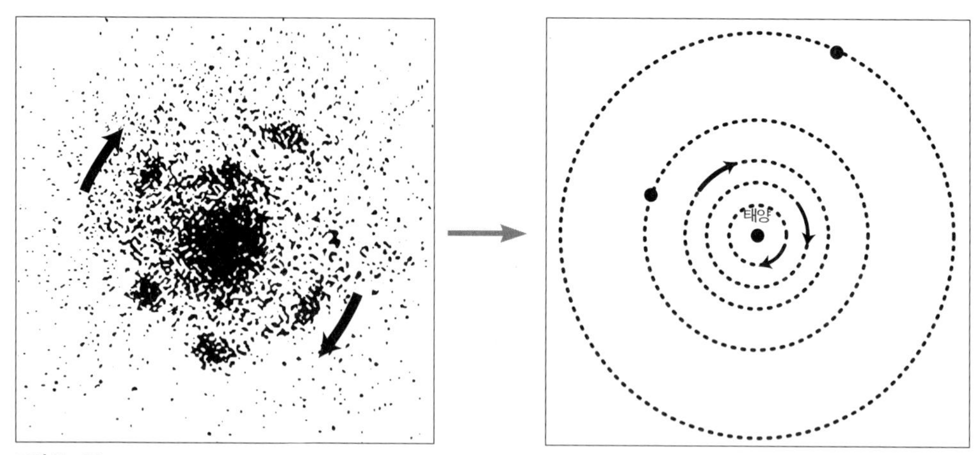

그림 Ⅲ-66
칸트의 성운설 원시 회전 성운에서 밀도가 큰 영역에서는 중력 수축으로 행성이 만들어진다는 성운설.

이로부터 태양계 기원을 설명하는 미행성 성운설이 제시되었는데 이것을 요약하면 그림 III-67과 같다. 즉

첫째 단계: 46억 년 전 회전하는 거대한 원시 태양계 성운이 수축하고 있었다.

둘째 단계: 성운 물질의 대부분은 성운 중심부로 모이고, 일부는 회전 때문에 생긴 납작한 원반으로 모여들었다.

셋째 단계: 중심부 물질의 응축으로 태양이 형성되고, 원반에서는 크기가 수 미터에서 수백 미터 되는 작은 물체(원시 미행성이라고 부름)들이 형성되었다.

넷째 단계: 미행성들이 충돌하고 결합하면서 행성과 위성이 형성되었다.

다섯째 단계: 남아 있던 미행성들은 큰 행성의 강한 섭동을 받아 태양계 바깥쪽으로 멀리 밀려나가 혜성의 공급원이 되고 있는 오오트운을 이룬다.

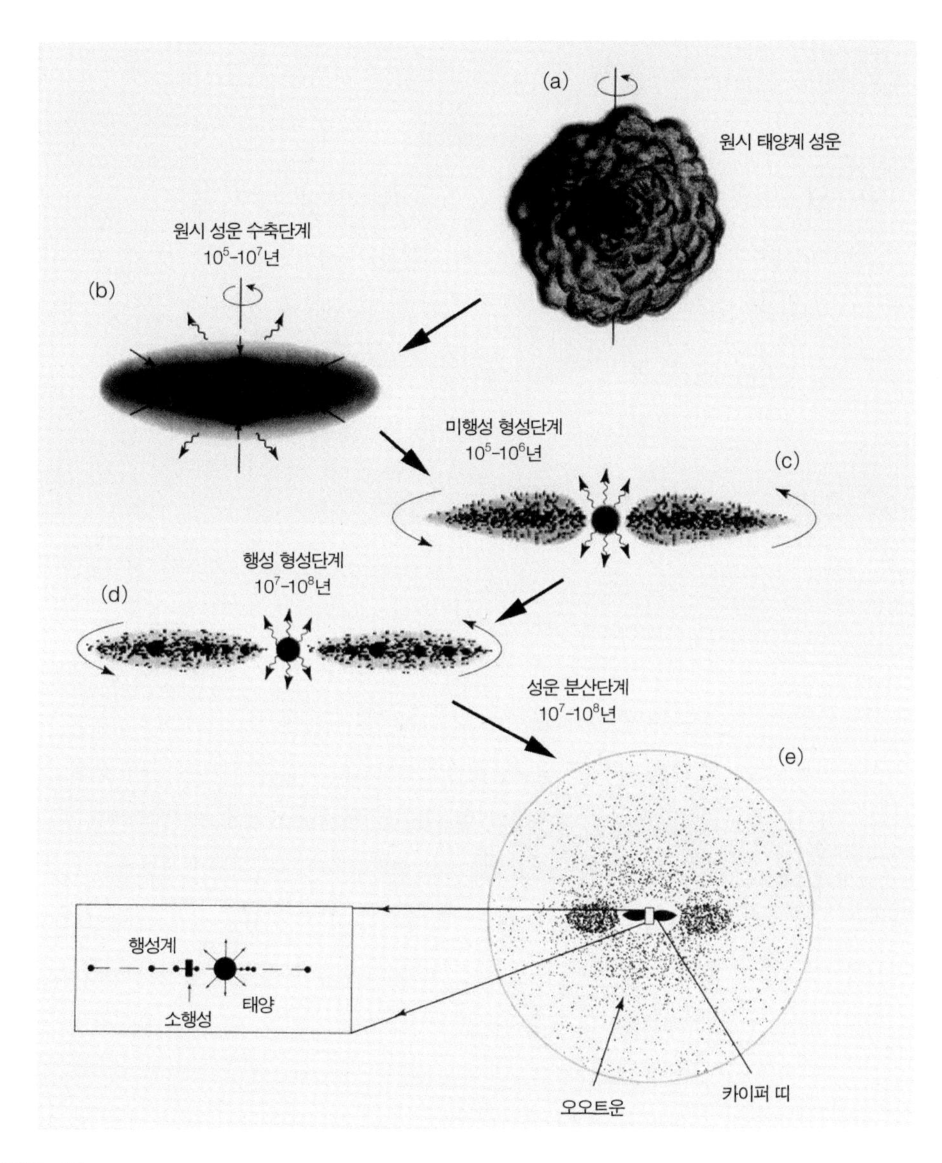

그림 Ⅲ-67

태양계의 형성 원시 태양계 성운의 중력 수축으로 태양이 형성되고, 그 주위의 원반에서는 작은 미행성들이 형성되었다. 이들이 서로 충돌하고 결합하면서 행성들을 이루었다는 것이 행성 형성에 대한 미행성 성운설이다. 이러한 가설은 태양계 탐사에서 발견된 행성이나 위성의 표면에서 보이는 수많은 운석 충돌 구덩이의 존재에 기인한다. 즉 구덩이들은 태양계 형성 초기에 수많은 미행성들의 존재와 이들 사이에 빈번한 충돌 결합과정이 일어났음을 시사한다.

그림 Ⅲ-68

베타 픽토리스와 원반 허블 우주망원경으로 찍은 50광년 떨어진 이젤자리에 있는 베타 픽토리스 주변의 원반 모습이다. 여기서 가운데 밝은 별을 가렸다. 가장 안쪽의 흰 부분의 원반은 점선에 대해 약간 기울어져 있는데 이것은 이 원반 내에 중력효과를 미치는 행성의 존재를 암시한다. 아래 그림은 위의 사진을 온도에 따라 색깔을 달리 표시한 것이다. 푸른색이 가장 낮은 온도를 나타낸다.

위의 과정을 거치면서 원시 성운으로부터 태양계가 형성된 시간은 1억 년 정도다.

태양계가 생길 때 태양에 가까운 지역에서는 태양의 강한 열 때문에 가벼운 원소들은 바깥으로 밀려나가고 비교적 무거운 원소들을 함유한 물질에서 지구형 행성(암석 행성)이 형성되었다. 그리고 태양에서 멀리 떨어진 지역에서는 태양의 열을 아주 적게 받기 때문에 가벼운 원소를 많이 포함하는 성운 물질에서 행성이 형성되었다. 그래서 가스 행성(목성·토성)에는 가벼운 수소와 헬륨이 많게 된 것이다. 그리고 토성 바깥 지역은 태양으로부터 아주 멀기 때문에 온도가 매우 낮아 메탄이나 암모니아 같은 휘발성 물질이 고체상태로 남아 응축했기 때문에 아이스 행성(천왕성·해왕성)에는 아이스 성분이 많아지게 된 것이다.

이상에서 살펴본 태양계 기원설도 태양계의 다양한 특성을 모두

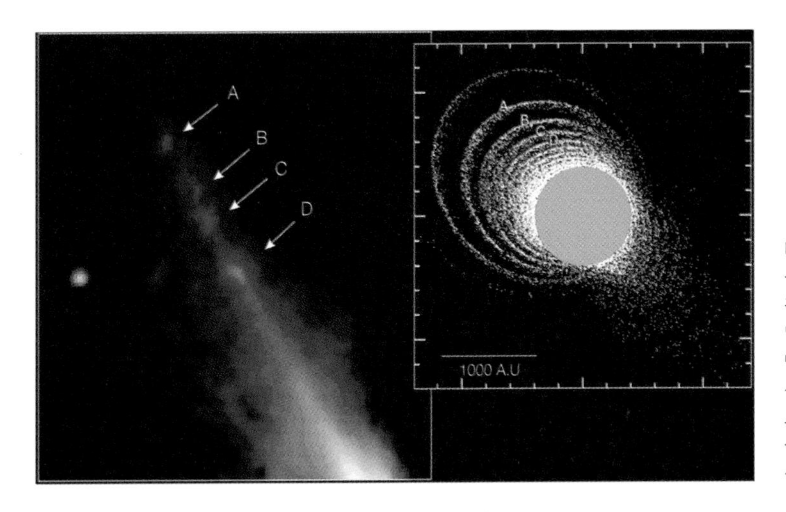

그림 Ⅲ-69

베타 픽토리스 원반과 고리 허블 우주망원경으로 찍은 베타 픽토리스의 원반 바깥쪽에서 몇 개의 짙은 물질 분포가 나타난다. 이들을 컴퓨터 시뮬레이션으로 만든 것이 오른쪽에서 보이는 고리들이다. 각 고리의 물질은 응축하여 행성으로 탄생될 것으로 본다.

설명하지는 못한다. 그 이유 중의 하나는 태양계가 탄생된 후 오랜 시간이 지나면서 물리적으로나 역학적으로 많은 변화를 거쳐왔기 때문이다. 따라서 태양계의 기원의 초기 상태를 알기 위해서는 외계 행성계의 탄생 과정을 살펴보는 것도 매우 중요하다. 이에 해당하는 것이 이젤자리에 있는 베타 픽토리스라는 별이다.

그림 III-68은 50광년 떨어진 베타 픽토리스 주위에 분포하는 납작한 원반 모양의 물질 분포를 보여주고 있다. 중심의 밝은 별빛을 없애기 위해 별을 가렸다. 원반의 물질은 소위 원시 행성계의 물질에 해당하며, 여기서 행성이 탄생된다. 원반을 좀더 자세히 살펴보면 그림 III-69와 같이 가는 고리 형태들을 볼 수 있는데 이들 고리 물질이 응축해서 앞으로 행성이 만들어질 것이다.

임마뉴엘 칸트

임마뉴엘 칸트(Immanuel Kant)는 1724년 4월 22일 동 프로이센의 수도 쾨히스베르크에서 가난한 마구상의 아들로 태어나 그곳에서 배우고 가르치며 한평생을 지냈다.

아버지로부터는 일과 정직이 제일의 덕목이라는 것을 배웠고, 착하신 어머니로부터는 자연의 대상과 생성 그리고 하늘의 체계와 구조에 대한 설명을 자세히 들어왔다. 그래서 13살 때 어머니를 잃은 칸트는 "나는 어머니를 결코 잊을 수 없다. 무엇보다 그분은 선에 대한 첫번째 씨앗을 나에게 심어주었고, 가꾸어 주셨다. 그분은 나의 가슴을 자연에 대한 감명으로 열어주셨다"고 회상했다.

가난한 대학 시절에 칸트는 "보다 용기 있는 자는 불행에 굴복하는 것이 아니라 불행에 대해 용감히 맞선다"는 좌우명을 가지고 특히 철학, 수학적 자연과학, 천문학에 흥미를 가지고 정열을 쏟았다.

1755년에 「불에 대하여」라는 논문으로 석사학위(오늘날의 철학박사 학위에 해당함)를 받았으며, 같은 해에 뉴턴 역학의 원리를 확대 적용하여 우주의 생성을 역학적으로 해명한 "일반 자연사와 천체이론"을 발표했다. 여기에서 태양계의 생성에 관한 가설을 제시했다.

뿐만 아니라 창조주에 의한 불변하는 완전한 우주의 생성을 부정하고 연속적으로 변화하며 생성 소멸하는 우주의 진화 모형을 아래와 같이 제시했다.[1]

"그러나 실제로는 영원한 시간의 흐름 중 아직 남아 있는 부분은 언제나 무한하고 흘러가버린 부분은 유한한 것과 마찬가지로, 이미 형성된 자연의 영역도, 언제나 미래 세계들의 씨앗을 자신 안에 지니고 있고, 카오스(혼돈)의 거친 상태로부터 조만간 자신을 빚어내고자 하는 총체 중 다만 무한히 작

1 『별이 총총한 하늘 아래 약동하는 자유』: 임마뉴엘 칸트·빌헬름 바이셰델 엮음, 손동현·김수배 옮김, 이학사, 2002, 225~227쪽.

그림 Ⅲ - R39
우리는 어디서 왔으며, 우리는 누구이며, 우리는 어디로 가는가?

은 한 부분에 지나지 않는다. 창조는 언제까지나 결코 완결되지는 않는다. 창조는 일단 시작은 되었지만 결코 중단되지는 않을 것이다. 창조는 항상 자연을 더 많이 등장시키고 새로운 물질과 새로운 세계를 불러오는 일에 종사하고 있다. 창조가 빚어내는 작품은 창조가 그 작품에 적용하는 시간과 관계가 있다. 창조가 무한한 공간을 무한히 많은 세계로 채워 끝없이 생동하게 하기 위해서는 영원을 필요로 한다."

"수많은 동물과 식물이 매일 죽어가 무상함의 희생이 되지만, 자연은 고갈되지 않는 재생 능력을 통해 다른 곳에서 그만큼을 산출함으로써 그 결손을 보충해 나아간다.… 마찬가지 방식으로 세계들과 천체계들도 사라지고 영원의 심연 속으로 잠기게 될 것이다. 그러나 창조는 이에 대항하여 항상 부단하게 진행될 것이다. 즉 다른 천체에서 새로운 건설을 하고 다른 이득으로 그 손실을 보완해 나가는 것이다."

"우리는 세계의 구조 하나가 몰락한다 해도 그것을 자연의 진정한 상실로 보고 애석해 할 필요가 없다. 자연은 일종의 낭비를 통해 그의 풍요를 입증하는 셈이기 때문이다. 즉 무상성의 일부를 대가로 지불하고, 무수히 많은 새로운 산출을 통해 그의 완전성의 총량이 손상되지 않고 견지되도록 한다."

칸트는 학위 취득 후 15년간을 모교인 쾨니히스베르크 대학에서 사강사(오늘날의 강사)로 지내면서 철학·물리·지리학·윤리학·자연학 등을 강의하다가, 46세에 모교의 정교수로 취임해서 30년 동안 같은 학교에서 가르치고 연구해 왔다.

칸트는 그의 친구에게 그의 강의 기준을 다음과 같이 말했다.

"나는 천재들을 위해서 강의하지 않습니다. 천재들은 그 속성상 스스로 자제해야 할 궤도를 이탈할 가능성이 높기 때문입니다. 그리고 무지한 사람들을 위한 강의도 하지 않습니다. 왜냐하면 그들은 노력한 만큼 보람을 얻지 못하기 때문입니다. 그러나 중간 수준에 있는 사람과 장래에 얻을 자신들의 직업에 도움이 될 수 있는 사람들을 위해 강의합니다."

키가 154cm로 작고 약한 칸트는 평생을 홀로 살면서 연구에 혼신의 힘을 쏟으며 많은 논문과 저서를 내놓았다. 그중에서 나이 50대 후반에 출판한 인식 구조에 관한 『순수이성비판』(1781), 도덕률에 관한 『실천이성비판』(1788), 『판단력비판』(1790) 등은 새로운 철학의 세계를 열어준 대작이었다.

여기서 그는 인간의 본질 또는 존재에 대한 인간학적 문제를 다루고 있다. 특히 순수이성비판의 선험적 방법론에서는 인간의 인식 및 실천적 문제에 관련되는 다음과 같은 중요한 물음이 제시되고 있다.

"나는 무엇을 알 수 있는가?
나는 무엇을 해야 하는가?
나는 무엇을 희망할 수 있는가?"

이러한 인간 존재의 문제는

"우리는 어디서 왔으며, 우리는 누구며, 우리는 어디로 가는가?"

라고 이름을 붙인 고갱의 대표적인 철학적 미술작품 III-R39 **2** 에서도 찾아 볼 수 있다.

2 1897년 작, 139× 374.7 cm, 미국 보스톤 미술관 소장.

칸트는 정열적인 학문적 연구 외에도 학장과 총장직을 맡으면서 학사 행정에도 많은 일을 했다. 그는 1796년 7월 23일에 마지막 강의를 끝으로 정든 대학을 물러나 노쇠한 몸을 쉬면서 지내다가 1804년 2월 12일 세상을 하직했다. 그의 장례식은 거대하게 치러졌으며 비문에는 그의 저서인 『실천이성비판』의 마지막에 나오는 다음과 같은 글이 실려 있다.

"조용하게 깊이 생각하면 생각할수록 더욱더 언제나 새롭고 그리고 고조되는 감탄과 숭엄한 감정으로 마음을 채우는 것이 둘 있다. 그것은 내 위에 있는 별이 빛나는 하늘과 내 안에 있는 도덕률이다."

외계 문명체가 존재할까

지구 밖의 다른 천체에도 생명체가 존재하는가? 이러한 의문은 고대부터 내려오는 과제다. 기원전 3세기에 희랍의 에피쿠로스는 "우주 안에 있는 존재가 우리들만이 아니다"고 했고, 2,000년 전 로마의 시인이자 철학자인 루크레티우스는 "외계에도 다른 인간과 동물이 살고 있는 그러한 지구가 얼마든지 존재한다는 믿음을 가져야 한다"고 했다. 생명에 연관된 근본적 문제로서, 1862년 프랑스의 파스퇴르는 생명이 자연 발생적으로 생기는 것은 불가능하다고 함으로써 지구라는 특수한 상황에 생명을 국한시켰다. 그러나 1922년 구 소련의 오파린은 유기물질의 합성에서 생명이 탄생할 수 있다는 자연 발생설을 주장했다.

한편 1928년 할데인은 무기물질에서 유기물의 합성이 가능하며 이로부터 생명이 탄생할 수 있다는 오파린의 이론을 구체적으로 전개했다. 1936년 오파린은 다시 체계적인 유물론적 기계론을 확립했으며, 이를 토대로 1953년 밀러와 유레이는 암모니아, 메탄, 수소, 수증기 등의 기체를 혼합한 상태에서 전기 방전을 일으켜 생명 합성에 중요한 유기 화합물인 여러 종류의 아미노산을 만들어냈다. 이러한 실험 결과를 바탕으로 환원대기설이 대두되었다. 즉 먼 과거에 지구 대기는 암모니아, 메탄, 수소, 수증기를 포함한 환원대기였으며, 여기에 강한 번개가 치면서 큰 에너지가 공급되어 유기물질이 생성되고, 이것이 비와 함께 땅에 떨어진 후 따뜻한 물가에서 다른 유기물질과 화합하여 다원자(多原子) 분자의 중합체(重合體)를 이루면서 생명의 씨앗이 탄생되었다는 것이다.

그러나 최근의 여러 관측 결과에 의하면 지구는 수많은 미행성들의 충돌 결합으로 형성되었고, 또 그후에도 많은 운석 충돌과 식물에 의한 산소의 생성으로 원시 기체에 해당하는 환원대기가 지상에 존재할 수 없었다. 따라서 지구 자체에서는 생명의 씨앗이 제공될 수 없었다는 것이다. 한편 성간 물질에서 유기화합물이 발견되고, 그리고 운석에서도 아미노산이 검출되면서 생명의 씨앗은 우주 내 어디서나 존재할 수 있다는 생명의 보편설이 슈크로프스키와 칼 세이간에 의해 제안되었다. 그렇다면 지상의 생명의 씨앗은 어디서 왔는가? 인간과 태양, 혜성, 성간 물질 등의 성분은 대체로 비슷하다. 이점을 고려할 때 태양계가 형성되는 당시에 만들어졌던 혜성이 약 40억 년 전 지구와 충돌하면서 지상에 생명의 씨앗을 제공했다는 것이다. 이것을 외계 유입설이라고 한다.

생명의 보편설에 따르면 지구와 비슷한 조건을 가진 외계 행성에서도 우리와 비슷한 지적 생명체가 얼마든지 존재할 가능성이 있다. 이런 조건을 만족하려면 별의 나이는 적어도 36억 년 이상 되어야 한다. 왜냐하면 지상에서 발견된 약 36억 년 전의 단세포를 기준으로 볼 때 인간같이 고도로 진화된 생명체가 나오기까지는 최소한 36억 년이 걸리기 때문이다. 그렇다면 36억 년의 나이를 가지는 행성을 거느리는 별의 나이는 적어도 36억 년 이상 되어야 한다. 별의 나이가 36억 년 이상이 되려면 별의 질량이 태양의 1.5배보다 적어야 한다. 그리고 별 주위를 도는 행성에서 지적 생명체가 탄생되려면 적어도 온도가 영하 100도에서 영상 100도 사이의 영역에 행성이 존재해야 한다. 만약 행성이 별에서 너무 멀리 떨어져 영하 100도 이하가 되면 생명체는 존재 가능하지만 생명체가 고도로 진화되기는 어렵다. 그리고 행성이 별에 너무 가까워 온도가 100도 이상이 되면 모두가 기체로 변해서 생명 현상이 존재할 수 없게 된다.

우리처럼 자의식이 강하고, 타인과 정보를 나누는 복잡한 상호관계를 지니며 시, 음악, 학문을 할 수 있는 지적 생명체의 집단을 문명체라고 한다. 이러한 문명체가 존재할 수 있는 행성의 수는 우리 은하계에서 얼마나 될까? 은하계 내에 있는 별의 수를 2,000억 개로 두면, 문명체가 존재 가능한 행성의 수는 약 70억 개다. 우주 내에는 우리 은하계와 같은 은하가 약 1,000억 개 있다. 그렇다면 우주 내에 우리의 형제 자매가 존재할 수 있는 행성의 수는 70억의 1,000억 배로 무수히 많다. 그래서 이들 중생을 다스리고 제도할 부처님도 당연히 무수히 많아야 한다.

문명체가 존재 가능한 행성 중에서 우리와 교신할 수 있는 행성의 수는 얼마나 될까? 교신을 하려면 문명체가 교신 의욕도 가져야 하지만 무엇보

그림 Ⅲ - R40-1
아레시보 전파 망원경 푸에토리코에 있는 세계 최대인 직경 305m의 고정된 접시형 전파 망원경이다.

다 중요한 것은 행성에서 문명체가 사라지지 않고 생존해 있어야 한다는 조건이 따른다. 그리고 문명체의 생존 기간(T)이 길수록 교신 가능성은 높아진다. 이런 조건을 고려할 때 우리 은하계에서 교신 가능한 행성의 수(N)는 N=0.7T(년)이다. 예를 들어 만약 지구의 문명체(인간)가 멸망하지 않고 생존하는 기간이 1만 년이라면 우리와 교신 가능한 행성의 수는 7,000개가 된다.

지구에서 외계 천체의 생명체와 처음 교신을 시도한 것은 1959년 코코니와 모리슨이 전파 망원경을 이용하여 외계로 전문을 보내고 또 전문을 받는 성간 교신에 관한 논문을 발표하면서부터 시작되었다. 1974년 세계에서 가장 큰 직경 305m의 아레시보 전파 망원경 그림 Ⅲ-R40-1 을 이용하여 인간의 유전정보, 사람, 숫자, 원소 등에 관한 정보를 담은 전문을 25,000광년 떨어

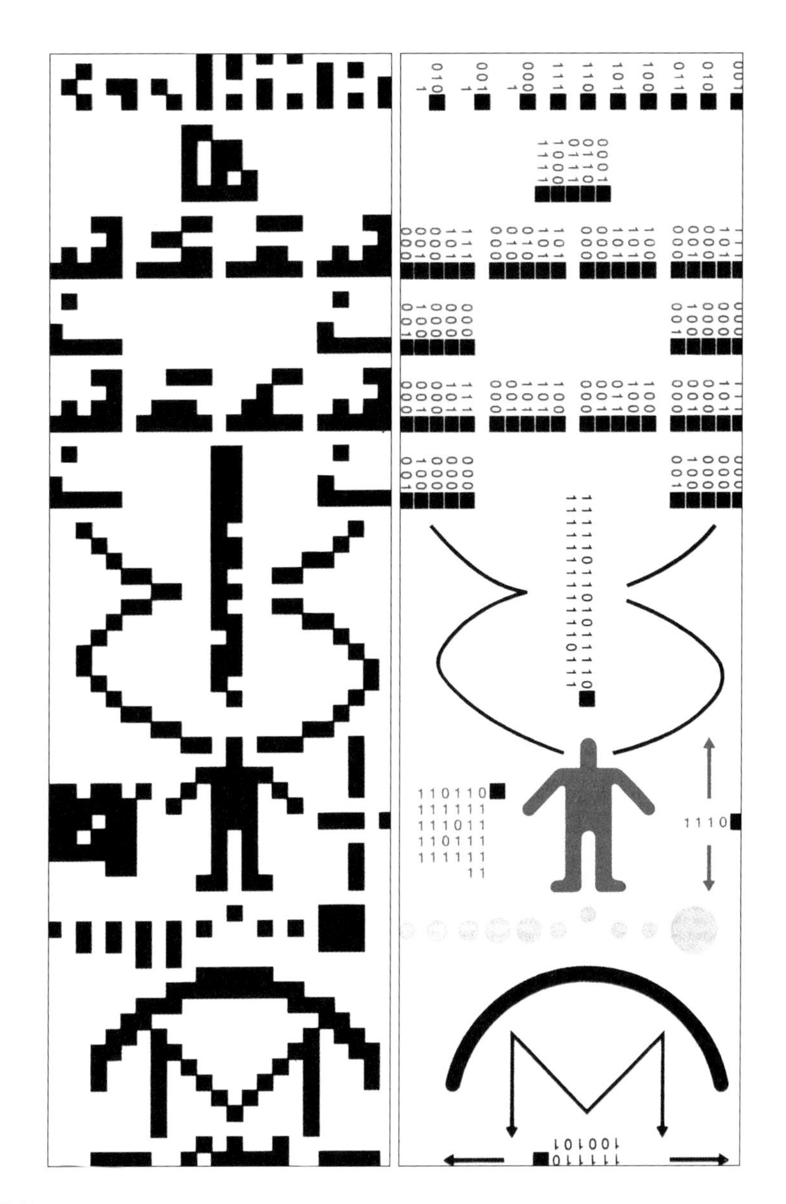

그림 Ⅲ - R40-2

구상성단 M13에 보낸 전문 1974년에 칼 세이간과 드레이크가 숫자 1~10, 기본적인 원소(수소, 탄소, 질소, 산소, 인 등), 설탕의 구조 및 DNA의 뉴크레오티드의 기본 및 수, 사람의 키, 태양계, 전문을 발송한 아레시보 망원경의 구조 및 크기 등에 관한 정보를 실은 전문을 25,000광년 떨어진 구상 성단 M13 쪽으로 305m 크기의 아레시보 전파 망원경을 이용하여 3분간 발송했다.

그림 Ⅲ - R40-3
파크스 전파 망원경 호주 파크스에 있는 구경 64m의 접시형 전파 망원경.

진 구상성단 M13 쪽으로 보냈다. 그림 Ⅲ-R40-2 현재 이 전문은 계속 전파를 타고 가고 있다. 운이 좋다면 25,000년 후에 외계인이 이 전문을 받아 읽고 우리에게 응답을 보내면 다시 25,000년이 지나 우리에게 도달할 것이다. 이 답신을 받을 때까지 지구의 문명체가 멸망하지 않고 온전하게 존재할 수 있을까? 또한 지구인은 그때 응답의 신호를 받을 준비를 하고 있을까? 오늘날 이러한 외계 지적 생명체 탐사는 1995년부터 세계 민간단체가 수립한 불사조 계획에 따라 호주에 있는 직경 64m의 전파 망원경으로 수행되고 있다. 그림 Ⅲ-R40-3 이 계획에 가장 많은 후원금을 내는 사람은 공상과학 영화의 감독자로 유명한 스필버그다.

이러한 전파에 의한 정보전달뿐만 아니라 1972년에는 태양계 탐사선인 파이오니어 10호와 11호에 수소 원자, 남녀 사람의 모습, 태양계 등의 정보를 담은 금액자를 실었다. 그림 Ⅲ-R40-4 현재 태양계를 벗어난 이들 탐사선이 날아가다가 외계 지적 생명체가 존재하는 어떤 행성에 떨어진다면 이 생명체들이 우리가 보낸 정보를 찾아 읽고 지구라는 행성에 진화된 지적 생명체가 있다는 것을 알았으면 하는 기대를 가지고 있다. 1980년과 1989년에는

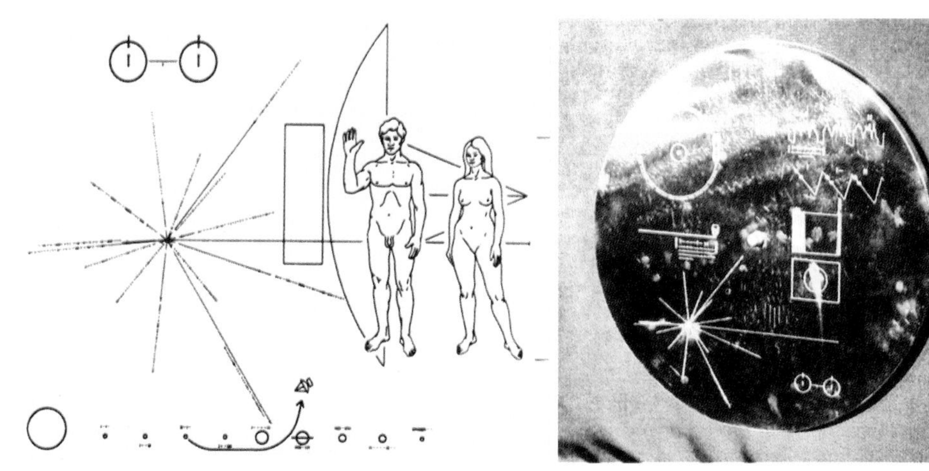

그림 Ⅲ - R40-4
외계로 날아가는 지구 정보
1972년에 태양계, 사람, 수소 원자, 지구의 위치 등에 관한 정보를 담은 액자를 태양계 탐사를 마치고 우주로 나가는 파이오니어 10호와 11호에 실었다. 오른쪽 그림은 목성형 행성의 탐사를 수행하고 태양계를 벗어난 보이저 1호(1980)와 2호(1989)에 새소리, 물소리, 각국의 인사말, 바하의 브란덴베르그 협주곡 2번의 악보 등의 정보를 담은 음반을 실었다.

보이저 1호와 2호에 바하의 유명한 브란덴베르그 협주곡 2번의 일부 악보와 새소리, 물소리, 각 나라의 인사말 등을 담은 음반을 실어 보냈다. 그림 Ⅲ-R40-4 이들 탐사선은 현재 태양계를 벗어나 우주 여행을 하고 있다. 운이 좋다면 우리가 보낸 정보를 외계의 지적 생명체가 찾아볼 수도 있을 것이다.

실제로 태양계 밖에 행성이 존재하는가? 이런 의문은 1990년대에 들어서 풀리기 시작했다. 별의 운동을 정밀하게 조사함으로써 그 별 주위에 행성이 몇 개나 돌고 있으며 또 별로부터 얼마나 떨어져 있는가를 알 수 있다. 현재까지 10개 이상의 별 주위에서 수십 개의 행성들이 발견되었다. 이중에는 문명체의 존재가 가능해 보이는 행성도 있다.

외계 지적 생명체 탐사는 왜 중요한가? 첫째, 지금까지 과학이 발전이란 이름 아래 인간의 존엄성을 약탈하고 대신에 기계적 정신을 심어왔는데 외계 문명체를 발견함으로써 잃어버린 존엄성을 되찾는 것이다. 둘째, 우리는 지상에 국한되지 않고 우주적 존재로서 우주와 불가분의 관계를 지닌 일부임을 인식하도록 하는 것이다. 그래서 불법의 세계는 인간에 국한되는 것이 아니라 범우주적임을 확인하는 것이다. 셋째, 우리는 우주적 마음을 지닌 문명체로서 우주 속에서 지구 문명체의 집단 무의식을 발현시켜 우주적 진화에 능동적으로 기여할 수 있다는 것이다. 이렇게 함으로써 지상에서 태어날 수 있는 여건이 주어졌기 때문에 인간이 나왔다는 인간 원리를 우주 어디서나 생명이 태어날 수 있는 여건이 주어지면 문명체가 나올 수 있다는 우주적 문명체 원리로 확대 실현시킬 수 있다는 것이다.

소형 망원경의 선택 방법

광학 망원경에는 크게 두 종류가 있다. 렌즈를 통해 들어온 빛을 모으는 방식을 굴절 망원경이라고 하고, 오목 거울(보통은 포물면)에 반사된 빛을 모으는 방식을 반사 망원경이라고 한다. 렌즈의 경우는 거울보다 렌즈를 정밀하게 깎는 공정이 많이 들기 때문에 같은 구경이라면 굴절 망원경이 반사 망원경보다 몇 배 더 비싸다. 렌즈 표면에 먼지가 묻을 경우에 렌즈 닦는 부드러운 붓으로 먼지를 털어 내면 렌즈의 수명은 거의 영구적이다. 그런데 반사 거울은 표면에 알루미늄으로 코팅처리를 해서 빛이 잘 반사되도록 했는데, 이것이 공기 중의 습기에 오래 노출되면 코팅이 벗겨지거나 또는 거울에 먼지가 섞인 얼룩들이 생긴다. 이런 경우에는 거울 표면의 코팅을 완전히 벗겨 내고 코팅을 다시 해야 한다. 이런 점에서 반사 망원경은 영구적이지 못하다. 그러나 소형 반사 망원경은 소형 굴절 망원경에 비해 가격이 비교적 저렴한 이점이 있다. 렌즈나 거울 표면을 손으로 만져서는 절대로 안 된다. 손자국에는 손의 기름이 묻어 있기 때문에 이것을 완전히 제거하기는 힘들며 또 닦는 과정에서 표면에 손상을 입힐 수 있다.

망원경을 구입하려면 우선 망원경의 기본적 특성을 몇 가지 알아야 하므로 아래에서 몇 가지 요점을 제시하니 참고하기 바란다.

① 초점비

망원경의 초점 거리를 망원경의 구경으로 나눈 값을 초점비라 한다.

$$\text{초점비(f)} = \frac{\text{초점 거리}}{\text{망원경의 구경}}$$

망원경의 구경이 같더라도 망원경의 초점 거리가 길면 초점비는 커진다. 초점비가 커지면 접안경에 눈을 대고 보는 하늘의 시야는 좁아진

그림 Ⅲ - R41

별의 밝기와 상 별의 사진에서 보이는 상의 크기는 별의 크기를 나타내는 것이 아니고, 별이 밝을수록 빛의 양이 많기 때문에 사진에 감광이 더 많이 되어 더 크게 보이는 것이다. 별은 워낙 멀리 있어 점처럼 보이므로 별의 크기를 광학적으로 직접 측정할 수는 없다.

다. 예를 들어 f=8인 경우는 f=4보다 보이는 시야(각으로)가 반으로 줄어들고, 보이는 면적은 4배로 준다. 만약 하늘을 넓게 보고자 하면 초점비가 작은 것이 좋다. 그 대신 넓은 시야에 들어오는 모든 대상의 상들이 일그러지지 않고 잘 보이게 하려면 광학적으로 렌즈나 오목 거울을 잘 만들어야 하므로 값이 비싸진다.

한편 초점비가 클수록 시야가 좁아지는 대신에 물체 사이의 거리는 더 떨어지기 때문에 별들이 많은 성단이나 물체가 밀집하게 모인 경우에는 각 물체가 잘 분해되는 장점이 있다. 그러나 사진을 찍을 때는 초점비가 클수록 노출 시간을 더 길게 주어야 한다.

② 상의 밝기

달과 같이 크기가 있는 대상을 볼 때는 초점비가 같다면 망원경의 구경 크기는 상관없다. 예를 들어 구경 60cm의 망원경과 구경 10cm의 망원경의 초점비가 모두 f=4로 같다면 어느 것으로 보아도 달의 모습은 똑같아 보인다. 그러나 물체의 상의 밝기는 초점비의 제곱에 반비례하여 밝아지므로 초점비가 작을수록 더 밝아 보인다.

별처럼 아주 멀리 있는 물체는 점처럼 보이기 때문에 점광원이라고 한다. 이런 경우에는 망원경의 구경이 클수록 더 많은 빛을 받아들이기 때문에 상은 더 밝아진다. 그래서 별을 보는 천체 망원경은 가능한 구경이 큰 망원경을 선호하는 것이다. 별은 점광원이기 때문에 별의 사진에서 별의 크기는 알 수 없다. 그런데 실제 별의 사진에서는 그림 III-R41처럼 별의 상의 크기가 큰 것도 있고 작은 것도 있다. 이런 현상은 별의 크기를 나타내는 것이 아니라 별빛의 양에 관련된 것이다. 즉 밝은 별일수록 별빛의 양이 많기 때문에 사진 유제(필름)에 감광이 더 많이 일어나 별의 상이 크게 나타나고, 어두운 별은 빛의 양이 적기 때문에 감광이 적게 일어나 별의 상이 작게 나타나는 것이다.

③ 접안경

망원경으로 물체를 확대해서 보려면 접안경이 필요하다. 접안경은 일종의 작은 굴절 망원경에 해당한다. 이것을 올바르게 선택해야만 망원경의 성능을 제대로 발휘할 수 있다. 접안경은 물체를 크게 확대하는 역할을 하는데 지나치게 확대하면 물체의 세밀한 모습이 사라지고 또 너무 작게 확대하면 망원경의 성능을 제대로 쓰지 못하게 된다. 그래서 주어진 망원경에 알맞은 접안경이 선택되어야만 망원경의 효율을 올바르게 발휘할 수 있다.

망원경의 구경이 Dcm라면 접안경을 끼워 볼 수 있는 적당한 유효 배율은 아래와 같은 관계로 주어진다.

$$5.2D < \text{유효 배율} < 24D$$

즉 배율이 망원경 구경의 5.2배보다는 크고 24배보다는 작도록 접안경을 선택해야 한다. 여기서 배율은 망원경의 초점 거리를 접안경의 초점 거리로 나눈 값이다. 즉

$$\text{배율} = \frac{\text{망원경의 초점 거리}}{\text{접안경의 초점 거리}}$$

예를 들어 구경이 10cm고, 초점 거리가 60cm인 망원경에 알맞은 접안경의 초점 거리의 한계는 위의 관계로부터

52 〈 유효 배율 〈 240

이다. 그러면 위의 관계식에서 접안경의 초점 거리는 망원경의 초점 거리를 배율로 나눈 값이므로 위의 유효 배율을 적용하면 접안경의 유효 초점 거리의 범위는 11.5mm～2.5mm로 주어진다. 접안경에는 유효 초점 거리가 표시되어 있기 때문에 위의 범위에 들어가는 접안경을 몇 가지 선택하면 된다.

④ 광학계과 구동계

망원경은 광학계와 구동계로 나누어진다. 광학계는 빛을 모으는 렌즈나 반사 거울을 말하고, 구동계는 망원경을 움직이도록 하는 장치를 말한다. 아무리 광학계가 좋다고 하더라도 구동계가 불량이면 망원경을 제대로 쓸 수 없다. 따라서 망원경을 구입할 때 특별히 구동계가 튼튼하고 조정이 부드럽게 작동되는지를 세심하게 확인해야 한다. 보통 망원경에서는 광학계와 구동계를 만드는 데 드는 경비가 거의 비슷하게 같다. 그리고 망원경을 설치하는 돔을 가질 경우는 광학계, 구동계, 돔 등의 제작 경비가 서로 비슷하게 같다는 점을 유의해야 한다. 즉 돔을 싸구려로 구입할 경우, 아무리 좋은 망원경을 가져도 돔이 잘 열리고 움직이는 작동이 제대로 이루어지지 않는다면 결국 천체를 볼 수 없게 된다.

광학계에서 주의할 점은 망원경으로 대상을 볼 때 시야에 들어오는

상이 시야의 중심부나 가장자리에서나 똑같이 잘 보여야 한다. 보통은 시야의 중심부에서는 잘 보이나 가장자리로 갈수록 상이 일그러지는 현상이 일어난다. 특히 사진을 찍어보면 이런 현상이 잘 나타난다. 이와 같은 현상을 광학적 수차(收差)라 하며 이것은 거울이나 렌즈가 정밀하게 제작되지 못하기 때문에 나타나는 현상이다. 값이 싼 망원경일수록 이런 현상이 많이 나타난다. 그리고 망원경의 구경이 클수록 수차가 생길 수 있는 가능성이 더 높아진다. 따라서 비슷한 가격이면 반사 망원경보다는 굴절 망원경을 구입하는 것이 좋다.

⑤ 액세서리

망원경에 쓰이는 액세서리는 망원경을 쓰면서 필요시에 구입해도 좋다. 그러나 태양 흑점을 관측하려면 반드시 태양 필터와 투영판이 필요하므로 이들은 꼭 구입하는 것이 좋다. 망원경으로 태양을 직접 보면 눈에 큰 손상을 입어 실명할 수도 있기 때문에 반드시 태양 투영판 위에 나타난 태양의 상을 보도록 조심해야 한다.

후기

붓다와 대화를 마치며

지상의 수많은 생물의 종들 중에서 별을 보고 느끼며 이야기할 수 있는 종은 인간뿐이다. 떨어질 것 같은데도 언제나 하늘에 보석처럼 붙박여 있는 별의 세계는 신비 그 자체다. 손으로 잡을 수 없기에 신비감이 사라지지 않으며 우리를 해치지 않기에 두려움이 없고 친근감이 든다. 수천만 년 내지 수십억 년 전부터 계속 우리를 지켜보고 왔을 별들은 먼 우리 인류 조상들의 이야기를 담고 있을지도 모른다는 생각이 든다. 이런 마음은 사물을 멀리서 보았을 때 누구나 느끼는 아름다움과 신비감이다. 그러나 대상에 가까이 다가갈수록 이런 감정은 점차 사라지며 새로운 놀라움과 실망감을 얻는 것이 우리의 경험이다.

별의 세계에서도 마찬가지다. 망원경으로 별들을 자세히 들여다보며 그들 사이의 관계를 살펴보면 별들의 세계나 인간의 세계가 너무나도 비슷함을 볼 수 있다. 단지 별들은 태어날 때 평생을 살아갈 양식을 지니고 나오기 때문에 소유라는 집착심과 욕심이 없다는 것이 인간과의 근본적 차이점이다. 즉 별은 존재의 가치를 실현하는데 비해 인간은 소유의 가치를 실현하고 있다는 것이다. 다시 말하면 인간은 내 것, 내 미모, 내 자식, 내 사랑, 내 행복, 내 능력, 내 권력 등등 모두가 나로부터 시작되는 소유의 세계에 파묻혀 산다. 이것이 곧 불법에서 말하는 사상(四相)이며, 무명의 씨앗이다. 그러나 별의 세계에서는 내 것이라는 소유 의식이 없기에 인간 세계에서 나타나는 분별, 차별, 대립, 투쟁 같은 것이 존재하지 않는다. 그러므로 별의 세계는 탄생에 의한 존재 그 자체의 가치를 올바르게 실현할 뿐이다. 인간은 집착심에 젖어 살기 때문에 이 세상에 나온 탄생의 가치 즉 존재의 가치를 제대로 실현하지 못하는 것이 보통이다.

우리는 별의 세계에서 불법의 연기법이 얼마나 잘 실현되고 있는가를 보았다. 만유의 존재 원리는 서로 주고받음으로 이어져 있는 연기관계며 이런 관계를 유지해 가는 것이 우주라는 거대한 연기법계다. 여기서는 만유가 항상 최소의 에너지 상태에 머물려 하고 또 외부 반응에 대해 최소의 에너지로 반응, 적응해 가는 최소작용의 원리가 달성되고 있다. 만약 별의 세계를 올바르게 알고 그들의 삶을 따른다면 사성제와 팔정도는 저절로 이루어질 것이다. 이것이 "왜 우리는 별을 보아야 하는가?"라는 이유다.

흐린 물에서 맑은 물을 찾기란 매우 어렵다. 그렇다면 맑은 물이 있는 곳을 알고 그곳을 찾아가면 될 것이다. 그곳이 곧 탐진치가 없는 별의 세계다. 불법의 꽃이 피고 있는 하늘이 우리를 늘 덮고 있는데도 눈이 먼 우리는 허공 꽃만 볼 뿐 그 속에 법신이란 별을 제대로 볼 줄 모른다는 것은 이 얼마나 슬픈 일인가?

한번쯤 마음을 완전히 비워 보자. 모든 것을 다 버린 빈 그릇처럼 된 마음 속에 별들을 가득 담아보자. 그러면 다음과 같은 별들의 소리를 들을 수 있을 것이다.

- 별들이 보내는 메시지

가장 보편적이고 가장 평등한 것이 가장 조화로운 불법이며, 그 속에 그대들의 탄생의 소리도 있고 죽음의 고향이 있습니다. 머리를 하늘로 치켜올려 저희 별들을 볼수록 스스로 낮아지며, 반대로 머리를 아래로 내려 저희 별들을 멀리할수록 스스로 높아집니다. 만약 낮아짐은 열반으로 올라감이고 높아짐은 번뇌와 고뇌로 떨어짐이라면 그대는 어느 것을 택하고 싶습니까?

저희 별들은 아름답지 않습니다. 그렇다고 추하지도 않습니다. 다만 이러한 것에 마음이 없을 뿐입니다. 그런데 어찌 그대 인간들은 별을 보고 아름답다고 하십니까? 이것은 번뇌와 고통에 찌든 그대들의 마음이 추하기 때문에 생기는 것이니 만사를 차별하고 분별하는 마음을 내지 마십시오. 그러면 이 세상은 있는 그대로 보이게 될 것이며 불법이라는 이름마저도 사라지게 될 것입니다.

물을 찾는 자는 목이 마르기 때문이며 행복을 갈구하는 자는 불행을 두려워하기 때문입니다. 무엇이든 목적을 두고 거기에 너무 집착해서 찾지 마십시오. 그냥 계속 가십시오. 가다 보면 생멸의 뜻을 알게 될 것이고, 그러면 저희 별들의 무심, 무념의 세계도 알게 될 것입니다. 물론 안다는 그 자체는 모른다는 것과 상통합니다.

그대 인간들은 과학의 힘을 빌려 저희들 별의 세계를 살펴보고 그 속의 불법을 안다고 하지만 실은 무한한 시공간에서 그대들이 안다는 것은 오직 인드라망[1]의 그물코에 붙어 있는 지극히 작은 한 세계를 알 뿐입니다. 그러니 불법의 세계가 얼마나 넓으며 그 속에 얼마나 오묘한 조화가 들어 있는가를 모두 알려면 무한 공간에서 무

1 인드라(Indra)신은 인도 만신(萬神)들 중의 왕이라고 불리는 힘의 상징의 신(天神, 天帝)이다. 이 신이 있는 제석궁을 둘러싸고 있는 보배구슬로 장식된 그물을 인드라망이라고 한다.

한 겁의 시간이 지나야 함을 겸손하게 인정하고 조급해 하지 마십시오. 왜냐하면 불법은 절대자를 위한 것이 아니라 우주의 만유를 위한 것이므로 불법에는 시간과 공간의 한계가 없고 또 대상에 대한 제한이 없기 때문입니다.

그대가 살아 있는 한 언제나 저희 별들의 세계를 잠시나마 조용히 바라만 보십시오. 그리고 그냥 느끼십시오. 여기서는 말이나 설명이 필요 없습니다. 법은 법으로 전해지기 때문입니다. 그대가 태어나 한 세상 지나는 생이 짧다고 느끼시면 법이 무엇인지도 모르고 지나는 저희 별들의 세계를 늘 바라보십시오. 그러면 그대의 마음을 읽고 그대의 전생과 후생이 어떠한 것이었는지를 저희들이 잘 간직해 두겠습니다. 그런데 여러분의 후생은 저희 별들의 세계를 바라봄으로써 변할 수도 있다는 것을 말씀드리고 싶습니다. 어떻게 알 수 있는가 하고 궁금하시겠지요. 궁금증의 집착을 버리십시오. 그것이 불법입니다.

하늘의 이치를 담은 천문학은 살아 있는 자연을 다루기 때문에 중생을 대상으로 하는 불법은 당연히 천문학과 밀접한 관계가 있음은 두말할 나위도 없다. 다만 지혜를 가진 인간과 별의 세계를 직접 비교한다는 것에 무리가 있을지 모르나 그릇된 지혜를 없애는 것이 불법이라면 오히려 별의 세계가 불법에 더 가까울 것으로 생각된다. 적어도 제8아뢰야식[2] 의 지혜를 버려야만 무념에 들어 열반의 경지에 들 수 있다면 얼마나 많은 인간들이 이러한 경지에 이를 수 있을까? 비록 이러한 경지에 이르지는 못한다 하더라도 제8아뢰야식조차도 없는 별의 세계를 살펴본다는 것은 삶의 참된 가치, 소위 존재의 가치를 찾는 데 틀림없이 도움이 될 것으로 믿는다. 우리는 별을 봄으로써 마음이 순수해지고 또 들뜬 마음이 차분히 가라앉는다. 이

2 유식설에서 말하는 가장 근본적인 식의 작용 또는 감춰진 잠재의식, 마음속 깊은 곳에 있는 식.

3 자기 자신을 등불로 삼고, 진리를 등불로 삼으라는 것. 즉 『열반경』에서 붓다는 "그러므로 아난다여! 너희들 비구도 자신을 의지처로 하고 자신에게 귀의할 것이며 타인을 귀의처로 하지 말라. 또 진리를 의지처로 하고 진리에 귀의할 것이며, 다른 것에 귀의하지 말라"라고 했다.(『대반열반경』: 불전간행회 편, 강기희 역, 민족사, 61쪽)

러한 정념(正念; 마음챙김)에 들어 살아 숨쉬는 자연과 별들을 벗 삼아 하늘에 펼쳐진 불법을 찾는다면 이것이 곧 자등명(自燈明) 법등명(法燈明)[3]의 지름길일 것이다.

'하늘 금강경'을 듣고 보고…

한 여름밤, 전깃불이 없는 시골마당에 멍석을 깔고 누워 밤하늘을 올려다본 사람이라면, 그 찬란한 별빛이 뭐라고 속삭이는지 한숨이 터져 나올 만큼 궁금했을 것이다. 수많은 별들이 대체 무슨 대화를 나누느라 그토록 깜박이는지, 왜 그 무수한 별똥별이 하늘을 가르는지.

답이 없을 것 같았던 그 의문에 대한 답이 이 책에 실려 있다. 별들의 탄생, 사랑, 다툼, 아픔, 죽음을, 별들이 전하는 무위(無爲)하는 우주의 도(道)를, 한국 관측 천문학의 역사를 이끌어온 천문학자 이시우(李時雨) 박사가 듣고 들은 대로, 보고 본 대로 적었다. 나는 이 책의 원고를 두 번 읽고 책을 향해 큰절을 올렸다.

천문학자 이시우 박사는 미련한 고집쟁이다. 붓다는 6년 고행을 했고, 공자는 13년간 중원을 주유했다고 한다. 도인들이 계룡산에서 도를 닦아도 10년 내지 20년이지 그 이상은 상상하지도 못한다. 그런데 그는 무려 40년간 천체 망원경을 두 눈 삼아 우주적 수행에 몰두했다.

그의 수행은 붓다의 고행만큼이나 치열했다. 엄동설한에 차가운 천문대 마룻바닥에 누워 며칠이고 하늘만 바라보기도 했다. 천문대는 흔히 도시에서 멀리 떨어진 높은 산꼭대기에 있기 마련이고, 그래서 춥고, 외롭지 않을 수 없었다. 대체 그는 무엇을 구하려고 그랬을까.

이 의문에 그는 답했다. 초전법륜을 굴리는 붓다의 『화엄경』과 『금강경』을 듣는 다섯 비구들처럼, 공간으로는 광대무변한 삼천대천세계요, 시간으로는 과거 현재 미래의 삼세(三世)라는 대우주의 법계에서 벌어지는 기특(奇特)한 이야기를 40년간이나 귀기울여 들었노라고. 그가 들은 것은 바로 비로자나불이 설하고 붓다가 설한 '하늘 금강경' 이요, '하늘 화엄경' 이었다.

그는 1평방미터밖에 안 되는 좁은 자리에 앉아 수행하지만, 그의 의식은 천문대를 벗어나고, 시끄럽게 싸우는 이 나라를 벗어나 지구적으로 팽창한다. 다음에는 초속 47m로 자전하고 태양 주위를 초속 30m로 공전하는 지구를 벗어나 태양계로 나아간다. 태양계는 지구와 수성과 금성과 화성과 목성 등 모든 행성들을 거느린 채 은하계를 초속 230km로 달려 2억 5천만 년에 겨우 한 바퀴 돈다.

그의 의식은 태양계를 벗어나 더 큰 은하로 나아간다. 은하에는 행성 무리를 이끄는 별 2,000억 개가 있다. 그의 의식은 또다시 은하를 벗어난다. 우리 은하계 같은 은하 약 35개가 모여 국부 은하군을 이루고, 은하계는 이 속에서 초속 40km로 달린다. 국부 은하군은 초은하단 속에서 초속 600km로 달린다. 이 초은하단은 다시 초초은하단 속에서 초속 700km로 달린다. 그리고 무량무변한 초초은하단을 벗어나 더 큰 초초초은하단으로 나아간다. 이렇게 해서 그의 의식은 상상할 수 없는 먼 곳까지 숨가쁘게 달려가 무진법계(無盡法界)에 나아갔던 것이다.

이 법계까지 간 그는 거기서 열리는, 거기가 아니고는 볼 수 없는 장엄한 세상을 보았다. '우주 화엄경' 을 듣기 위해 모인 별은 2,000억의 1,000억 배로 0이 22개나 붙는 수 2×10^{22}개고, '우주 화엄경' 이 열리는 자리는 수백만 광년에서 수천만 광년, 최고 140억 광년이 될 만큼 넓고도 넓었다.

또한 그는 공간적으로 그 먼 여행을 했을 뿐만 아니라 시간적으로도 까마득히 먼 여행을 했고, 이 시간 여행 끝에 '하늘 금강경' 을 보고 들었다.

그는 일 년 전에 일어난 일을 보았고, 십 년 전에 일어난 일을 보았고, 천 년 전에 일어난 일을 빛이라는 언어로 읽고 보고 느꼈다. 그가 만난 우주의 언어는 빛이었다.

우주에서 일어난 일이라면 만 년 전의 사건이라도 그는 볼 수 있었다. 심지어 태양계가 태어난 46억년 전보다 더 먼 140억 년 전의 일도 볼 수 있었다. 뿐만 아니라 억(億)의 만 배인 조(兆), 조의 만 배인 경(京), 경의 만 배인 해(垓), 해의 만 배인 자(秭), 자의 만 배인 양(穰), 양의 만 배인 구(溝), 구의 만 배인 간(澗), 간의 만 배인 정(正), 정의 만 배인 재(載), 재의 만 배인 극(極), 극의 만 배인 항하사(恒河沙), 항하사의 만 배인 아승지(阿僧祇), 아승지의 만 배인 나유타(那由他), 나유타의 만 배인 불가사의(不可思議), 불가사의의 만 배인 무량대수(無量大數), 무량대수의 만 배로도 안 되는 더 큰 수 무한대(∞)까지 뚫고 올라간 곳에서 그는 삼세를 넘나드는 불멸의 진리 '하늘 금강경' 을 듣고 보고 느꼈다.

붓다를 만나는 것도 어마어마한 대인연이라지만, 이 책 『천문학자와 붓다의 대화』를 만나는 인연이야말로 천지사방(天地四方) 우(宇)와, 고금왕래(古今往來) 주(宙)가 하모니를 이루는 이 우주(宇宙) 법계에서도 매우 희유(稀有)한 일이 될 것이다.

결론으로 말하면 천문학자는 인생과 우주의 비밀을 과학적으로 하나 하나 풀어가고, 붓다는 인생과 우주의 비밀을 오묘한 직관의 지혜로 통찰했다.

독자들께서 이 책을 읽고 난 다음에는 내가 이 책 앞에 큰절을 올린 일을 두고 과하다고는 말하지 못할 것이다.

2003년 7월 17일

이재운(소설가)

참고문헌

· 『우주의 신비』, 이시우, 신구문화사, 2002.
· 『별과 인간의 일생』, 이시우, 신구문화사, 1999.
· 『별을 보면 법을 보고 법을 보면 별을 안다』, 이시우, 신구문화사, 2002.
· 『금강경역해』, 각묵 스님, 불광출판부, 2001.
· 『금강경 강의』, 남회근 지음·신원봉 옮김, 문예출판사, 1999.
· 『금강경 강의』, 소천선사, 소천선사문집(韶天禪師文集)I, 불광출판부, 1993.
· 『金剛經五家解』, 無比譯解, 불광출판부, 1993.
· 『신역 화엄경』, 법정 옮김, 동국대학교 역경원, 1994.
· 『화엄의 사상』, 카타미사게오 지음·한영도 역, 고려원, 1991.
· 『대반열반경』, 강기희 역, 민족사, 1994.
· 『한글 원각경강의』, 소천선사, 소천선사문집 I, 불광출판부, 1993.
· 『대승입능가경』, 김재근 역, 명문당, 1992.
· 『유마경강설』, 金愚聾, 吳杲山, 張碩鏡 편역, 보련각, 1986.
· 『일승법계도합시일인』, 의상, 김지견 역, 도서출판 초롱, 1997.
· 『신심명·증도가 강설』, 성철스님 법어집 1집 5권, 장경각, 1997.
· 『고경(古鏡)』, 퇴옹성철 편역, 장경각 불기 2538년.
· 『백일법문』, 장경각, 불기 2357년.
· 『선관책진(禪關策進)』, 운서주굉 지음·광덕 역주, 불광출판부.
· 『밀린다왕문경』, 정안 엮음, 우리출판사, 1999.
· 『노자 / 장자』, 장기근·이석호 역, 삼성출판사, 1993, 131쪽.
· 『붓다의 대중견성운동』, 김재영 지음, 도서출판 도피안사, 2001.
· 『무한자와 우주와 세계 외』, 조르다노 브루노·강영계 옮김, 한길사, 2000.
· 『칸트의 생애와 사상』, K. 포르랜더 지음·서정욱 옮김, 서광사, 2001.
· 『별이 총총한 하늘 아래 약동하는 자유』, 임마뉴엘 칸트 지음·빌헬름 바이셰델 역음·손동현·김수배 옮김, 이학사, 2002.

찾아보기

ㄱ

ㄴ

ㄷ

ㅈ

ㅊ

ㅋ

도서출판 종이거울이 간행한 화제의 책들

常寂光土 1

산은 사람을 기른다

순례와 명상 – 백두대간 편

윤제학의 글은 우리 국토의 등줄을 어루만지며 시종일관 명상과 깨달음으로 나아간다. 손재식의 사진은 풍광의 갈피마다에 숨어 있는 애틋한 존재의 노래들을 오롯이 포착해 낸다.『산은 사람을 기른다』의 출간을 통해 우리는 비로소 문학예술의 차원으로 고양된 백두대간 종주기를 갖게 되었다.

글_윤제학 | 사진_손재식 | 312쪽 | 올컬러 | 12,000원

常寂光土 2

히말라야를 넘어 인도로 간다

순례와 명상 – 연꽃을 피워 올린 인도 편

-폐허에서 찾아낸 불사不死의 출구

저 장엄한 설산 히말라야를 넘어 허위단심 인도로 달려간다. 폐허에서 피어나는 이름모를 들꽃들, 우리는 묻고 있다. 불사不死의 출구는 어디 있는가?

김재영 선생의 글은 시종 독서삼매에 빠져들게 하며 이미 입적한 사진설법가 관조스님은 빠진 부분 없이 깊고 폭넓은 설명을 더해 주고 있다. 가히 점입가경은 이를 두고 하는 말이다.

글_김재영 | 사진_관조스님 | 302쪽 · 올컬러 | 12,000원

雪蓮道場 1

히말라야 있거나 혹은 없거나 – 히말라야의 나침반

히말라야에 관한 총론. 이 거대한 설산에서 무엇을 보고 느낄 것인가? 산은 신이 머무는 곳이 아니다. 산 전체가 신이다. 와서 보라!

글 · 사진_임현담 | 368쪽 | 올컬러 | 15,000원

雪蓮道場 2

시킴 히말라야 – 히말라야의 진주

8천 미터를 훌쩍 넘어서는 봉우리들을 거느린 히말라야. 그 중에 불교적인 의미를 가진 유일한 고봉이 바로 캉첸중가다. 이 산 아래 있는 작지만 아름다운 왕국 시킴. 동부 히말라야의 진주이며 티베트 불교의 손모음 안에 있는 불국토이다.

글 · 사진_임현담 | 411쪽 | 올컬러 | 15,000원

雪蓮道場 3

가르왈 히말라야1, 2 – 인도신화의 판테온

그리스와 로마나 여타의 신화는 주로 신神이 인간의 온갖 감정을 대변하는 '인간적 신화'라고 한다면, 인도신화는 인간이 신의 경지에 올라서는 지혜와 깨달음을 위한 구도과정의 '구도적 신화'라고 말해야 할 것이다. 이런 인도신화를 소개하고 있는 이 책에는, 인간이 '어떻게 살아야 신神의 삶인가?'에 대한 해답이 들어 있다.

글 · 사진_임현담 | 1권 392쪽, 2권 432쪽 | 올컬러 | 각 17,000원

雪蓮道場 4

강 린포체1, 2 – 카일라스 : 히말라야의 아버지

- 2008년 불교출판문화상, 올해의 불서10 선정

나는 강 린포체(카일라스)라는 이야기를 들은 지 오매불망 15년, 이 두 권의 책을 쓰고 난 뒤 이제 한 생의 의무를 마쳤다고나 해야 할까.

강 린포체의 주변일대는 글로 쓰이지 않았을 뿐이지 힌두교와 불교의 완벽한 법문이며, 띄어쓰기, 쉼표, 그리고 뛰어난 운율을 가지고 있다. 산 주변으로 둥그런 천태만상千態萬象의 봉우리마다 붓다, 조사, 보디삿뜨바, 티베트 산신들이 거주하고 있으니 알고 보면 이 일대는 티베트 불교의 종합선물 세트라고 할만 하다. 히말라야 천봉만학의 근원이다.

글 · 사진_임현담 | 1권 354쪽, 2권 334쪽 | 올컬러 | 각 18,000원

〈종이거울 자주보기〉 운동을 시작하며

유·리·거·울·은·내·몸·을·비·춰·주·고
종·이·거·울·은·내·마·음·을·비·춰·준·다

〈종이거울 자주보기〉는 우리 국민 모두가 한 달에 책 한 권 이상 읽기를 목표로 정한 새로운 범국민 독서운동입니다.

국민 각자의 책읽기를 통해 우리 나라가 정신적으로도 선진국이 되고 모범국가가 되어 인류 사회의 평화와 발전에 기여하기를 바라는 마음으로 이 운동을 펼쳐 가고자 합니다.

인간의 성숙 없이는 그 어떠한 인류행복이나 평화도 기대할 수 없고 이루어지지도 않는다는 엄연한 사실을 깨닫고, 오직 개개인의 자각을 통한 성숙만이 인류의 희망이고 행복을 이루는 길이라는 것을 믿기 때문입니다.

이에, 우선 우리 전 국민의 책읽기로 국민 각자의 자각과 성숙을 이루고자 〈종이거울 자주보기〉운동을 시작합니다.

이 글을 대하는 분들께서는 저희들의 이 뜻이 안으로는 자신을 위하고 크게는 나라와 인류를 위하는 일임을 생각하시어, 흔쾌히 동참 동행해 주시기를 간절히 바랍니다.

감사합니다.

2003년 5월 1일

공동대표 : 조홍식 이시우 황명숙

지도위원

관조성국(스님) 나가성타(스님) 송암지원(스님) 미산현광(스님) 일진(스님)

방상복(신부) 양운기(신부) 서명원(프랑스, 신부)

조홍식(성균관대명예교수) 이시우(前서울대교수) 황명숙(한양대명예교수) 강대철(조각가) 권경술(법사) 김광삼(현대불교신문발행인) 김광식(부천대교수) 김규칠(언론인) 김기철(도예가) 김상락(단국대교수) 김석환(하나전기대표) 김성배(미,연방정부공무원) 김세용(도예가) 김숙자(주부) 김영진(변호사) 김영태(동국대명예교수) 김응화(한양대교수) 김재영(동방대교수) 김호석(화가) 남준(동국대도서관) 민희식(한양대명예교수) 박광서(서강대교수) 박범훈(작곡가) 박성근(낙농업) 박성배(미,뉴욕주립대교수) 박세일(서울대교수) 박영재(서강대교수) 박재동(애니매이션 감독) 서혜경(전주대교수) 성재모(강원대교수) 소광섭(서울대교수) 손진책(연출가) 송영식(변호사) 신규탁(연세대교수) 신송심(주부) 신희섭(KIST학습기억현상연구단장) 안상수(홍익대교수) 안숙선(판소리명창) 안장헌(사진작가) 유재근(연심회주) 윤용숙(여성문제연구회장) 이각범(한국정보통신대교수) 이규경(화가) 이규택(경서원대표) 이근후(의사) 이상우(굿데이신문회장) 이인자(경기대교수) 이일훈(건축가) 이재운(소설가) 이중표(전남대교수) 이철교(동국대출판부) 이택주(한택식물원장) 이호신(화가) 임현담(히말라야순례자) 정계섭(덕성여대교수) 정병례(전각가) 정웅표(서예가) 한승조(고려대명예교수) 홍신자(무용가) 황보상(의사) - 가나다순 -

연락처

〈종이거울자주보기〉 운동 본부

전화_031-676-8700 | 전송_031-676-8704 | E-mail_cigw0923@hanmail.net

〈종이거울 자주보기〉 운동 회원이 되려면,

1. 먼저 〈종이거울 자주보기〉 운동 가입신청서를 제출합니다.
2. 매월 회비 10,000원을 냅니다.(1년 또는 몇 달 분을 한꺼번에 내셔도 됩니다.)
   국민은행 245-01-0039-101(예금주;김인현)
3. 때때로 특별회비를 냅니다. 자신이나 집안의 경사 및 기념일을 맞아 희사금을 내시면, 그 돈으로 책을 구하기 어려운 특별한 분들에게 책을 증정하여 〈종이거울 자주보기〉 운동을 폭넓게 펼쳐 갑니다.

〈종이거울 자주보기〉 운동 회원이 되면,

1. 회원은 매월 책 한 권 이상 읽습니다.
2. 매월 책값(회비)에 관계없이 좋은 책, 한 권씩을 댁으로 보냅니다.(회원은 그 달에 읽을 책을 집에서 받게 됩니다.)
3. 저자의 출판기념 강연회와 사인회에 초대합니다.
4. 지인이나 친지, 또는 특정한 곳에 동종의 책을 10권 이상 구입하여 보낼 경우 특전을 받습니다.(평소 선물할 일이 있으면 가급적 책으로 하고, 이웃이나 친지들에게도 책 선물을 적극 권합니다.)
5. '도서출판 종이거울' 및 유관기관이 주최·주관하는 문화행사에 초대합니다.
6. 책을 구하기 어려운 곳에 자주, 기쁜 마음으로 책을 증정합니다.
7. 〈종이거울 자주보기〉 운동의 홍보위원을 자담합니다.
8. 집의 벽, 한 면은 책으로 장엄합니다.